特別單元

COTTON STEEL 印花布

Primavera系列 & Citrus Floral-Mint Fabric花樣

以喜歡的植物花草布料，

製作可隨意搭配的系列布包＆布小物吧！

WE LOVE COTTON ✈ STEEL!

COTTON＋STEEL的手作創意

總是予人豐沛幸福感的美國人氣布料品牌COTTON+STEEL，
邀請你一起使用新花色・Primavera系列，製作出既可愛又時尚的單品！

Charles Bukowski POST OFFICE
Black Sparrow Press
ELEMENTARY SEWING SKILLS
PAVILION
A CULTURAL SPANISH READER—HENDRIX

No. 01 ITEM｜拼接迷你托特包
作 法｜P.65

適合簡單外出時，輕鬆裝入錢包、手機等隨身物品的托特包。作為便當袋也OK。以配置於中央的印花布料，令人眼前一亮吧！

表布＝平織布by COTTON＋STEEL（Primavera_Citrus Floral-Mint Fabric・RP300-MI2）／COTTON＋STEEL

攝影＝回里純子
造型＝西森 萌
髮妝＝タニ ジュンコ
模特兒＝Dona
製作協力＝小林かおり・竹林里和子・キムラマミ

COTTON＋STEEL印花布

Primavera系列
Citrus Floral-Mint Fabric

於薄荷綠的布料上印染了檸檬＆柳橙等新鮮的柑橘類水果，並鑲入可愛的花朵。本單元試著以此布料為主角，利用手作清爽地彩繪出夏日氣息。

Primavera
fabric collection

2020年，來自COTTON ＋ STEEL經由RIFLE PAPER Co.親自設計的全新布料——Primavera系列，將於日本當地販售。設計靈感源自倘佯於佛羅里達洲的溫暖氣候下，那一望無際的遼闊風景；RIFLE PAPER Co.將其轉化為印象圖案，匯集了夏日連身裙（Summer One-piece）、新鮮野莓（Fresh Berry）、池畔小屋（Poor Side Cottage）、熱帶花卉（Tropical Flower）等主題，推出令人縱情品味夏日時光的設計。

No. 02
No. 03

No. 03 ITEM｜拼接束口袋
作　法｜P.65

只要將接縫於袋身上附有按釦的釦絆固定後，扁平的束口袋秒變立體袋型。裝入PVC材質的手提袋中，作為隱藏雜物的包中包，將是引人注目的吸睛焦點。

表布＝平織布by COTTON＋STEEL（Primavera_Citrus Floral-Mint Fabric・RP300-MI2）
配布＝平織布by COTTON＋STEEL（Primavera_Cabana Stripe-Yellow Fabric・RP309-YE3）/COTTON ＋ STEEL
按釦＝金屬四合釦14㎜（SUN17-39）/清原（株）

No. 02 ITEM｜PVC手提袋
作　法｜P.66

提到夏日的涼爽包款，一定會想到PVC材質的手袋。接縫上合成皮提把後，質感大幅提升！車縫時，只要將縫紉機的壓布腳更換成樹脂壓布腳，即可讓車縫更加滑順。

表布＝果凍防水塑膠布（QB021-1）／日本紐釦貿易（株）

No. 04 ITEM｜附袋蓋夾層票卡夾
作　法｜P.66

由於內側有雙夾層設計，可一次收納購物卡、票券、發票等瑣碎小物，特別適合作為隨身票卡夾使用。因為作法簡單，也很推薦作為禮物喔！

表布＝平織布by COTTON＋STEEL（Primavera_Citrus Floral-Mint Fabric・RP300-MI2）
表布＝平織布by COTTON＋STEEL（Primavera_Cabana Stripe-Periwinkle Fabric・RP309-PE2）/ COTTON＋STEEL
按釦＝金屬四合釦14㎜（SUN17-39）/清原（株）

COTTON+STEEL

運用全新花色．Primavera系列 令人期待的手作

在美國人氣布料品牌COTTON＋STEEL眾多設計師發表的系列作之中，RIFLE PAPER CO.經手設計的布料是最受粉絲引頸企盼的系列。就讓我們搶先欣賞，以今年備受矚目的Primavera系列布料，創作而生的作品吧！

只要拉緊兩脇邊的抽繩，即可變身成帶有圓潤感的造型。

No. 05 ITEM｜抽繩包
作 法｜P.67

所謂的抽繩包（Drawstring Bag）亦指「束口袋」。此作品以圓底的肩背托特包為基本型，但可利用兩脇邊的抽繩自由改變形狀，享受變化的樂趣。

表布＝平織布by COTTON＋STEEL（Primavera_Birch-Yellow Fabric．RP304-YE2）／COTTON＋STEEL
袋物提把用織帶＝雙面織帶25㎜（TPR25-GRGR）清原（株）

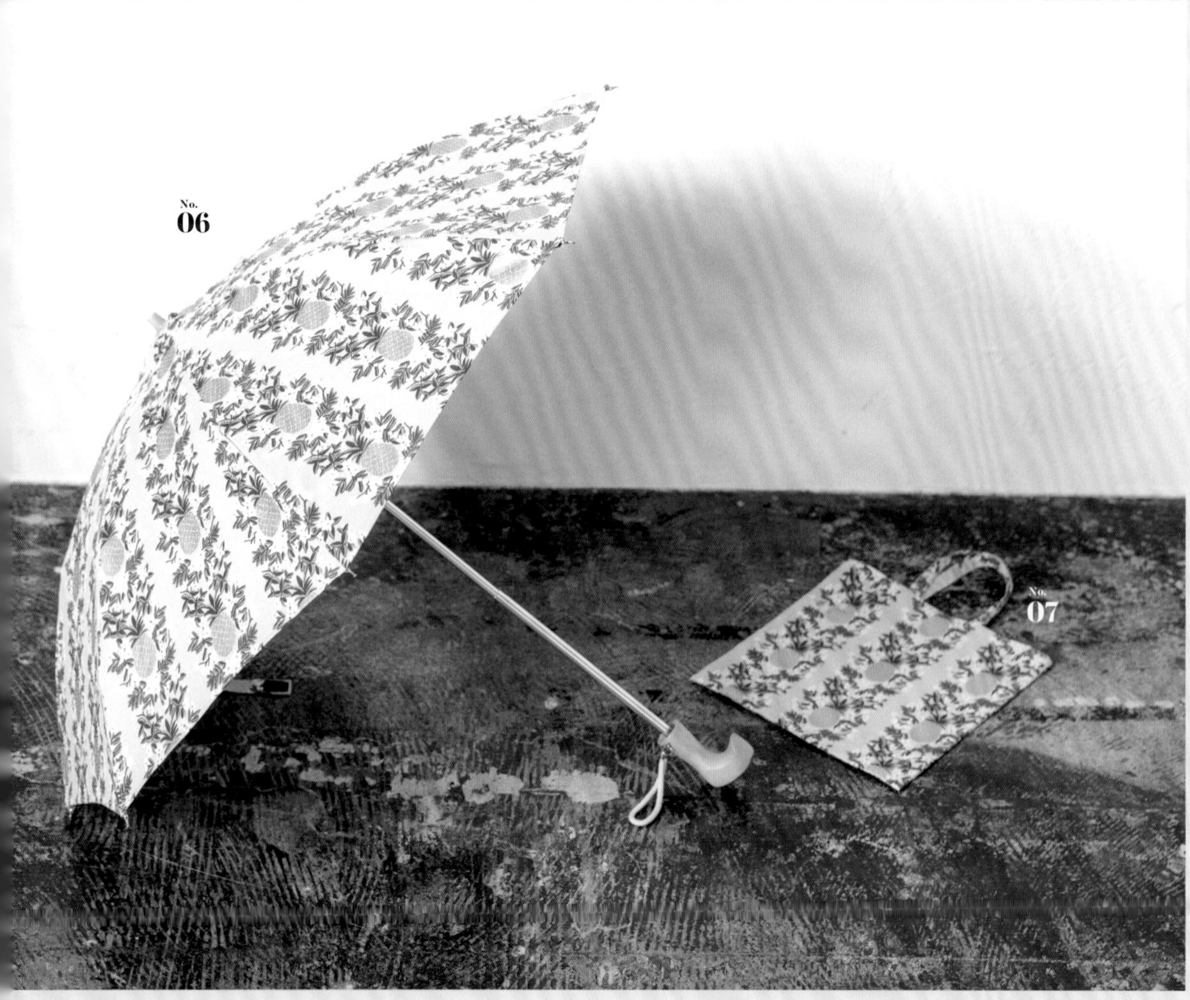

No. 06
No. 07

No. 06 ITEM｜洋傘
作 法｜P.68

No. 07 ITEM｜洋傘收納袋
作 法｜P.69

使用市售的摺疊傘材料包組，以夏日風情的鳳梨花樣布為傘面，縫製洋傘吧！以同款布料製作的洋傘收納袋，作為迷你提袋使用也OK，非常便利。

No. 06 & 07．通用表布＝平織布by COTTON ＋ STEEL（Primavera_Pineapple Stripe-Periwinkle Metallic Fabric．RP302-PE1M）／COTTON＋STEEL
No. 06．傘骨架＝摺疊傘B款（NAW-M2B）／日本紐釦貿易（株）
No. 07．按釦＝金屬四合釦14㎜（SUN17-39）／清原（株）

放入洋傘後，以袋身本體一層一層包捲，並以按釦固定，即可精簡地收納洋傘。

No.
08 ITEM｜吾妻袋單肩包
作 法｜P.72

參考吾妻袋樣式，重新設計的簡約肩背包。於肩背處安裝上市售皮革把手，亦是本作品的特色裝飾。

表布＝平織布by COTTON＋STEEL（Primavera_Moxie Floral-Black Metallic Fabric・RP308-BK3M）／COTTON＋STEEL

No.
09 ITEM｜2 way後背包
作法｜P.70

附有短提把＆後背帶的兩用後背包，方正的造型更顯時尚。內容量充裕，輕鬆就能收納手作誌大小的雜誌，是多用途的實用尺寸。

表布＝棉麻帆布by COTTON＋STEEL（Primavera_Citrus Floral-Black Canvas Fabric・RP300-BK5C）／COTTON＋STEEL
按釦＝金屬四合釦14㎜（SUN17-39）／清原(株)

超喜歡！ RIFLE PAPER CO.

情報追擊！一起來欣賞，COTTON+STEEL新花色・Primavera系列
與RIFLE PAPER CO.品牌聯名推出的迷人魅力雜貨吧！

適合存放紙型或食譜的紙質資料夾。不妨備用一個在裁縫室裡如何呢？

MC75-7【oriental東方風・檔案夾組】

清新獨特的可愛手繪花樣也躍上了RIFLE PAPER CO.紙膠帶！可愛得讓人每個都好想擁有！

MC75-1（上3款）【tapestry・紙膠帶】
MC75-2（下3款）【garden party・紙膠帶】

玫瑰＆檸檬，兩者皆變身為RIFLE PAPER CO.風格圖示的胸章，隆重登場！

MC75-8（左）【Juliet rose・胸章】
MC75-9（右）【lemon・胸章】

可愛的鐵罐×食譜提示卡片組的食譜收納盒。可集中收藏喜愛的食譜祕方，或作為針線盒使用。

MC75-3（左）【Juliet rose・食譜收納盒】
MC75-4（右）【citrus・食譜收納盒】

RIFLE PAPER CO.廚房用擦巾。僅僅鋪放一片，瞬間讓廚房更顯華麗！

MC75-10（左）【floralvine・廚房用擦巾】
MC75-11（右）【oriental・廚房用擦巾】

A5筆記本2件組。作為禮物，一定大受好評！

MC75-5（左2本）【rose・口袋筆記本】
MC75-6（右2本）【passport・護照本】

RIFLE PAPER CO.首席設計師
Anna Bond

RIFLE PAPER CO.是一家以美國佛羅里達州溫特帕克（Winter Park）為主要據點進行營運，以文具&生活用品聞名的品牌。2009年由Anna Bond和Nathan Bond夫妻所創立，從美國本土發跡，以其唯美風格的文具&文創雜貨，成為全球知名的品牌。

Anna原本只是為了幫她當地的朋友著手設計結婚典禮邀請函，但此契機卻燃起了她對文具用品、紙製品皮飾品的熱情。她以自小喜愛、對美國舊時代東南部大自然與季節的美好印象，發展出獨特復古畫風&色彩構圖的特色，所有的商品插畫，都是根據Anna的世界觀，藉由她原創的手繪風格而製作。Anna獨一無二的筆觸與色彩感，持續打動全球無數粉絲。

Summer Edition
2020 vol.49

CONTENTS

封面攝影　回里純子
藝術指導　みうらしゅう子

以手作度過夏季！

03 COTTON+STEEL印花布

04 WE LOVE COTTON+STEEL！
COTTON＋STEEL的手作創意

09 CONTENTS

10 **作品INDEX**

12 以零碼布製作便利小物

16 活力之夏！
運動用品手作特輯

20 新連載
Kurai Miyoha
Simple is Best！簡約就是最好！

25 技法講座
完美燙貼＆挑選布包・布小物接著襯

30 出色＆實用兼備
進口布料手作包

34 赤峰清香專題企劃×原創帆布
每天都想使用的私藏愛包

36 くぼでらようこ老師
今天，要學什麼布作技巧呢？
～圓底壓線托特包＆束口袋～

40 嚴選美布 BEST OF MORRIS

42 迎接夏天來臨的手作布物

46 Jeu de Fils×十字繡
小老鼠的針線活

48 透過手作享受繪本世界的樂趣
～醜小鴨～

50 細尾典子的創意季節手作
～大漁船布盒組～

52 細尾典子
造型有趣好玩的波奇包

56 繁體中文版獨家手作企劃
月亮的手作小星球～
夏日水果口罩收納套

59 繁體中文版獨家手作企劃
布能布玩～
繽紛花園小童服＆髮帶

64 **COTTON FRIEND** 夏季號
製作方法

READER—HENDRIX
SEWING SKILLS

作品 INDEX

BAG

No.14
P.13・伸縮束口包
作法｜P.75

No.09
P.07・2way後背包
作法｜P.70

No.08
P.07・吾妻袋單肩包
作法｜P.72

No.05
P.06・抽繩包
作法｜P.67

No.02
P.05・PVC手提袋
作法｜P.66

No.01
P.04・拼接迷你托特包
作法｜P.65

No.24
P.17・橄欖球造型小肩包
作法｜P.81

No.23
P.16・運動包
作法｜P.82

No.21
P.15・工具收納包
作法｜P.80

No.20
P.15・手提鞦韆包
作法｜P.79

No.18
P.14・摺疊環保托特包
作法｜P.78

No.17
P.14・摺疊環保袋
作法｜P.77

No.34
P.30・設計感提把托特包
作法｜P.91

No.33
P.20・合成皮托特包
作法｜P.90

No.30
P.19・球拍袋
作法｜P.88

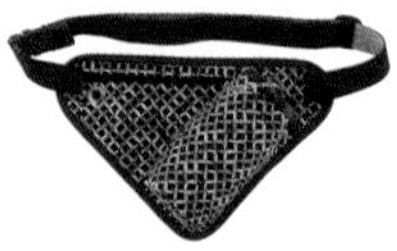

No.29
P.18・隨身小包
作法｜P.87

No.27
P.18・多夾層小肩包
作法｜P.85

No.39
P.35・剪接格紋手提袋
作法｜P.95

No.38
P.32・簡約托特包
作法｜P.94

No.37
P.31・單柄圓底托特包
作法｜P.93

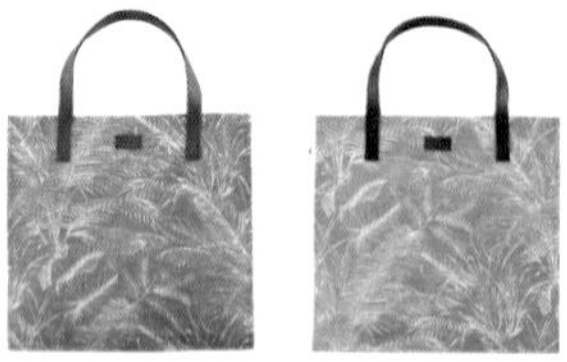

No.36
P.31・方形手提袋
作法｜P.92

2020
DEN GRIMME ÆLLING

No.53
P.49・天鵝徽章提籃
作法｜P.105

No.51
P.45・小托特包
作法｜P.100

No.49
P.44・框邊托特包
作法｜P.99

No.42
P.40・撇蓋滾邊托特包
作法｜P.98

No.40
P.36・圓底壓線托特包
作法｜P.96

POUCH

No.16
P.13・萬用波奇包
作法｜P.76

No.13
P.13・大馬卡龍收納盒
作法｜P.74

No.07
P.06・洋傘收納袋
作法｜P.69

No.04
P.05・附袋蓋夾層票卡夾
作法｜P.66

No.03
P.05・拼接束口袋
作法｜P.65

No.35
P.30・方形波奇包
作法｜P.83

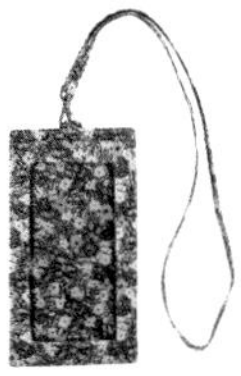

No.32
P.19・票卡套
作法｜P.89

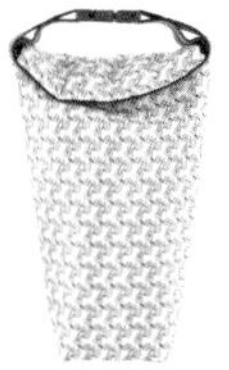

No.31
P.19・保特瓶提袋
作法｜P.89

No.28
P.18・鞋子收納袋
作法｜P.86

No.56
P.51・大漁船布盒組
作法｜P.106

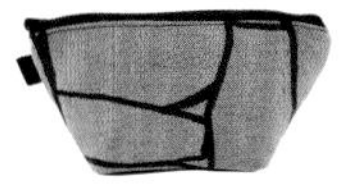

No.50
P.45・船型波奇包
作法｜P.100

No.46
P.42・洋傘收納袋
作法｜P.69

No.44
P.41・拼接束口袋
作法｜P.65

No.41
P.36・圓底壓線束口袋
作法｜P.97

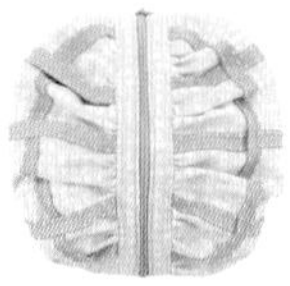

No.62
P.53・菠蘿麵包波奇包
作法｜P.113

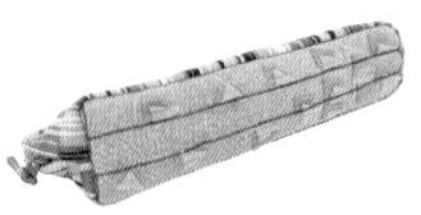

No.61
P.53・蘆筍筆袋
作法｜P.112

No.60
P.53・西瓜波奇包
作法｜P.111

No.59
P.52・小豬波奇包
作法｜P.110

No.58
P.52・香魚收納包
作法｜P.108

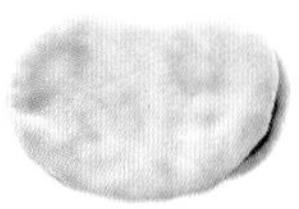

No.57
P.52・蠶豆波奇包
作法｜P.107

No.15
P.13・雨傘套
作法｜P.73

No.12
P.12・摺疊式垃圾桶
作法｜P.71

No.11
P.12・圓頂收納盒 S
作法｜P.73

No.10
P.12・圓頂收納盒 L
作法｜P.73

No.06
P.06・洋傘
作法｜P.68

ZAKKA

No.63
P.54・荷葉邊束口袋
作法｜P.109

No.45
P.42・洋傘
作法｜P.68

No.43
P.41・雨傘套
作法｜P.73

No.26
P.17・摺疊緩衝墊
作法｜P.84

No.25
P.17・附口袋護腕
作法｜P.84

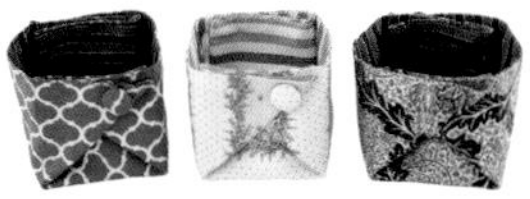

No.22
P.15・工具收納盒
作法｜P.72

No.19
P.15・蝴蝶結髮束
作法｜P.69

No.64
P.54・青蛙鑰匙包
作法｜P.101

No.55
P.49・小鴨造型捲尺
作法｜P.104

No.54
P.49・蛋型針插
作法｜P.105

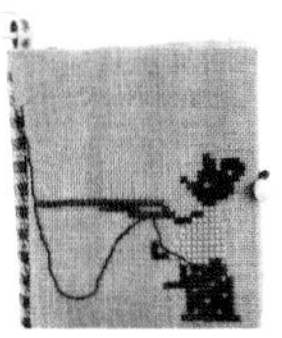

No.52
P.46・小老鼠針線包
作法｜P.103

No.48
P.43・薄紗圍巾
作法｜P.94

No.47
P.43・帽緣可塑型漁夫帽
作法｜P.102

攝影＝回里純子
造型＝西森 萌
髮妝＝タニ ジュンコ
模特兒＝Dona

以零碼布製作

便利小物

以珍藏且愛不釋手的零碼布，製作便利生活的布小物吧！

盒蓋內側
是針插。

No.
10

No.
11

作品製作＝Sentir le vent 鶴見和代

使用這個！

大包釦收納盒材料包／（株）Ornement

No. 10・11

ITEM｜圓頂收納盒L・S
作 法｜P.73

以內含直徑8.2㎝包釦＆圓紙筒的材料包組，製成圓頂收納盒。將包釦作成盒蓋，以紙筒作為本體的內襯。由於僅需在幾處進行縫合，輕鬆就能完成製作，不妨利用喜愛的零碼布，多製作幾款陳列擺設吧！

No. 10・成組材料包＝大包釦收納盒材料包7.2㎝／（株）Ornement 表布＝平織布by RUBY STAR SOCIETY（RS1005-11）配布A＝平織布by RUBY STAR SOCIETY（RS5035-14M）配布B＝平織布by RUBY STAR SOCIETY（RS2005-32M）／（株）moda Japan

No. 11・成組材料包＝大包釦收納盒材料包5㎝／（株）Ornement 表布＝平織布by RUBY STAR SOCIETY（RS1005-25）配布A＝平織布by RUBY STAR SOCIETY（RS5035-14M）配布B＝平織布by RUBY STAR SOCIETY（RS0005-45）／（株）moda Japan

一經收摺，立即變得
如此小巧不佔空間！

作品製作＝Sentir le vent鶴見和代

使用這個！

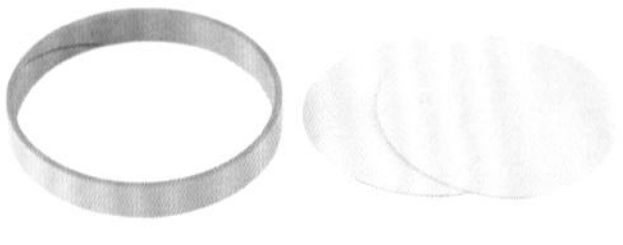

垃圾桶／（株）Ornement

No. 12

ITEM｜摺疊式垃圾桶
作 法｜P.71

使用內含約1.5㎝高的紙筒＆圓形台紙的材料包組製作而成。如果裁縫桌上有一只可穩定站立的小垃圾桶（集屑盒），作業將會相當便利。請務必試著動手製作喔！

表布＝平織布by RUBY STAR SOCIETY（5035-14M）
裡布＝平織布by RUBY STAR SOCIETY（RS5027-14M）
配布＝平織布by RUBY STAR SOCIETY（3005-34）
／（株）moda Japan
成組材料包＝垃圾桶／（株）Ornement

No.
14

ITEM｜伸縮束口包
作 法｜P.75

附提把的圓底束口袋。一拉開正中間的拉鍊，隨即變成拉高伸長的樣式。裝入便當時可拉長，待用餐完畢後又可縮短……可依使用狀況自由變化。

配布＝棉質格紋布／MC SQUARE（株）

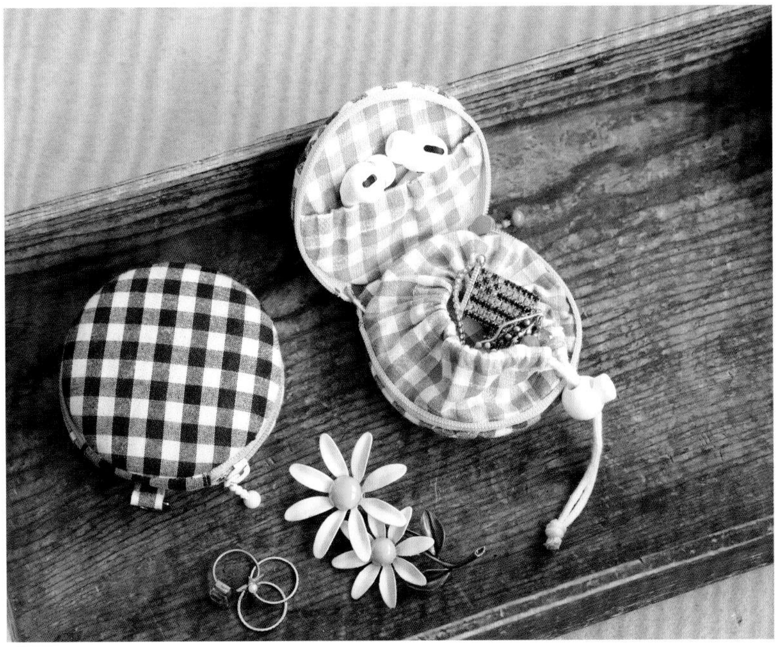

No.
13

ITEM｜大馬卡龍收納盒
作 法｜P.74

一改人氣馬卡龍收納盒迷你可愛的特色，在此嘗試使用直徑8cm的大包釦，將其進化成另一番風貌。由於尺寸變大，使用方式也隨之擴增。

表布＝棉質格紋布／MC SQUARE（株）

使用這個！

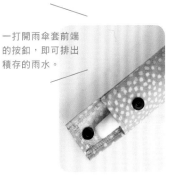

直徑8cm包釦

No.
16

ITEM｜萬用波奇包
作法｜P.76

能夠事先將袖珍面紙、手帕、唇膏等……瑣碎的小物整理收納於附濕紙巾盒的萬用波奇包中。以彈片口金作為波奇包的收納口，再加上可自由取下的活動提把，讓整體機能更加方便好用。

表布＝防水透濕布by kippis（Salmiakki・KPORK-19B・紅色）／株式會社TSUCREA

使用這個！

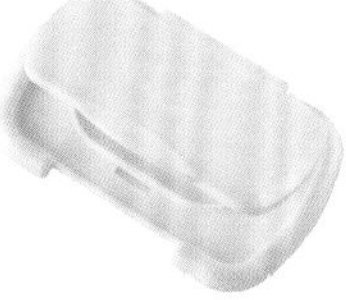

濕紙巾專用盒蓋。
可於均一價商店等處購入。

No.
15

ITEM｜雨傘套
作 法｜P.73

拎著濕淋淋的雨傘行走時，總讓人感到有所顧忌。若能攜帶一個以防水透濕布製作的雨傘專用套，即可解決這個問題。不使用的時候，也可以將其一圈圈地捲收，簡潔縮至最小的體積。

表布＝防水透濕布by kippis（點點・KPORK-10B・藍色）／株式會社TSUCREA

一打開雨傘套前端的按釦，即可排出積存的雨水。

LUCERNE

No. 17 ITEM｜摺疊環保袋
作　法｜P.77

因應購物袋的全面收費化，你都使用什麼樣的環保袋呢？試著自己動手作也不錯喔！挑選喜歡的花色，以尼龍布製作一款能夠精簡收摺成小體積的環保袋如何呢？

收摺方法

1
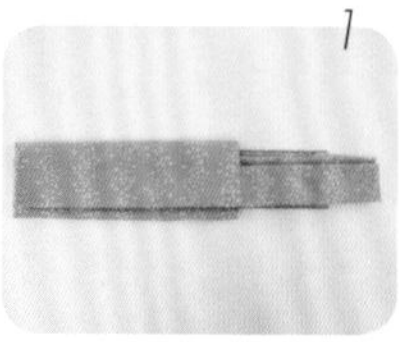
分別將環保袋的左右兩側往中心方向摺疊。

2
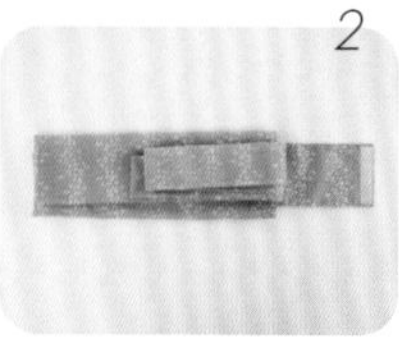
接著摺疊提把。

3
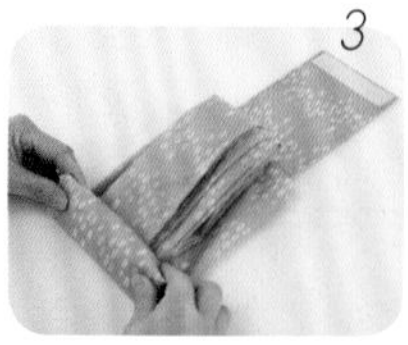
再從環保袋的袋底開始，往上一層一層地捲成圓筒狀。

4

最後，以接縫於袋蓋處的魔鬼氈黏合固定。

No. 18 ITEM｜摺疊環保托特包
作　法｜P.78

到便利商店等處購物時，如果有一個附側身且具穩定感的環保袋，肯定相當方便。視購物內容物而定，亦可自由選擇No.17或No.18使用。

收摺方法

1

分別將環保托特包的左右兩側往中心方向摺疊。

2

為了使袋底朝上，將本體上下對摺。

3

以將接縫於袋身本體上的收納口袋翻至背面為要領，將袋身本體塞入口袋中。

4

收摺成收納口袋的尺寸了！

No. 20 ITEM | 手提鞦韆包
作 法 | P.79

如果手邊有現成的牛津布等稍厚的布料時，不妨製作一只外型亮眼的鞦韆造型（梯形）手提袋吧！搭配專用的皮革墊片＆提把，將營造出更上一層的洗鍊質感。

表布＝牛津布（5425-58）／松尾捺染（株）
手提袋材料＝床吊包專用壓花皮革（MAP124-N・海軍藍）
提把＝壓紋加工提把40㎝（MAW50-N・海軍藍）
鉚釘釦＝螺絲鉚釘釦8㎜（LGK3-S） 螺旋式打孔機（NS-SP）
／日本紐釦貿易（株）

使用這個！

※顏色與上圖作品使用的色彩不同。（MAP124-SB・天空藍、MAW50-SB・天空藍）

No. 19 ITEM | 蝴蝶結髮束
作 法 | P.69

若是厭煩了簡單造型的髮束，不妨試試這款附蝴蝶結的髮束吧！醒目的大蝴蝶結肯定會為你的背影增添活潑個性。

No. 22 ITEM | 工具收納盒
作 法 | P.72

融合摺紙元素，非常時尚的布盒。恰好是可將3個盒子收納於作品No. 21工具收納包中的尺寸。

左側・表布＝牛津布（MR7545-77）
　　裡布＝牛津布（8040-藍色）
中間・表布＝牛津布（MR-8046）
　　裡布＝牛津布（MR8046-黑色）
右側・表布＝牛津布（5432-52）
　　裡布＝牛津布（8153-mh）／松尾捺染（株）

No. 21 ITEM | 工具收納包
作 法 | P.80

與其說是外出用，不如說是一款在家中使用的整理收納小物袋更為貼切。雖是簡單的設計，但有一個可快速放入裁縫用具或客廳瑣碎小物的收納包，肯定會相當便利。附有外口袋。

表布＝素色牛津布（0125-49）
配布＝牛津布（MR8046-藍色）
裡布＝牛津布（8040-藍色）／松尾捺染（株）

活力之夏！
運動用品手作特輯

盡情揮汗，發散活力朝氣的季節終於到來。不論是親自上場打球，或在一旁觀戰都ＯＫ。一起來體驗縫製運動用品的樂趣吧！

外口袋可放入球拍，袋身本體的容量也非常充裕。

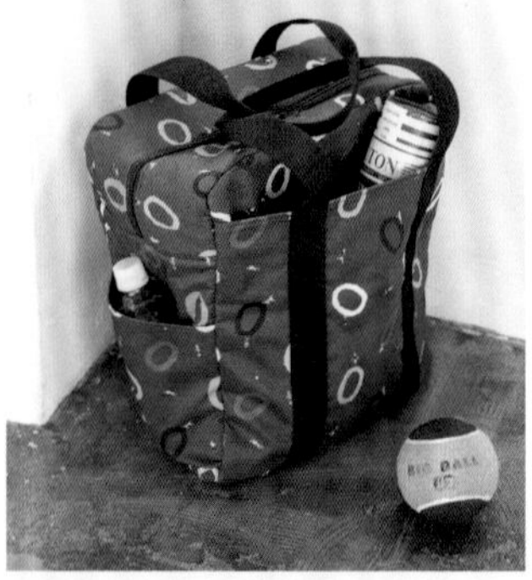

No. 23 ITEM｜運動包
作 法｜P.82

可輕鬆收納球拍、毛巾、換洗衣物、水瓶……等物品，像這樣超大容量的手提袋，看起來如何呢？雙開拉鍊、內・外口袋、寬側身的貼心設計，讓使用方式更加靈活。

表布＝棉麻布～LIBERTY FABRICS（Winning Rings・DC30367-J20B）／（株）LIBERTY Japan

攝影＝回里純子　造型＝西森 萌　髮妝＝タニ ジュンコ　模特兒＝Dona

PLAY SPORTS!

No.
24 ITEM｜橄欖球造型小肩包
作 法｜P.81

相信應該有很多熱衷觀看橄欖球世界盃的球迷吧！這是以滿懷球賽當下的感動，設計而生的橄欖球造型小肩包。使用冠軍獎盃圖案的印花布，也更顯主題魅力。

表布＝棉麻布～LIBERTY FABRICS（Tournament・DC30357-J20C）／（株）LIBERTY Japan
D型環＝15㎜（SUN10-100・古銅金）／清原株式會社

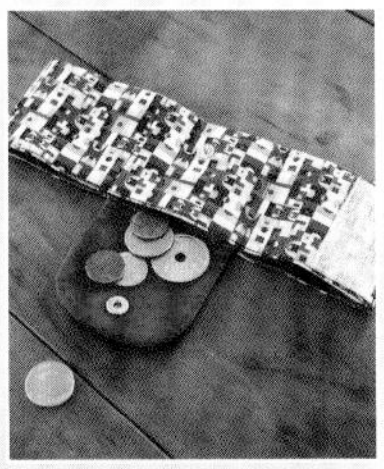

No.
25 ITEM｜附口袋護腕
作 法｜P.84

「我出門慢跑一下，待會兒回來！」在這樣的情況下，將零錢、鑰匙或小飾品等怕遺失的物品，都放入可供臨時收納的護腕中吧！大袋蓋也成了整體造型的裝飾點綴。

表布＝棉麻布～LIBERTY FABRICS（Off Side・DC30360-J20B）／（株）LIBERTY Japan

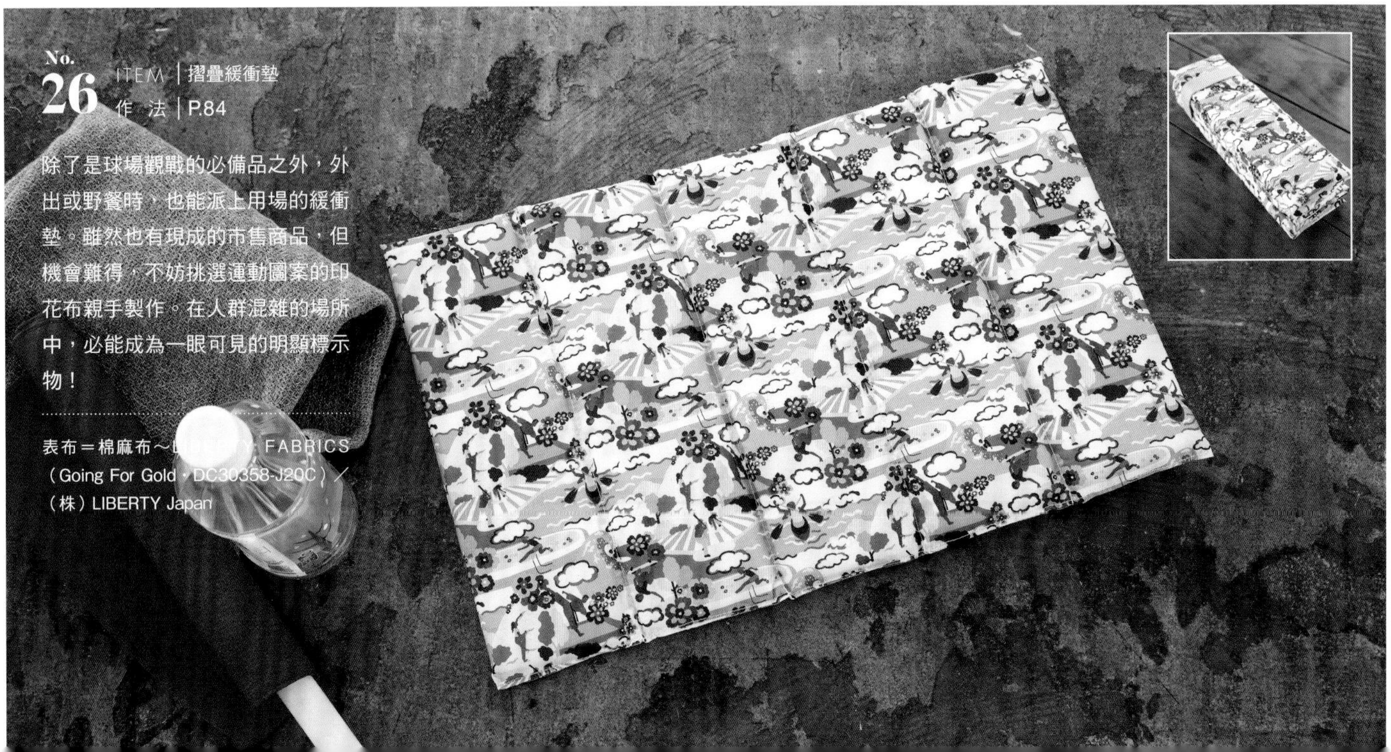

No.
26 ITEM｜摺疊緩衝墊
作 法｜P.84

除了是球場觀戰的必備品之外，外出或野餐時，也能派上用場的緩衝墊。雖然也有現成的市售商品，但機會難得，不妨挑選運動圖案的印花布親手製作。在人群混雜的場所中，必能成為一眼可見的明顯標示物！

表布＝棉麻布～LIBERTY FABRICS（Going For Gold・DC30358-J20C）／（株）LIBERTY Japan

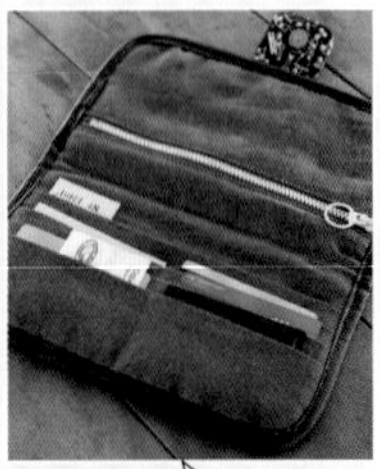

除了附有可收納卡片的夾層之外，還有一個接縫拉鍊的內口袋，因此現金等貴重物品也能安全收納。

No. 27 ITEM｜多夾層小肩包
作 法｜P.85

不僅適合在觀賞運動賽事時使用，也很適合作為旅行的隨身小肩包。肩帶使用一般市售的皮帶型肩帶，可自由拆裝。

配布＝棉麻布～LIBERTY FABRICS（Gymnasium・DC30355-J20D）／（株）LIBERTY Japan

No. 28 ITEM｜鞋子收納袋
作 法｜P.86

慢跑鞋或運動鞋專用的收納袋。內裡附有隔層，可將鞋子確實分隔收納在內。外出攜帶時，袋內的鞋子不易晃動也是一大優點。

表布＝棉麻布～LIBERTY FABRICS（Badminton Bloom・DC30356-J20D）／（株）LIBERTY Japan

保特瓶收納袋中可放入500ml左右的保特瓶。附拉鍊的小物收納口袋，則可放入手機或較貴重的物品。

No. 29 ITEM｜隨身小包
作 法｜P.87

不僅可在慢跑時使用，輕鬆散步時也很推薦的隨身小包。能夠整個貼合身體的三角造型是兼具特色＆機能性的優異設計。

表布＝棉麻布～LIBERTY FABRICS（The Games・DC30359-J20B）／（株）LIBERTY Japan

No.
30 ITEM｜球拍袋
作 法｜P.88

可完全放入網球拍或羽球拍的束口袋型球拍收納袋。亦有拉鍊外口袋，可供收納貴重物品或瑣碎小物。

表布＝棉麻布～LIBERTY FABRICS（Victory Laurel・DC30364-J20A）
附雞眼釦包包底角＝（BA-25A ＃11・黑色）／INAZUMA（植村株式會社）

No.
31 ITEM｜保特瓶提袋
作 法｜P.89

以保溫保冷內襯作為裡布的保特瓶袋。保冷劑也可以一同放入袋中，隨身帶著走！握把上附有插釦，因此隨時都可以掛在包包的提把上或取下，相當方便。

表布＝棉麻布～LIBERTY FABRICS（Velodrome・DC30366-J20C）
塑膠插釦＝25㎜（SUN12-40・深藍色）／清原株式會社

No.
32 ITEM｜票卡套
作 法｜P.89

若備有一個存放體育館入場證或賽事票卡的收納票卡套一定非常便利。塑膠布試著以透明檔案夾來代替也OK。

表布＝棉麻布～LIBERTY FABRICS（Champions Bouquet・DC30354-J20A）

新連載

Kurai Miyoha

簡約就是最好！

Simple is Best!

創作家Kurai Miyoha的全新連載單元就此揭開序幕。專題為「Simple is best！簡約就是最好！」往後將陸續提出就Miyoha的視角來看，可稱得上「這就是最好的！」作法、素材或工具等。在第1回單元中，使用了當今備受矚目的素材～合成皮，製作出耀眼奪目的白色托特包。

兼具夾層功能的拉鍊口袋。採用尼龍布製作裡布，營造出更加洗鍊的印象。

使用素材・推薦素材

METALLION®拉鍊

帶有美麗光澤，經由金屬電鍍加工的線圈式尼龍拉鍊。共有兩種鍊齒款式：一款是具有閃亮金屬質感的輕量尼龍拉鍊，另一款則帶有金屬拉鍊的厚重感。

素材：聚酯纖維（織帶・鍊齒）
鋅合金（拉鍊頭）
長度：40cm
商品No.：5CMS-40BL／058

休閒尼龍布料
Casual Nylon

就算裁剪後不修邊處理，也不易綻線的尼龍布料。由於經過便利的防潑水加工處理，因此非常推薦使用於手提袋、雨具等多樣用途。

素材：尼龍100%／起皺加工／防潑水加工處理
布料：寬約135cm
商品No.：HMF-08・BK

荔枝紋合成皮
Fake Leather Lychee

表面有如水果的荔枝皮般，極具時尚度的合成皮布料。本次挑選的是可百搭各種造型，符合夏日氣息的白色。

素材：合成皮（正面・PVC100%
背面・聚酯纖維PVC100%）
布料：寬約135cm 厚1.1mm
商品No.：HMF-14・W

No. 33 ITEM｜合成皮托特包
作法｜P.90

與日常裝扮隨意搭配，立即就能融合整體調性的白色托特包。以利用合成皮作出市售商品等級般的成品為目標吧！將縫紉機壓布腳改為「樹脂壓布腳」，即可順利流暢地進行縫製。

表布＝荔枝紋合成皮Fake Leather Lychee 白色（HMF-14／W）
裡布＝休閒尼龍布料Casual Nylon 黑色（HMF-08／BK）
拉鍊＝METALLION®拉鍊（5CMS-40BL／058）／清原株式會社

profile

Kurai Miyoha

畢業於文化學園大學的造型系。在裁縫設計師母親Kurai Muki的帶領下，自年幼時期就非常熟悉裁縫世界。畢業之後，作為「KURAI・MUKI・Atelier」(倉井美由紀工作室)的成員開始活動。貫徹KURAI・MUKI流派「輕鬆縫製、享受時尚」的縫製精神，並同時身兼母親的好幫手、縫紉教室的講師、版型師、創作家等多重身份，過著充實忙碌的日子。

https://shop-kurai-muki.ocnk.net/　　kurai_muki

Miyoha 技巧公開！

夾層口袋的拉鍊接縫方法

只要拉鍊長度可以自行調整，創作空間就會隨之提升。
請務必親自嘗試，因為作法真的比你想像的簡單。
仔細遵循每一道步驟，立刻動手吧！

1.將拉鍊的長度改短

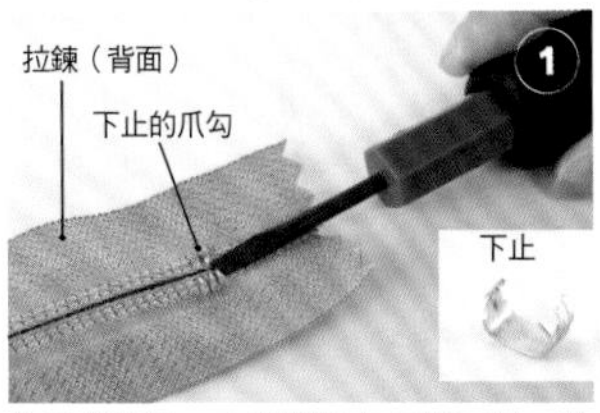
1
拉鍊（背面）
下止的爪勾
下止

使用小號的一字型螺絲起子等工具，撬開拉鍊下止的爪勾，將下止拆下。

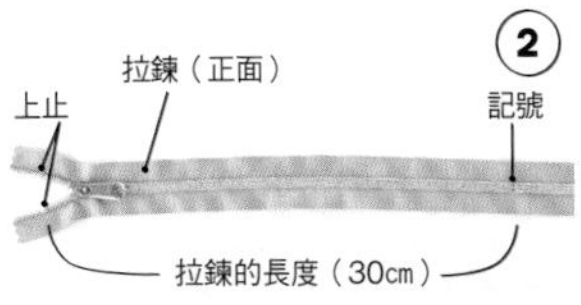
2
拉鍊（正面）
上止
記號
拉鍊的長度（30cm）

從上止處開始測量拉鍊的長度（30cm），並作上記號。

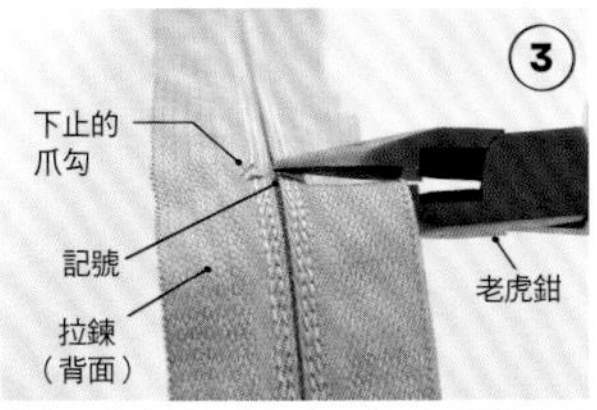
3
下止的爪勾
記號
拉鍊（背面）
老虎鉗

將步驟①中拆下的下止，由正面側刺入步驟②的記號位置處。以老虎鉗將爪勾摺彎。為了避免損傷下止金具，請事先於正面側包夾布片等物作保護。

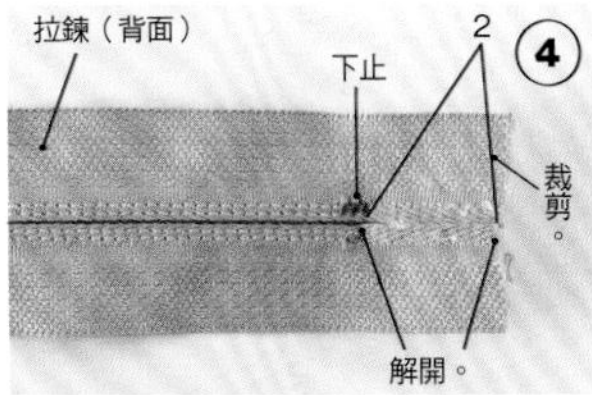
4
拉鍊（背面）
下止
2
裁剪。
解開。

保留下止處算起大約2cm的長度，裁剪拉鍊剩餘的台布。解開下止處下方拉鍊的鍊齒線，將鍊齒拆開。

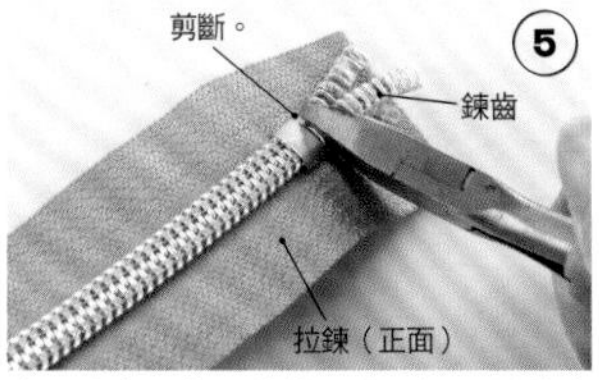
5
剪斷。
鍊齒
拉鍊（正面）

由下止處開始，將其下方已拆開的鍊齒以鋼絲鉗剪斷。

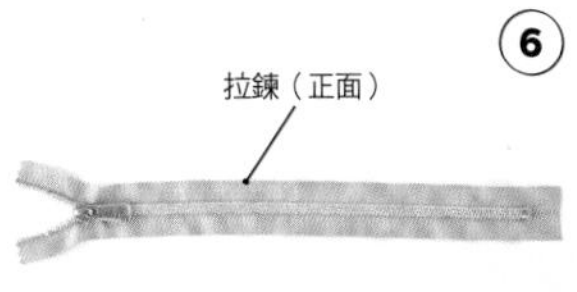
6
拉鍊（正面）

完成拉鍊長度的調整。

2.接縫拉鍊

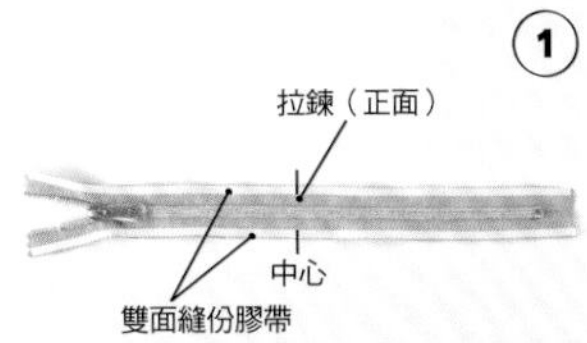
1
拉鍊（正面）
中心
雙面縫份膠帶

於拉鍊的台布兩邊黏貼寬0.5cm的雙面縫份膠帶，並於中心處作記號。

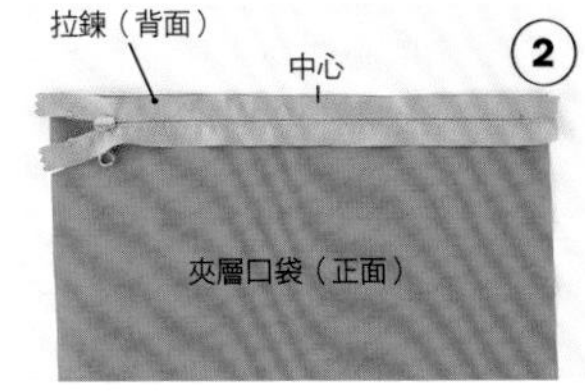
2
拉鍊（背面）
中心
夾層口袋（正面）

撕下其中一邊的雙面縫份膠帶離型紙，並將夾層口袋與中心處對齊，正面相對&抓齊布邊後，暫時黏貼固定。

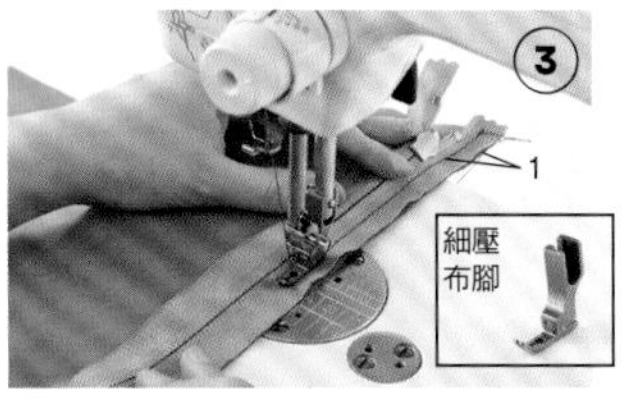
3
1
細壓布腳

以縫紉機沿距邊1cm處縫合。建議使用窄邊拉鍊細壓布腳。

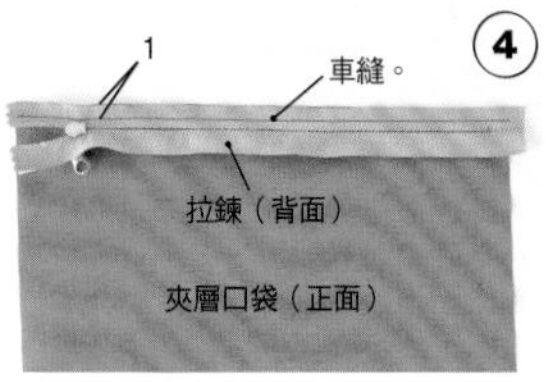
4
1
車縫。
拉鍊（背面）
夾層口袋（正面）

以縫紉機縫合完成。

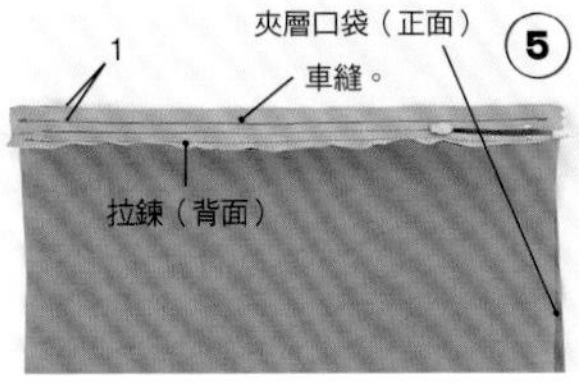
5
夾層口袋（正面）
1
車縫。
拉鍊（背面）

另一側拉鍊的台布亦以相同方式黏貼於另一片夾層口袋上，並縫合固定。

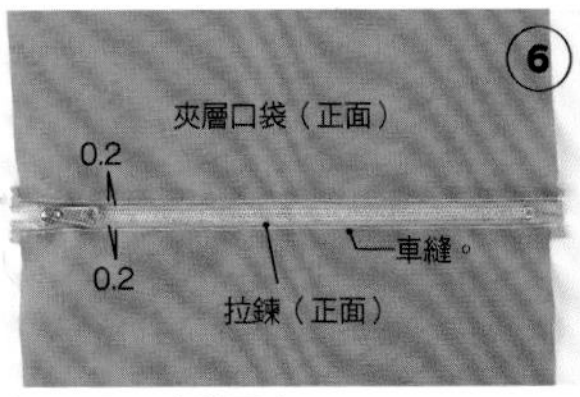
6
夾層口袋（正面）
0.2
0.2
車縫。
拉鍊（正面）

翻至正面，車縫固定。

【FL軌道襯】

上開細長隙縫（切口）的膠帶狀接著襯，可配合切口隙縫進行摺邊。本作品使用寬2.5cm的軌道襯（KURAI・MUKI・縫紉教室）。

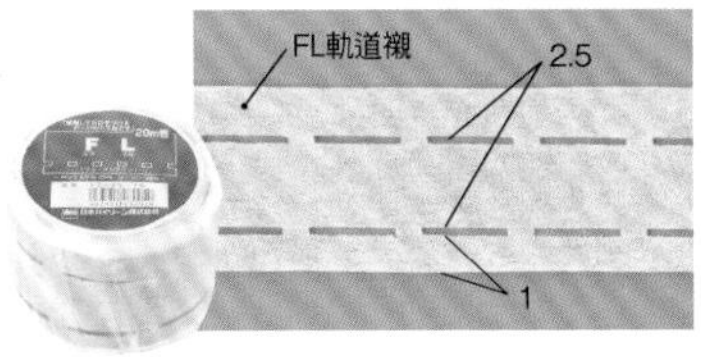
FL軌道襯
2.5
1

提把作法（使用合成皮時）

製作提把時，大力推薦「FL軌道襯」。
即便是長提把，亦可維持均等寬幅，完成美麗的縫製。

1.摺疊提把

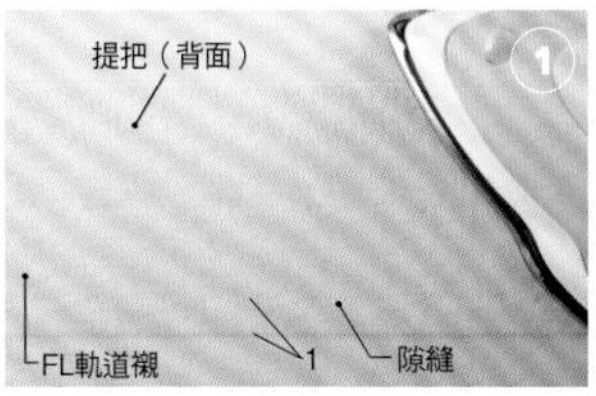
1
提把（背面）
FL軌道襯
1
隙縫

將單側提把布邊對齊FL軌道襯的1cm隙縫側邊，並以熨斗燙貼。

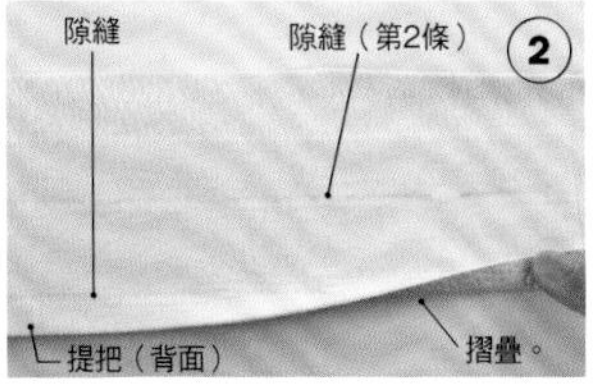
2
隙縫
隙縫（第2條）
提把（背面）
摺疊。

沿著FL軌道襯的隙縫，摺疊提把布邊。

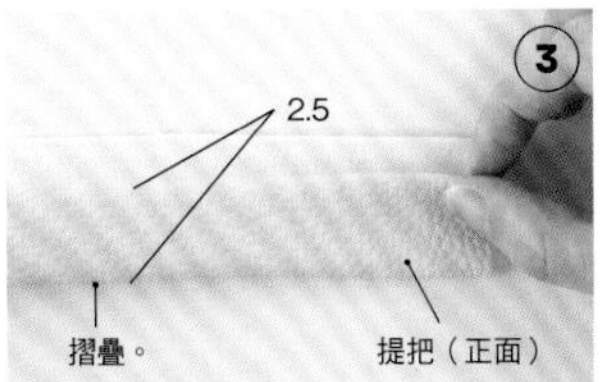
3
2.5
摺疊。
提把（正面）

沿著第2條隙縫摺疊。

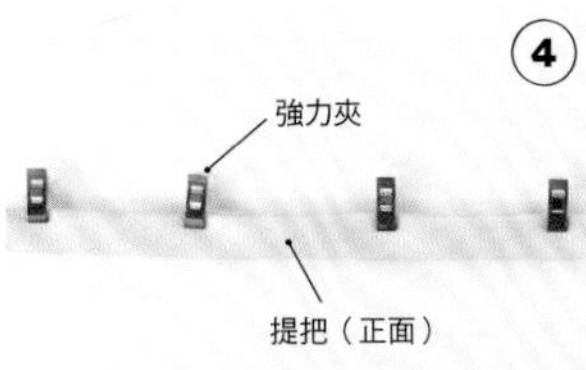
4
強力夾
提把（正面）

將另一側提把布邊對齊步驟②摺線摺疊，並以強力夾固定。

2.縫合提把

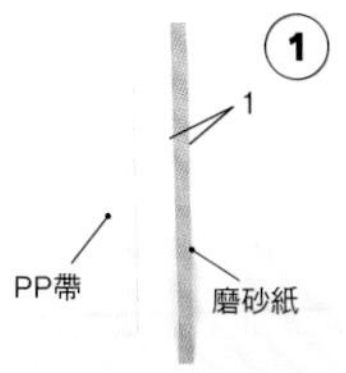
1
1
PP帶
磨砂紙

車縫合成皮時，為了防止縫偏或面料伸縮，可將用於綑綁貨物的PP打包帶或裁剪至寬1cm的磨砂紙（細顆粒）夾於壓布腳下進行車縫。

2
磨砂紙

磨砂紙是將磨砂面朝下，夾於壓布腳下使用。使用PP帶時，亦以相同方式夾入&進行車縫。壓布腳建議使用送布順暢的樹脂壓布腳。但若手邊沒有樹脂壓布腳，或送布不順暢時，塗抹矽膠筆，可使送布更加滑順。

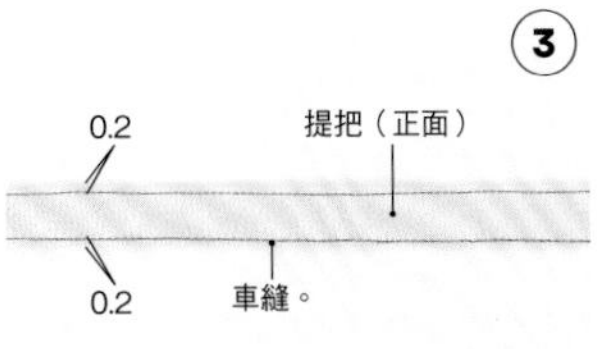
3
0.2
提把（正面）
0.2
車縫。

在距兩邊0.2cm處，分別沿邊車縫固定。另一條提把作法亦同。

【矽膠筆】

車縫塗層面料或合成皮等難以順暢送布的面料時，只要塗抹於車針或壓布腳的背面，即可使車縫變得順暢的商品。

【樹脂壓布腳】

除了適用於車縫合成皮以外，亦可於車縫塗層布料、PVC布料（塑膠布）時使用。建議常備一個會更加便利。

【PP帶】

使用聚丙烯製成的包裝用織帶，又稱為PP打包帶，可於手藝店或大型居家修繕中心等處購買。

【磨砂紙】

亦稱為砂紙，可在大型居家修繕中心等處購買。在此請先裁剪成寬約1cm的帶狀之後再行使用。

「這是一本製作手作包的聖經！」

即使不是初學者也會想放在手邊作為參考！
完美作出心儀布包的完全指南，你一定要擁有！

延續第一本書的大受好評，由KURAI・MUKI指導的第二本手作包基礎教科書來囉！

這回附上全書款式的原寸紙型，增加手作包的變化性，當然，詳細的基礎解說也沒有少喲！

本書除了收錄了前一本書的人氣包款，將其變化尺寸與款式發表的全新設計之外，並加入了壓線、接合布料、拉鍊縫合……等創新元素，教您更多製作及熟練運用的必學縫紉技巧，新手必學的超基礎袋物製作小知識，此外，全書作品皆附上原寸紙型，可省去製圖時間，讓初學者更能得心應手的作出自己心儀的手作布包！

Stylist Bag

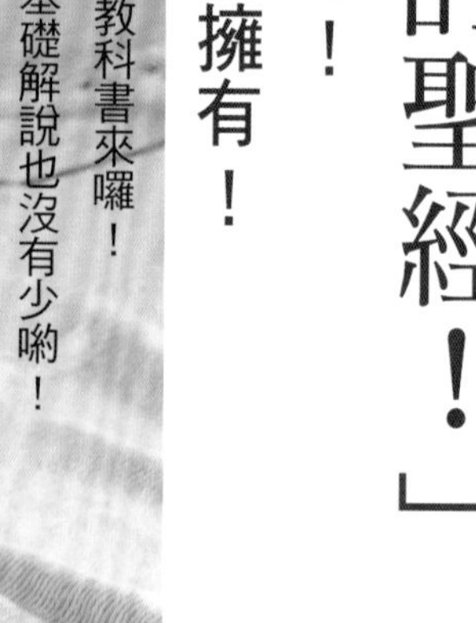

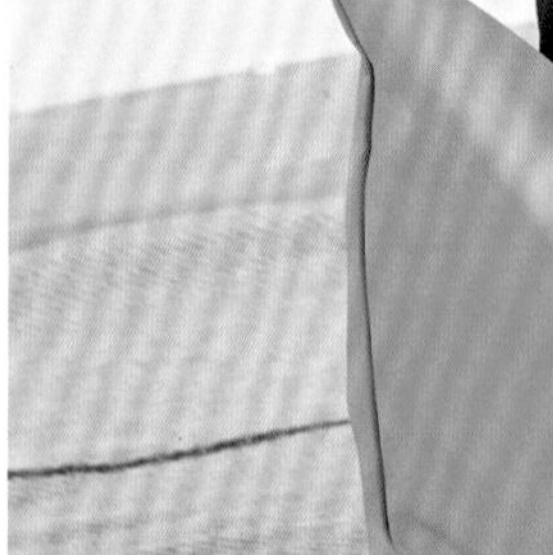

暢銷版
KURAI・MUKIの
手作包超級基本功2

KURAI・MUKIの手作包超級基本功2（暢銷版）

45個紙型全收錄！縫紉新手不NG的布包製作攻略

KURAI・MUKI◎著

平裝／88頁／21×26cm

彩色／定價380元

handmade lesson

技法講座

完美燙貼＆挑選布包・布小物接著襯

製作包包與小物絕對少不了接著襯。但面對市面上種類多樣的接著襯，你是不是也有不知該如何挑選＆覺得自己燙襯不夠工整漂亮的困擾呢？希望本期的講座能為你一次掃除這些煩惱與疑惑，從此快快樂樂地製作布包＆小物！ 協力：kokka（株）・鎌倉SWANY・清原（株）・日本Vilene（株）

1. 什麼是接著襯

接著襯的作用

所謂接著襯是透過熱將膠融化與布黏合。以熨斗將接著襯燙貼至表布，除了讓作品持有張力、防止起皺與變形之外，也兼具以下作用。

防透色

有接著襯

無接著襯

若表布較薄，裡布與縫份有時會有透色的狀況。上圖以在圖案布上方疊放白色薄棉布進行測試，由此可知燙貼接著襯後就不太會透色。

補強

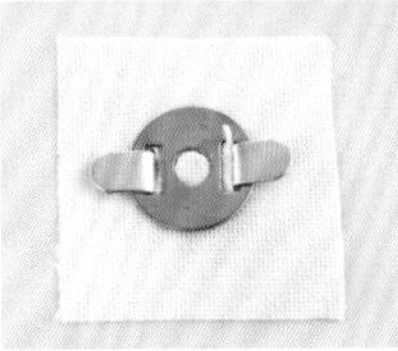

有接著襯

無接著襯

進行補強讓布更結實。例如安裝磁釦等金屬配件時，若不貼襯，布料容易因拉扯力道而破損。建議在安裝位置的背面燙貼3cm×3cm接著襯加以補強。

防延展

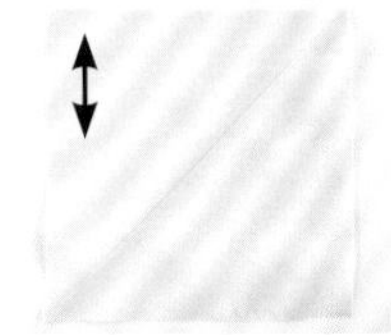

有接著襯

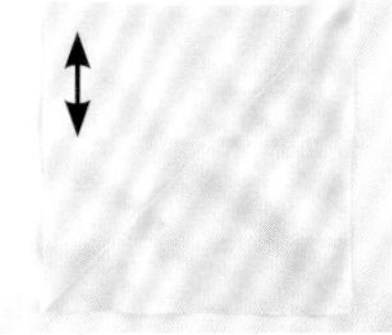

無接著襯

布料不易延展就會比較好縫。上圖以接縫兩片斜紋布進行測試，可看出燙貼接著襯後可防延展。

接著襯的種類

有的襯適合衣服，有的適合包包與小物。近乎透明的超薄款＆針織質地的接著襯適合衣服使用。包包與小物則建議選擇有適當厚度，方便家用熨斗燙貼的款式。

接著鋪棉

有膠的鋪棉。不須在表面進行壓線，就能輕鬆增加蓬鬆感＆緩衝性。

梭織襯

有布紋。通常是與表布同方向裁剪。能貼合表布觸感，稍硬的襯仍可帶出柔軟度。

不織布襯

無布紋，可由任一方向裁剪，因不易延展與綻線，處理起來很輕鬆。作品呈現硬脆感。

新型接著襯

免熨貼襯（アウルスママ／日本Vilene）

可使用縫紉機車縫接著襯。撕下離型紙即可黏貼。

貼紙型接著襯

當使用防水布＆不耐熱的尼龍布等無法以熨斗燙貼接著襯的布材時，可以使用貼紙型接著襯。但為免黏住針或不好車縫，須注意不要將襯貼到要車縫的部分。

バッグの芯地

包包用襯medium（suncoccoh／清原）

顏色與花樣豐富，可與表布自由組合搭配。

可取代裡布的接著襯

通常若將表布貼上接著襯，就必需加上裡布。但如果使用可取代裡布的接著襯，就不必再接縫裡布。

2. 接著襯的燙貼技巧

試貼

將接著襯貼至選定的布料之前，先以其他布片試貼。

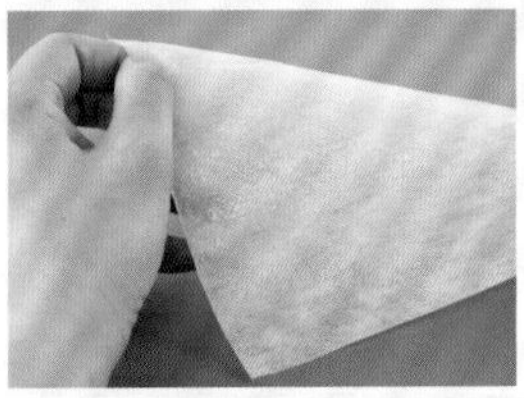

接著襯摸起來粗粗的那一面為塗膠面。

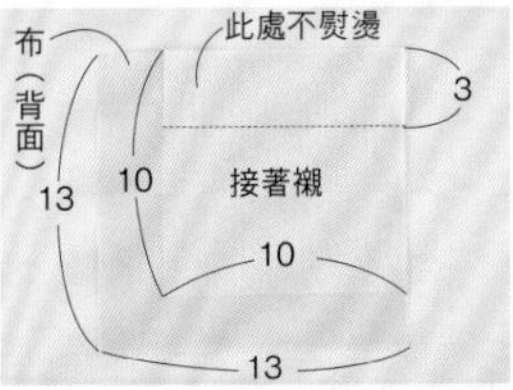

布（背面）
此處不熨燙
3
10
接著襯
10
13
13

①有膠面朝下，如圖所示將接著襯貼至零碼布上。

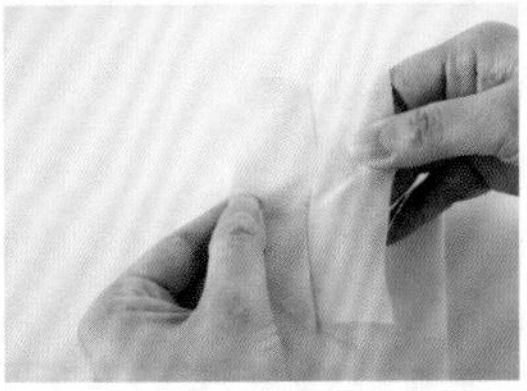

②待完全冷卻（有餘溫時仍可撕下）後，拉扯沒有黏著的部分，確認一下黏貼部分有無剝落。拉扯時有時接著襯會破掉，那是因為貼得太牢的緣故，基本上不會有問題。

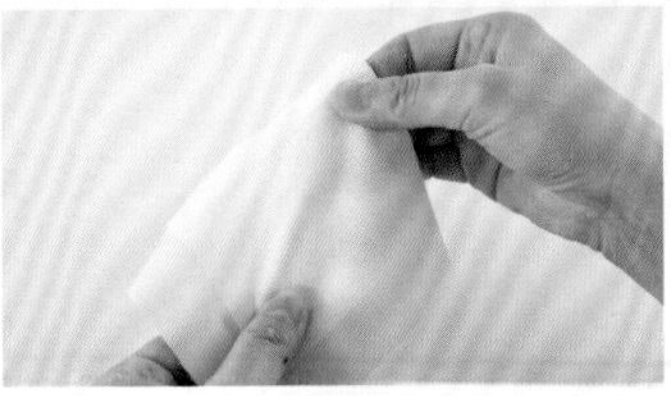

③斜向拉扯貼上接著襯的部分，確認膠有沒有滲出、與表布是否服貼、喜不喜歡表布呈現的軟硬度。若一切OK，再於選定的布上正式燙貼接著襯。

燙貼接著襯的重點

❶ 溫度（中溫140℃至160℃）

❷ 壓力

❸ 時間（10秒左右）

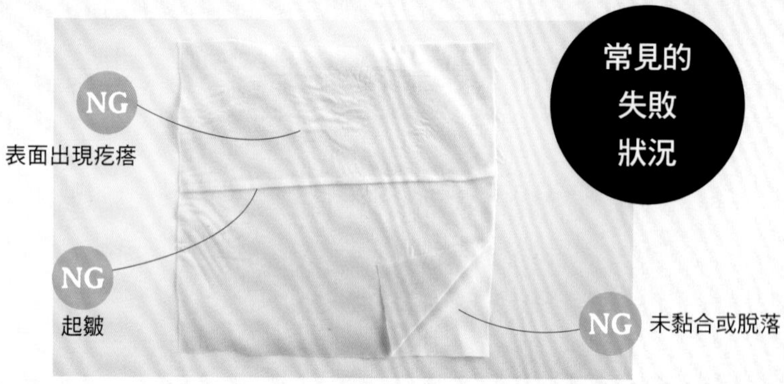
常見的
失敗
狀況
NG
表面出現疙瘩
NG
起皺
NG
未黏合或脫落

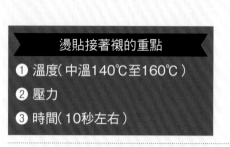

不失敗的接著襯燙貼技巧

紙型
表・裡底
表布（背面）

①紙型疊至表布上，將布裁得稍大。

牛皮紙
表布（背面）

②將熨燙板鋪上防污牛皮紙，表布背面朝上放置，確實整平歪斜的布紋或皺褶，如此一來就不易出現失敗狀況中的起皺問題。線屑等也要清乾淨喔！

牛皮紙
接著襯（膠面）
表布（背面）

③裁得比表布稍小的接著襯，塗膠面朝下疊至表布上方。

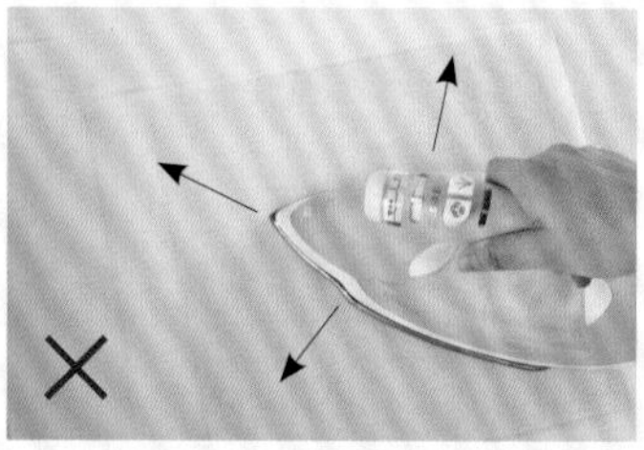

④燙貼時若依平常使用熨斗的要領用力斜向移動，會使接著襯產生延展，表面出現失敗的疙瘩狀況。

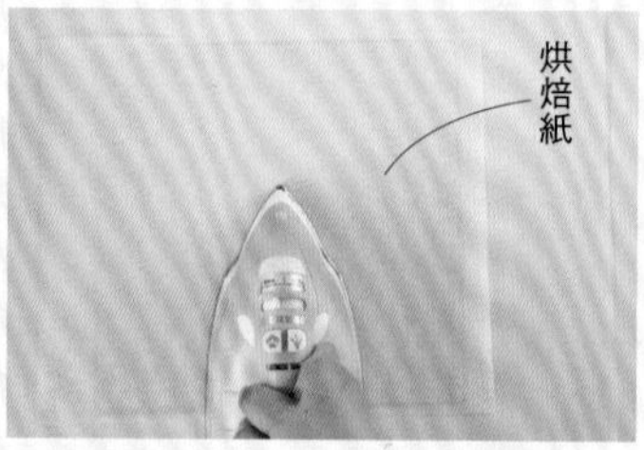
烘焙紙

⑤在最上面墊放烘焙紙（或牛皮紙），不移動熨斗，從上方加上身體的力量按壓。

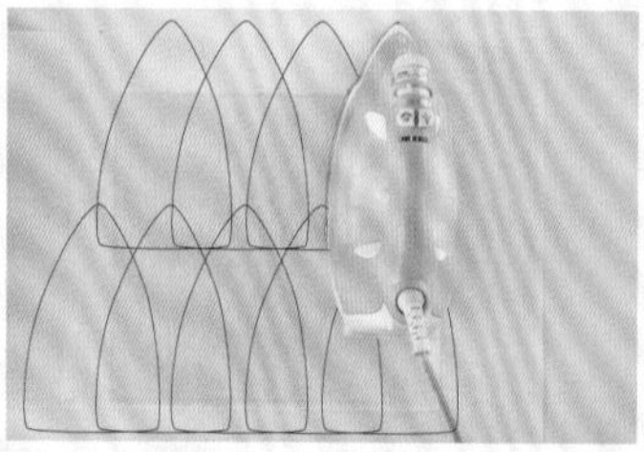

⑥重複相同的動作，重疊壓燙以避免遺漏。

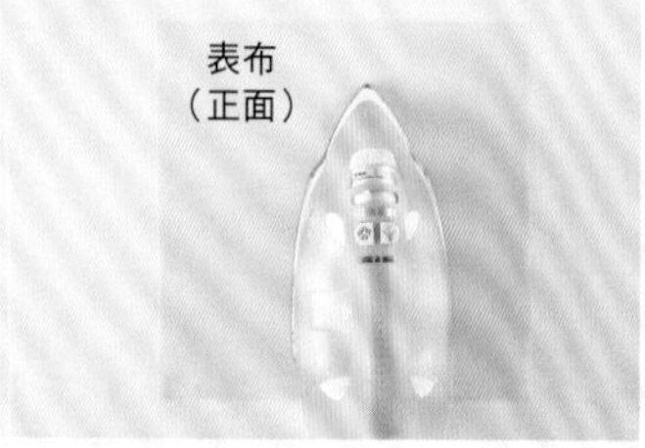
表布
（正面）

⑦從表布正面慢慢滑動熨斗，確實黏合。

表布
（正面）
燙馬

⑧放上燙馬或雜誌，一邊按壓一邊去熱。在冷卻之前先靜置於平整處，冷卻後再依紙型裁剪。

當縫份不貼接著襯（沿完成線貼襯）時

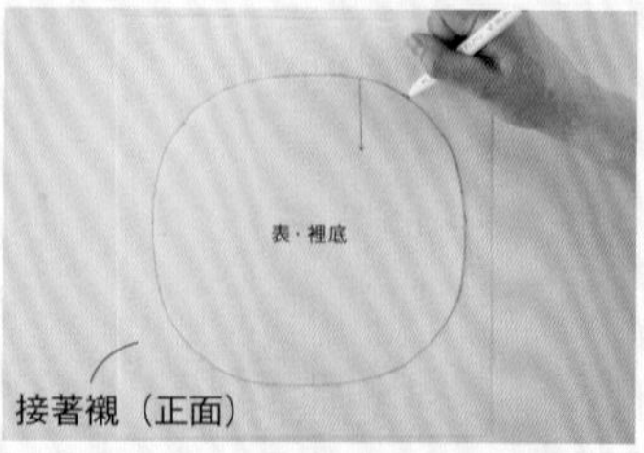
表・裡底
接著襯（正面）

①準備未加縫份的紙型，置於接著襯上描畫記號。

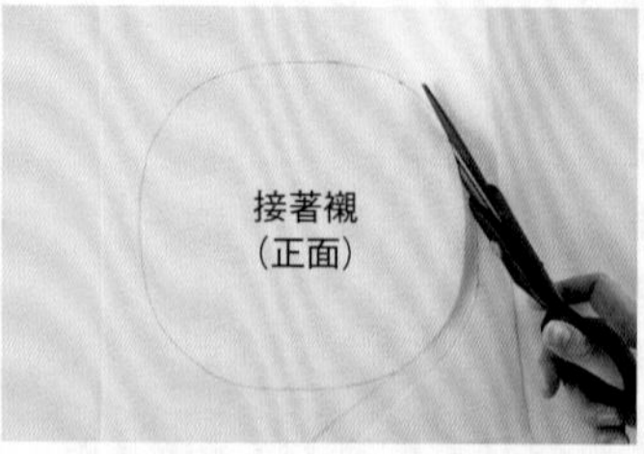
接著襯
（正面）

②沿記號線內側裁剪，使接著襯比完成線小1至2mm。

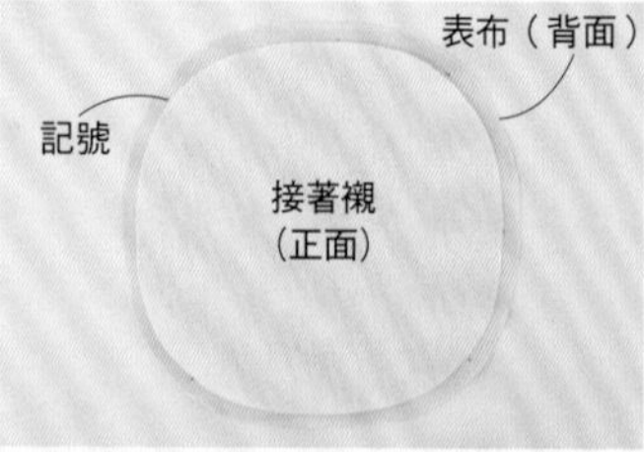
表布（背面）
記號
接著襯
（正面）

③裁好的表布背面朝上，在數個位置加上完成線記號。接著襯的膠面朝下對齊記號疊至表布上，依相同方式以熨斗燙貼。

縫份要不要貼接著襯？

縫份未貼襯時

使用厚接著襯或接著鋪棉等，縫份不貼襯就不會變得太厚，翻至正面時看起來比較漂亮。當重疊多片布而不好車縫時，縫份也不建議貼襯。

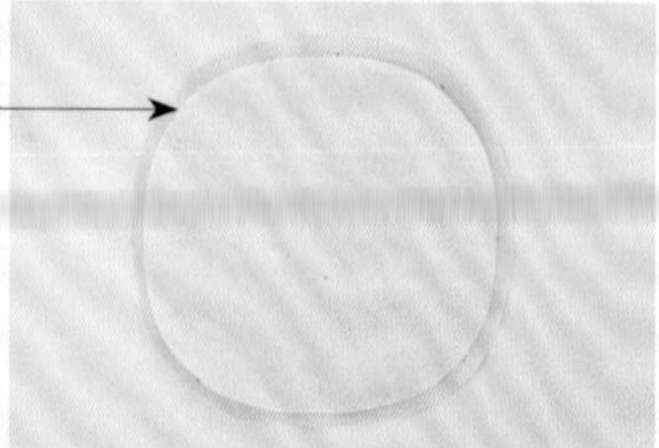

縫份有貼襯時

縫份貼襯時，車縫處不會產生延展，比較好縫。由於是連同接著襯一起車縫，襯也較不易脫落。

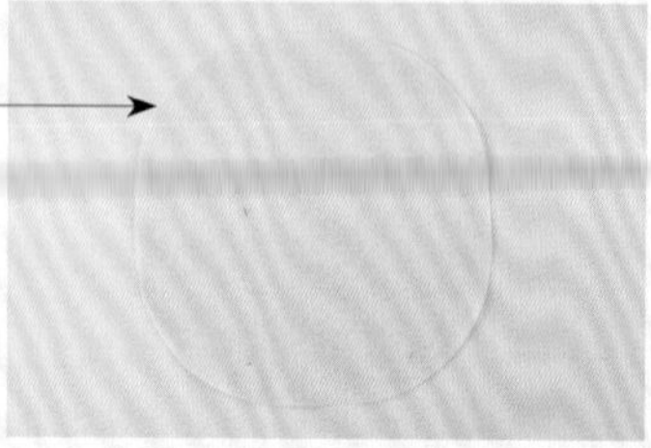

3. 接著襯的挑選方法

請依據作品想要呈現的感覺來挑選接著襯。並務必試貼（P.25），以確認和表布合不合、軟硬度是否符合想像。

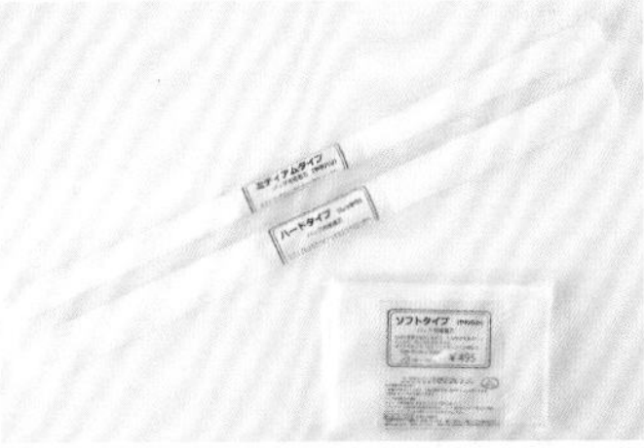

鎌倉Swany製接著襯（以下簡稱㋜）
容易以家用熨斗燙貼。質厚但保有柔軟度。適合製作包包＆小物，共有3款可供選擇。

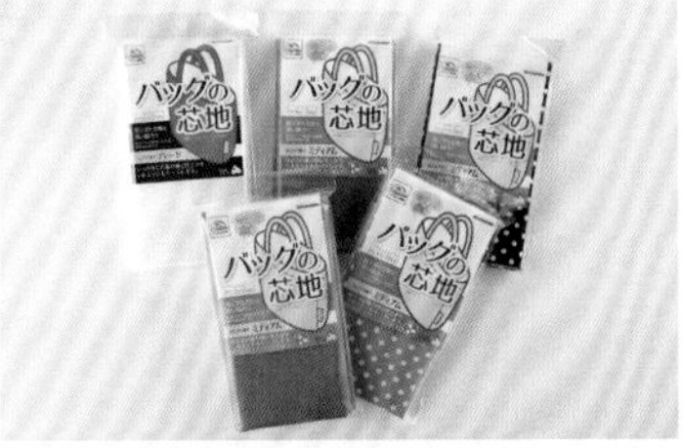

sun coccoh包包用襯（以下簡稱㋚）／清原（株）
如名稱所示，適合包包與小物使用。以家用熨斗就能輕鬆地牢固貼合。可兼作裡布使用，與表布直接燙貼即可，不需再接縫裡布。貼布繡＆滾邊也適用。

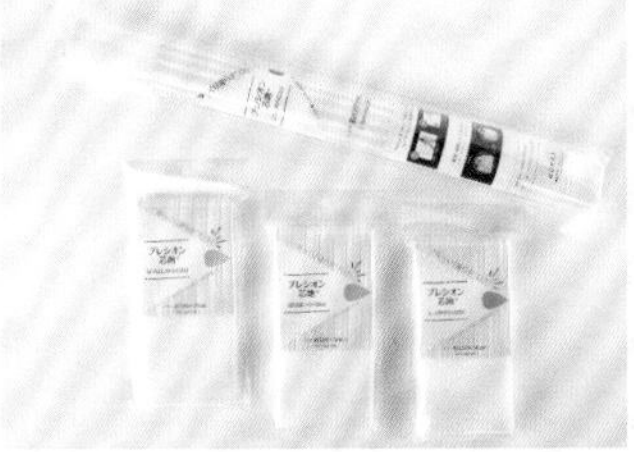

プレシオン輕鬆燙布襯（以下簡稱(プ)）／（株）kokka
不必加上身體的力量，只要以家用熨斗慢慢滑動就能輕鬆燙貼。

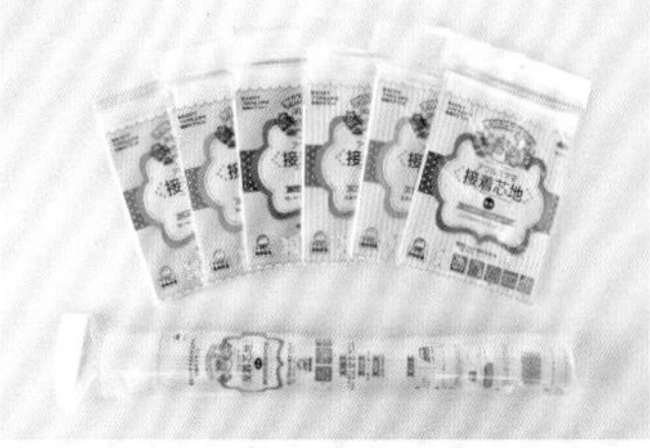

アウルスママ（以下簡稱㋐）／日本Vilene（株）
包含不織布、織布及鋪棉等質地，從厚到薄，一應俱全，品項豐富。以家用熨斗即可輕鬆燙貼，不易脫落。

實測比較！

試貼各品牌推薦的接著襯

無接著襯

波奇包的拉鍊針腳處明顯起皺，縫份也可看出透色。但環保購物袋等摺疊包，因為要求輕薄，多半不貼接著襯。

以下實測是以平紋精梳棉布燙貼接著襯，縫製寬12×長8×側身8cm的牛奶糖波奇包。裡布也使用平紋精梳棉布（使用裡布兼用襯時，則不再接縫裡布）。※除了標示不織布之外，皆使用梭織襯。

柔軟 ↔ 硬　　薄 ↔ 厚

薄

保留表布的柔軟度，呈現些許張力。適用輕質包包、扁平包與束口袋。

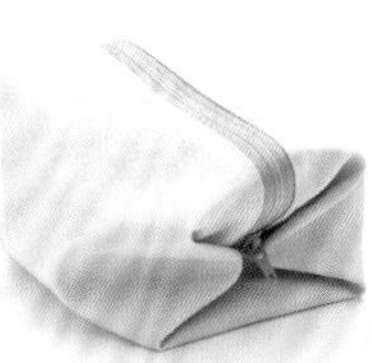
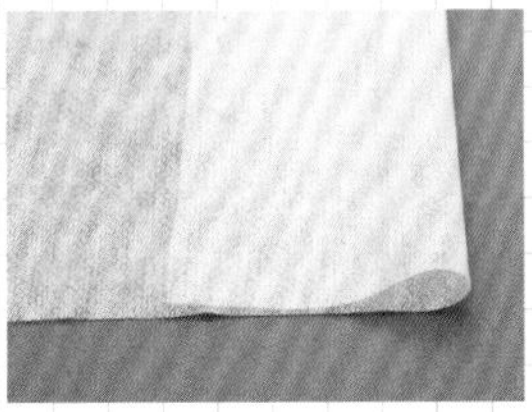

舒適柔軟型 AM-N2（不織布）／㋐
保留表布質感，添加略微的硬脆感。
波奇包很難獨自站立。

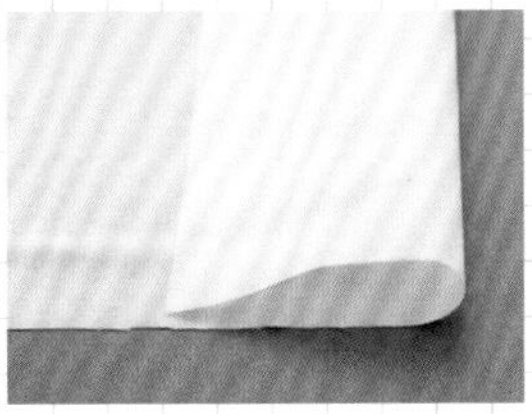

舒適柔和型 AM-W2／㋐
保留表布質感，呈現柔和張力。
波奇包可稍微站立，邊角略呈圓狀。

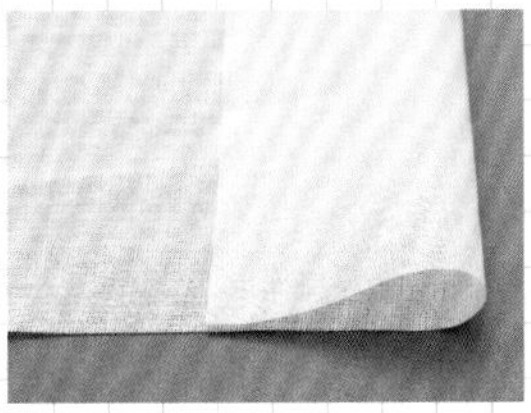

輕鬆燙布襯<好貼型>／(プ)
保留表布質感，富彈性與張力。
波奇包半塌，但邊角可挺立，呈現舒適感。

中薄

保留表布的柔軟度，且擁有讓作品站立的張力。適用褶襉祖母包與偏柔軟的設計。

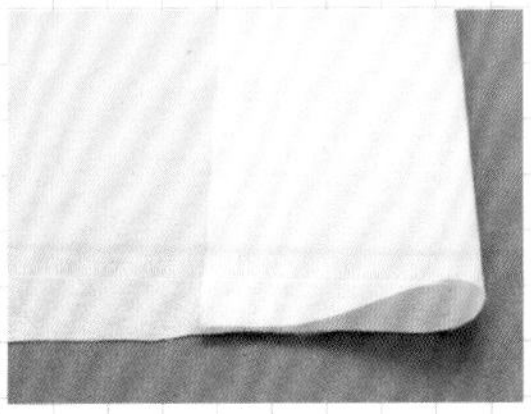

舒適俐落型 AM-W3／㋐
薄挺有柔韌度。
波奇包略塌，但邊角可清楚挺立。

柔軟 薄

中薄

保留表布的柔軟度，擁有讓作品站立的張力。適用褶襉祖母包與偏柔軟的設計。

輕鬆燙布襯＜柔挺型＞／ブ

展現蓬鬆厚度與柔韌度，雖無硬度但具彈性。波奇包某種程度可四角站立。

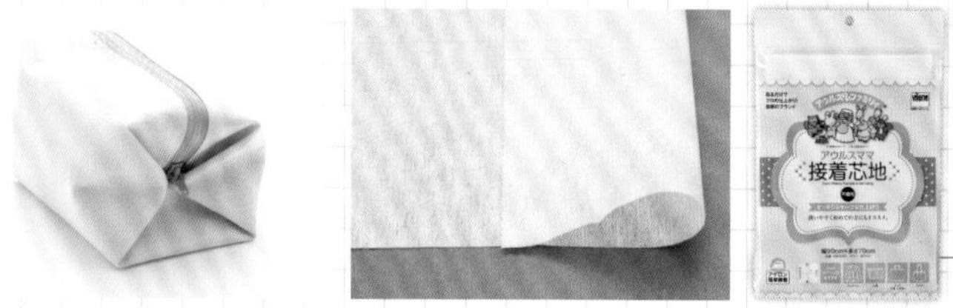
アウルスママ
接着芯地

舒適俐落型 AM-GS5（不織布）／ア

質感脆如紙張，薄且硬，使波奇包的邊角可清楚挺出。

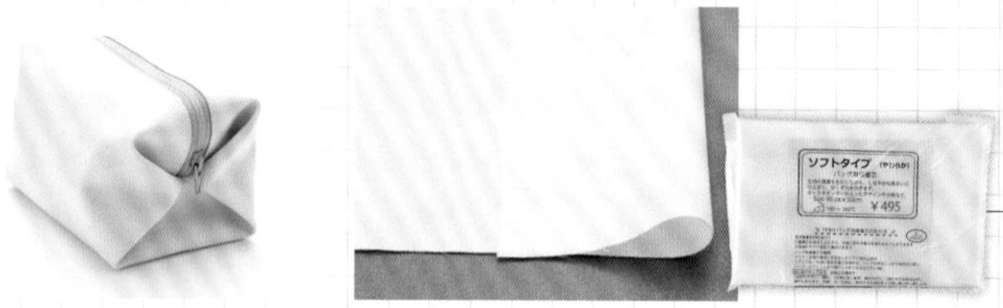

Swany Soft／ス

呈現柔軟厚度與彈性。接著襯緊密貼合，表布不易起皺，可帶出柔和感。波奇包的邊角略呈圓狀。

厚

可呈現尖角的張力與彈性，使包體最接近四方形。適合想保持型體的後背托特包與帽子等。

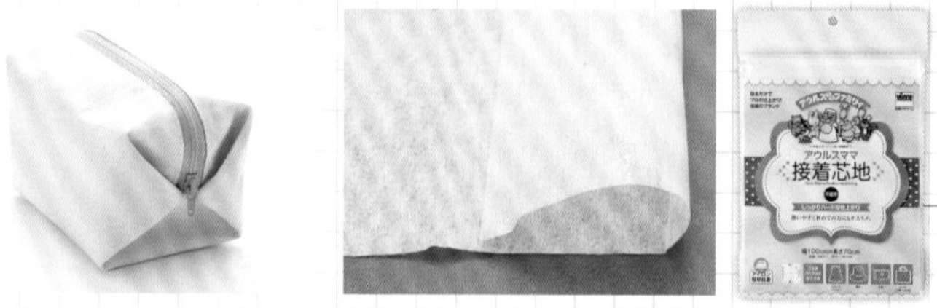
アウルスママ
接着芯地

扎實硬挺型 AM-F1（不織布）／ア

不會太厚，呈脆如紙張的質感。若使用薄表布，表面多少會起皺。可清楚呈現尖角，波奇包最像四方形。

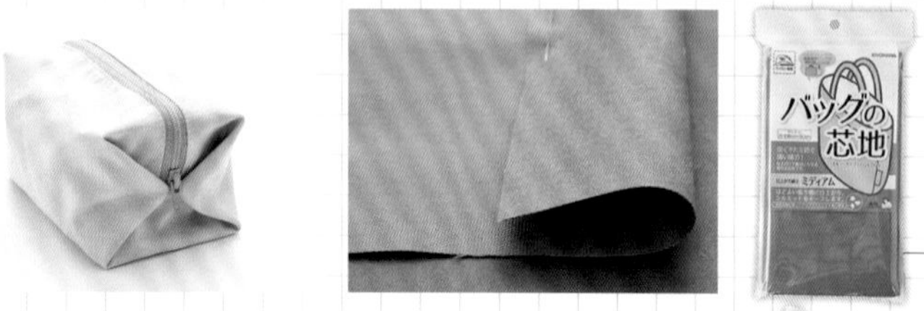
バッグの
芯地

包包用襯 medium（無裡布）／サ

質感硬脆。波奇包的邊角有挺出，可稍微站立。

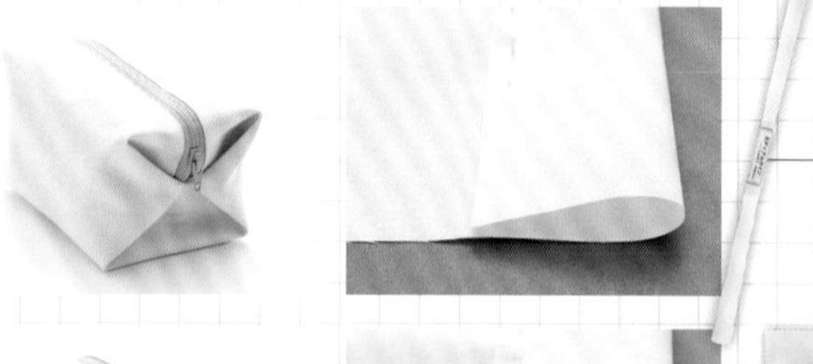

Swany Medium／ス

有彈性，兼具厚度與硬度。接著襯可緊密貼合，表布不易起皺，富張力。波奇包可站立，邊角挺出，簡潔洗鍊。

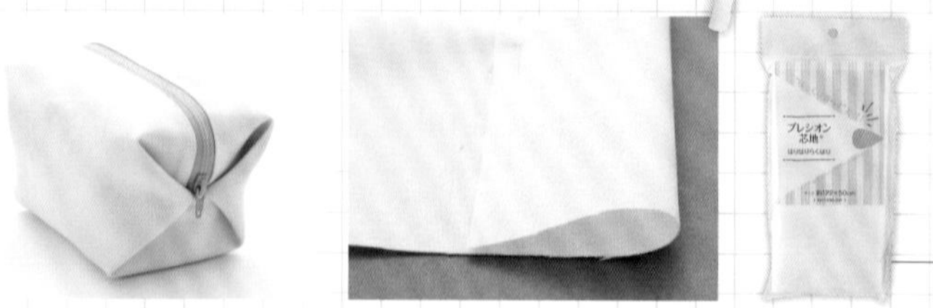

輕鬆燙布襯＜脆硬型＞／ブ

兼具蓬鬆的厚度與硬度。觸感柔和，波奇包可站立。

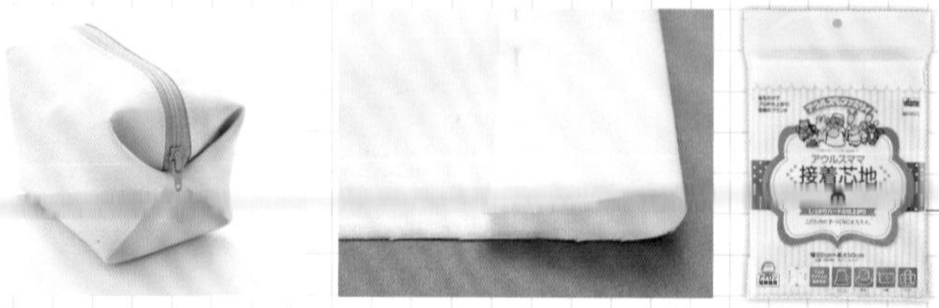
アウルスママ
接着芯地

扎實硬挺型 AM-W4／ア

很厚且硬，但觸感柔韌而非脆硬。波奇包可完全站立，因厚度與硬度，包型有點膨起。

硬 厚

極厚

帶出如厚紙板的硬度與厚度，可製作穩定站立的作品。適用於包底與扎實設計的布包。

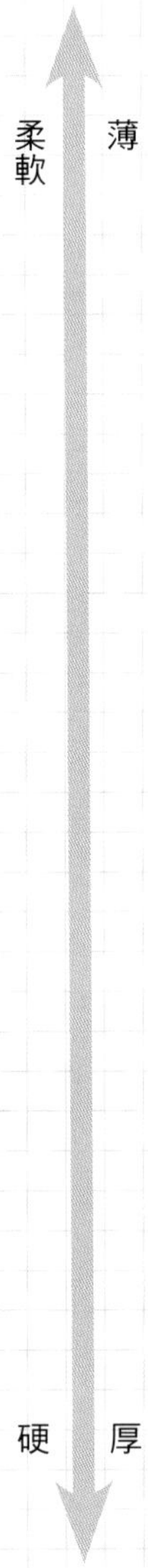

柔軟
薄
硬
厚

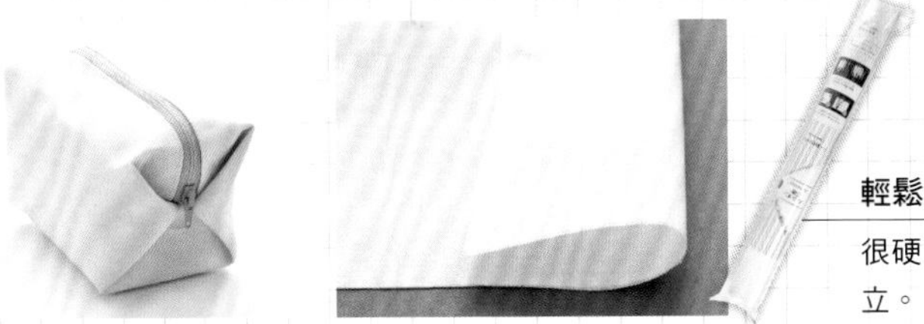

輕鬆燙布襯＜硬挺型＞／プ

很硬，但具有彈性與柔韌度。波奇包可挺出尖角，以俐落的四角形站立。

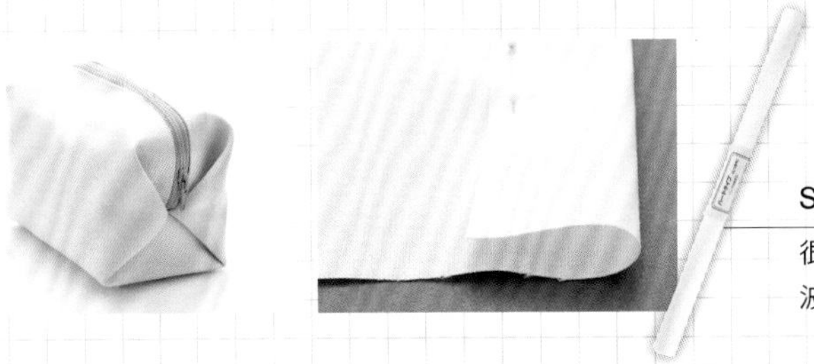

Swany Hard ／ス

很硬，但有彈性。接著襯可緊密貼合，表布不易起皺，成品筆挺。
波奇包呈現尖角，且因為有彈性而看起來膨膨的。

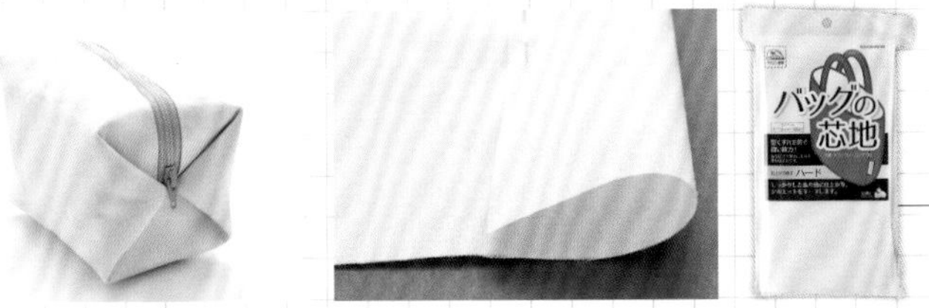

バッグの
芯地

包包用硬襯（無裡布）／サ

質感很硬且脆，也因此波奇包線條清晰、尖角明確。包型因為硬度而微微鼓起。

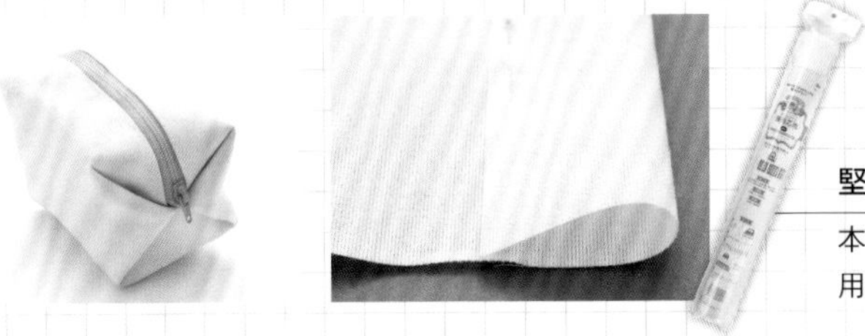

堅挺超硬型 AM- W5 ／ア

本特集中最硬的厚襯。近似厚紙板，但有韌性，可呈現漂亮圓弧線條。用來製作波奇包，會膨到很難關上拉鍊。

番外篇

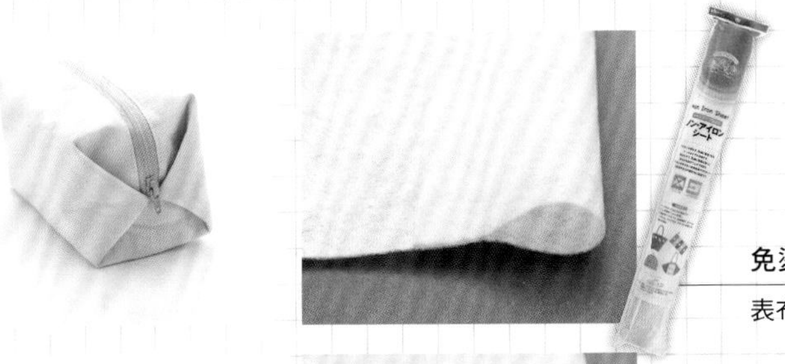

免燙貼襯 NS-1P（貼紙型）／ア

表布呈現張力與緩衝性。比起鋪棉，成品質感更顯扎實。

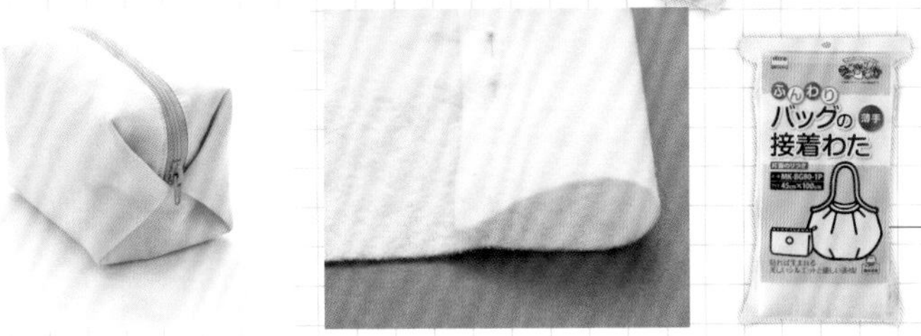

ふんわり
バッグの
接着わた

包包用接著鋪棉 薄 MK-BG80-1P ／ア

專為包包＆小物開發的接著鋪棉。適合波奇包與手作小物，可呈現舒適的蓬鬆感。

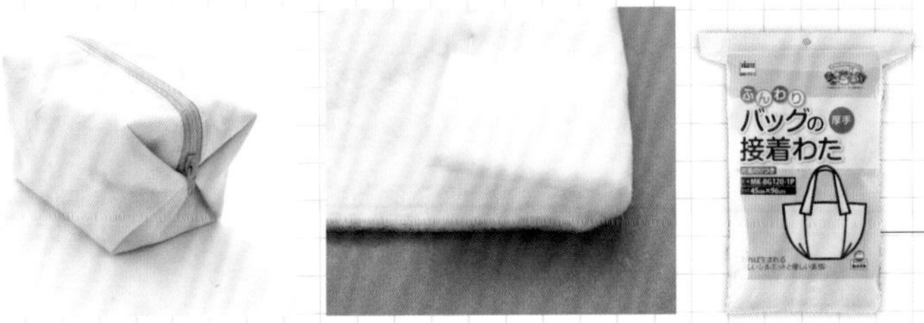

ふんわり
バッグの
接着わた

包包用接著鋪棉 厚 MK-BG120-1P ／ア

專為包包＆小物開發的接著鋪棉。適合製作大包包，具有穩定感與蓬鬆的輪廓。

出色 & 實用兼備

進口布料手作包

作為手挽袋使用，
長度也適中的皮革提把。

沿著包口接縫包芯棉繩提把。

來自人氣布店「鎌倉SWANY」的夏季包，
使用進口布作出兼具「漂亮」與「實用」的
吸睛時尚作品！

攝影＝回里純子　造型＝西森 萌
妝髮＝タニジュンコ　模特兒＝Dona

No. 34　ITEM｜設計感提把托特包
作 法｜P.91

放入錢包、手機等隨身小物，大小剛剛好的托特包。當作便當袋使用也大受好評。

左・表布＝進口布（HEXA・IF2238-2）
右・表布＝進口布（HEXA・IF2238-1）
／鎌倉SWANY

以圖案布製作，
自由配置表側 & 背側的花樣。

裝上可拆裝的迷你提把，
搭配成子母包使用也OK。

No. 35　ITEM｜方形波奇包
作 法｜P.83

一點不剩地利用布料上的6個圖案塊，縫製3個拉鍊波奇包。用來分類收納細瑣小物最方便了！

表布＝進口布　圖案布（MELUSINE・OIF2508-3）／鎌倉SWANY

皮革提把＆皮標是裝飾亮點。

手作誌也能輕鬆放入的
好用尺寸

No.
36 ITEM ｜方形手提袋
作 法 ｜P.92

皮革提把的長度不論手挽或肩背都恰好。附有摺疊側身，帶有厚度＆體積的物品也放得進去。

左・表布＝進口布（TROPICALE・IF2239-1）／鎌倉SWANY
右・表布＝進口布（TROPICALE・IF2239-2）／鎌倉SWANY

在手持時展露各種表情的圓底包。

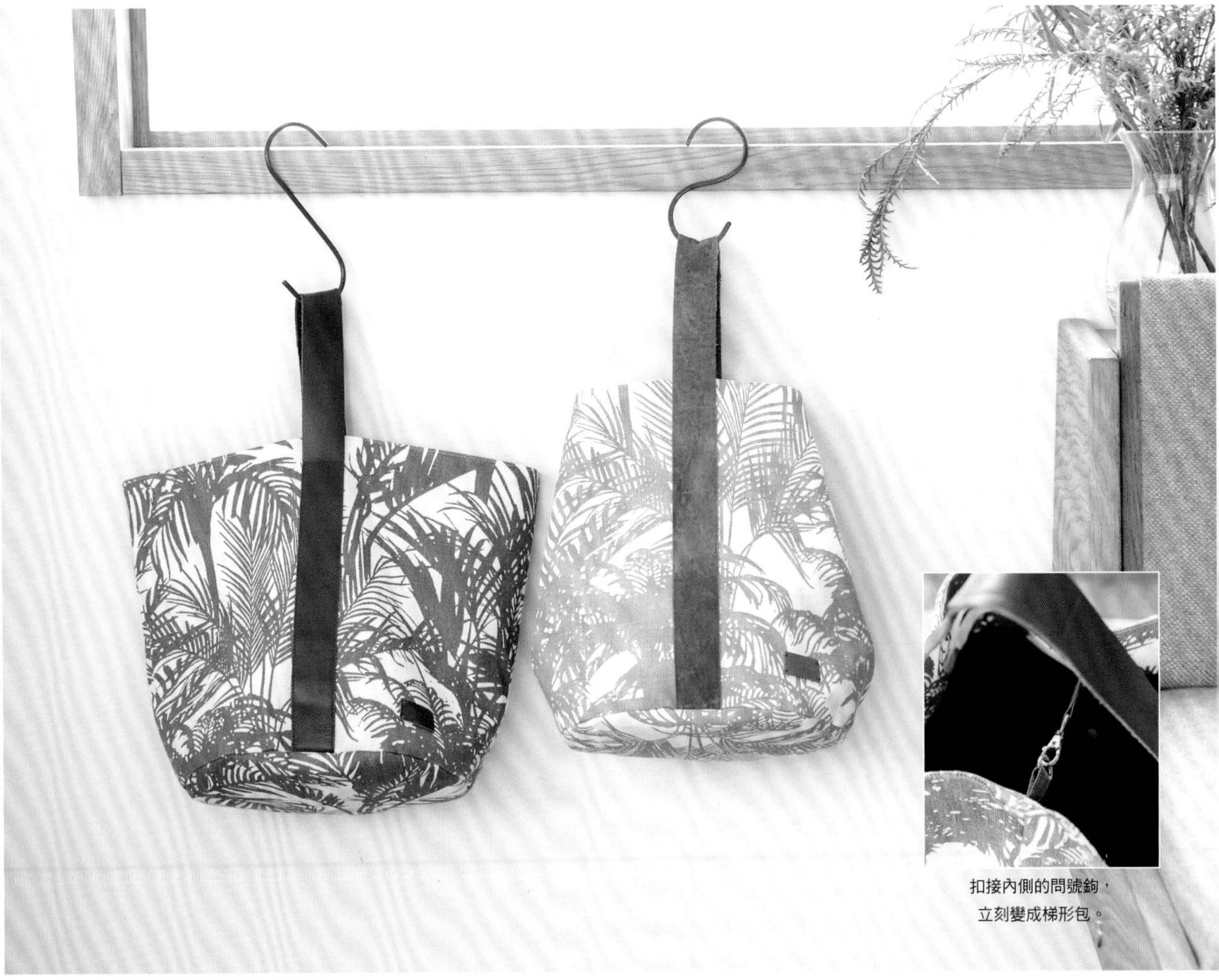

扣接內側的問號鉤，
立刻變成梯形包。

No.
37 ITEM ｜單柄圓底托特包
作 法 ｜P.93

以單柄皮革提把聚焦的圓底托特包。容量大，是點綴簡單穿搭的推薦單品。

左・表布＝進口布（COMORES・IF2237-2）／鎌倉SWANY
右・表布＝進口布（TROPICALE・IF2237-3）／鎌倉SWANY

讓不同動物分別在表側＆背側登場，
也是頗具趣味性的設計。
要以什麼動物為主，就隨你喜好決定吧！

斜向接縫提把，更好提握。

No.
38 ITEM｜簡約托特包
作 法｜P.94

快速吸引目光的叢林狩獵圖案托特包。提把＆袋底以素色布收攏袋型的輪廓感。

表布＝進口布（KING OF THE JUNGLE SAFARI・IE4089-1）／鎌倉SWANY

以基本款紙型變身20款造型

為了製作不同款式的服裝，常常需要描繪很多紙型，
但其實不需要太多紙型，也可以變化出豐富的設計款式喔！
本書的身片紙型只有一種，再根據領圍、剪接、下襬等設計，加入小部位的紙型，
將袖子、領子紙型組合，就能衍生出各種設計！
基本的長版上衣，改變長度或變化領圍、添加袖子或領子、加上前開襟設計……
原來一款紙型就可以變出這麼多花樣！請參考各個作品，製作出你最喜愛的款吧！

自己作20款
質感系手作服
Yoshiko Tsukiori
Arrange wear

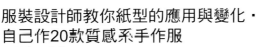

服裝設計師教你紙型的應用與變化‧
自己作20款質感系手作服
月居良子◎著
平裝／96頁／21×27.5cm
彩色+單色／定價420元

赤峰清香 × 原創帆布

每天都想使用的私藏愛包

布包作家赤峰清香的人氣連載。
本期是以赤峰老師的原創帆布製作的手提包。

攝影＝回里純子　造型＝西森 萌　模特兒＝Dona

至今製作過各式各樣包包的赤峰老師，於四月出版的《仕立て方が身に付く手作りバッグ練習帖（暫譯：學會縫製方法的手作包練習本）》一書中刊載了28件堪稱集大成的作品。赤峰老師表示，「設計當然不在話下，其他不論是尺寸、樣式與作法簡易度等，都經過多面向的仔細考量，稱得上是一時之選！」而本期作品，則是特別收錄新書中受限於篇幅的遺珠之作——首選推薦！掛保證好用的剪接格紋手提袋。

本作品使用的原創格紋帆布，是以新書為契機，與倉敷帆布BAISTONE合作開發的系列帆布，完成了赤峰老師一直想要擁有的面料。素材為上棉8號帆布，是以梭織機將非常細的棉線慢慢織成的上等帆布。因為擁有牛津布般的柔軟度，比較好縫也是此款布料的特色。帆布底色由清峰老師挑選，格紋也由她親繪設計。「素材與圖案都很講究的帆布。請試著以它製作各式布包吧！」

No.
39 ITEM｜剪接格紋手提袋
作 法｜P.95

剪接設計的托特包將原創帆布的格紋襯托得加倍出色。因寬側身而具有穩定感。A4雜誌OK，放入摺傘＆小水瓶等外出用品也很適合。

表布＝上棉8號帆布pallet系列by Navy Blue Closet×倉敷帆布（moss check）／倉敷帆布（BAISTONE株式 社）
裡布＝棉厚織79號（#3300-0・黑）／Lidee（FABLUCK株式 社）
D型環＝20mm（SUN10-101・AG）／清原（株）
提把＝皮革提把（ULH-40 #25・焦茶色）／INAZUMA（植村株式 社）

加入拉鍊隔層口袋。

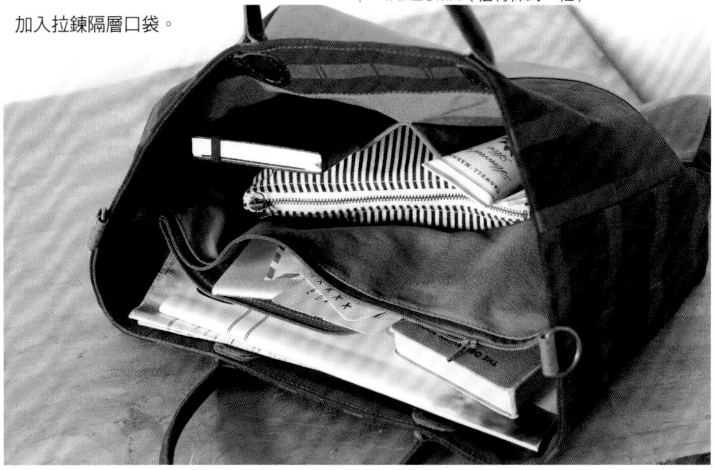

布包作家赤峰清香與倉敷帆布BAISTONE合作開發的原創帆布系列稱為pallet。彷彿混合多彩顏料的調色盤，結合織與染的技法，「於定番款加上一抹玩心」的人氣帆布系列。本次布品為格紋與素色。

赤峰清香×倉敷帆布BAISTONE
原創帆布～checks

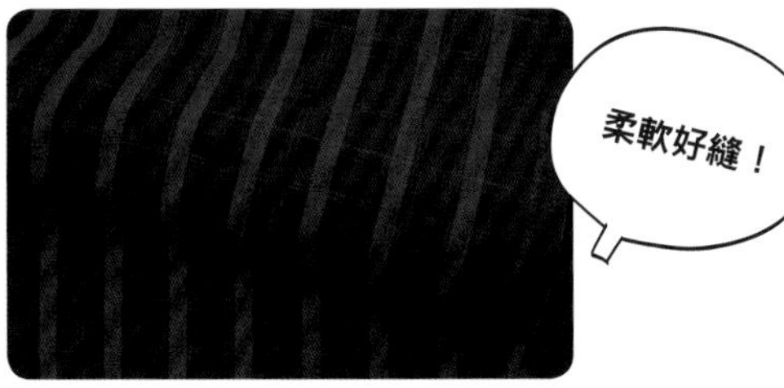
柔軟好縫！

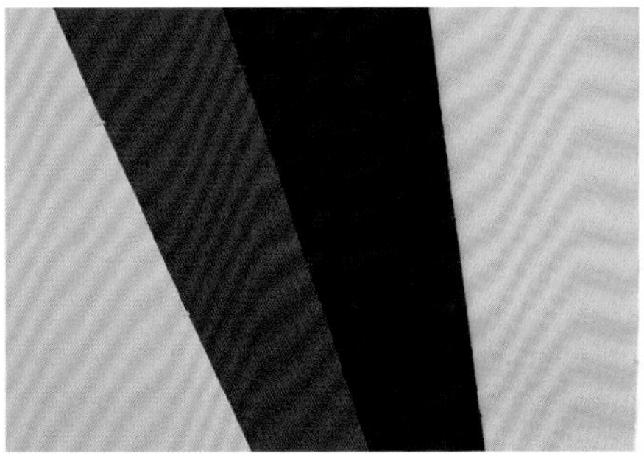

品名：**plain**
顏色（左起）：cream・raspberry・navy・mustard

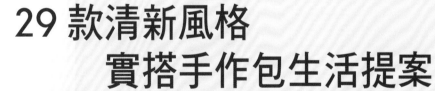

品名：**checks**
顏色（左起）：cream check・moss check
raspberry check・mustard check

くぼでらようこ老師

今天，要學什麼布作技巧呢？

～圓底壓線托特包＆束口袋～

布物作家くぼでらようこ老師的人氣連載。
本期作品是在布上壓線的圓底包＆束口袋，
投入心力與時間後，將令人加倍珍惜愛戀。

攝影＝回里純子　造型＝西森 萌　妝髮＝タニジュンコ　模特兒＝Dona

No. **40** ITEM｜圓底壓線托特包
作 法｜P.96

No. **41** ITEM｜圓底壓線束口袋
作 法｜P.97

圓滾可愛的托特包＆束口袋，共通的設計重點是以四片布接合袋底。在喜愛的棉麻布上壓線，製作包包本體。有別於使用市售的壓棉布，可完成更具洗練風格的吸睛作品。

表布＝BIG HERRING BONE・先染棉亞麻日曬水洗加工（PSW5030-1）／KOYAMA INTERNATIONAL（株）
包包織帶＝靛藍色調織帶（IND-103・靛藍）／Sun・Olive（株）

profile

くぼでらようこ

自服裝設計科畢業後，任職於該校教務部。2004年起以布物作家的身分出道。經營dekobo工房，以布包、收納包和生活周遭的物品為主，製作能點綴成熟簡約穿搭的日常布物。除了提供作品給縫紉雜誌之外，也擔任體驗講座和Vogue學園東京校・橫濱校的講師。

http://www.dekobo.com

以不同顏色棉麻布製作的托特包與束口袋。Summer Black色系的單品，是大人風穿搭不可或缺的元素。

表布＝BIG HERRING BONE・先染棉亞麻日曬水洗加工（PSW5030-3）／KOYAMA INTERNATIONAL（株）

包包織帶＝靛藍色調織帶（IND-103・靛藍）／Sun・Olive（株）

請くぼでら老師教教我！

Q 想在包包本體布上壓線時，該怎麼做才能壓出這麼漂亮的線條呢？

A 訣竅在於以稱為「壓線導縫器」的縫紉機壓布腳進行壓線。因為可自由調整間距，保持平行地整齊車縫，所以能將喜歡的布料自行加工壓線，十分方便。

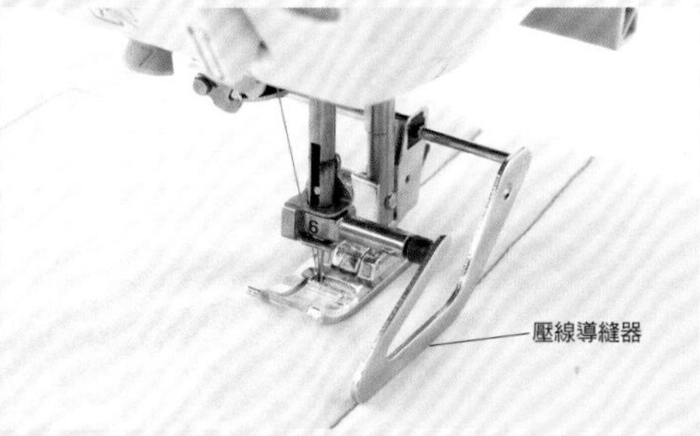
壓線導縫器

因機種而異，也有縫紉機無內附壓線導縫器。請自行詳閱說明書加以確認。

左圖採用均等間隔3cm的壓線線條。くぼでら老師在喜歡的人字紋棉麻水洗布上進行壓線後，質感提升且更能吸引目光。

壓線導縫器用法

1

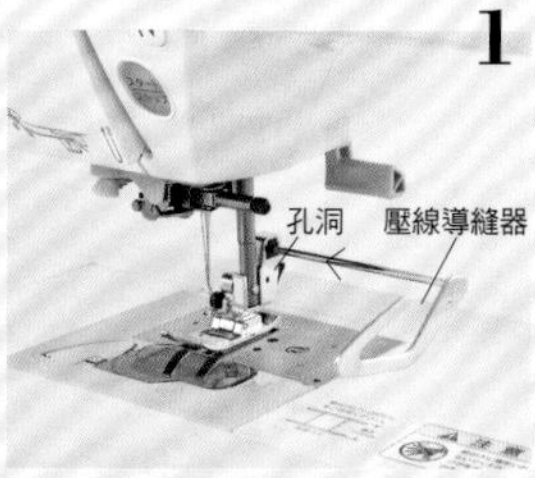
孔洞
壓線導縫器

將壓線導縫器插入縫紉機在壓布腳後面的洞孔內。

2

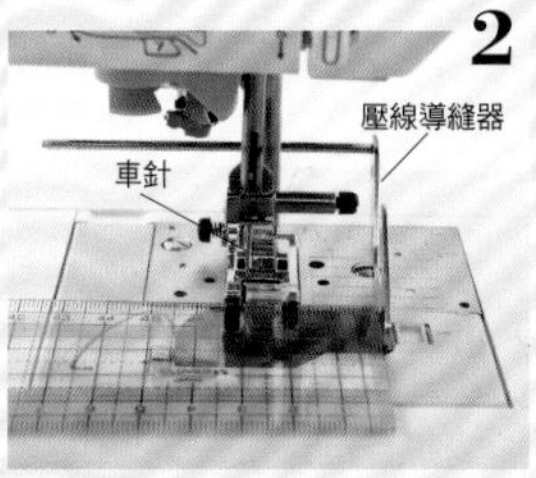
壓線導縫器
車針

配合要壓線的寬度，調整從車針位置到壓線導縫器之間的距離。

3

車縫。

於布料中央線上車縫。

4

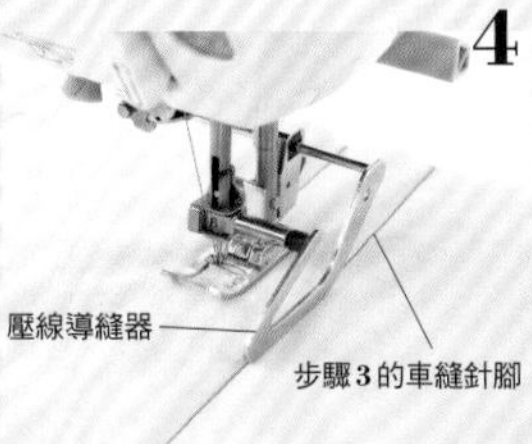
壓線導縫器
步驟3的車縫針腳

保持壓線導縫器疊在步驟3的車縫針腳上，以壓線導縫器導引進行車縫。

5

以相同方式車縫左右側，要壓多少線隨個人喜好。針腳可稍大。

【無壓線導縫器時】 當縫紉機未附此配件或沒有此壓布腳時，請參見P.96作法自行壓線也OK。

讓媽媽也雀躍不已的款式

書中秉持著鳥巢彩子品牌的設計概念，
款式穿起來舒適，造型也簡單可愛。
線條寬鬆舒服、卻又帶點正式感的優雅設計，
不管是外出或是在家穿著都很適合！
款式設計上避開了
麻煩的釦子或是易失敗的釦孔製作，
是一本累積了設計師媽媽多年製作經驗的手作書。
製作時很簡單，
但是都加入了許多
設計師才有的小巧思，舒適感加倍！

設計師媽咪親手作・
可愛小女孩的日常＆外出服
鳥巢彩子◎著
平裝／96頁／21×26cm
彩色+單色／定價420元

設計者 William Morris

BRAND | **"BEST OF MORRIS"**

你知道近代設計創始者，有「現代設計之父」美譽的威廉莫里斯（William Morris，1834～1896）嗎？他是19世紀的英國傑出室內設計師，同時也是畫家、工藝家、詩人、圖案設計家、出版人及社會主義運動者，多才多藝，在各領域均留下亮眼的成績。

1834年3月24日出生於倫敦郊區的優渥家庭，自幼在美麗的大自然中生長，培育出豐沛的感性。以抵制工業革命後的大量生產製品，提倡職人手工藝作品散發的自然之美，成為「美術工藝運動」（Art & Craft Movement）的中心人物。他以大自然的樹木、花草及小動物為題創作的布料圖案，洋溢生命力之美，設計圖樣達150種以上，曾說過「不要讓家裡出現不美的東西」。反映出威廉莫里斯對大自然熱愛之情的BEST OF MORRIS系列布料，也深受世界各地人們的喜愛。

嚴選美布

BEST OF MORRIS

by moda

被譽為不論作成什麼都散發優雅氛圍的
BEST OF MORRIS，
是大人手作不可缺席的布料。

攝影＝回里純子　造型＝西森 萌
妝髮＝タニジュンコ　模特兒＝Dona

No. 42　ITEM | 掀蓋滾邊托特包
作 法 | P.98

以合成皮滾邊＆提把為裝飾亮點的托特包。可遮住內容物的掀蓋設計，也是討喜的魅力細節。

表布＝牛津布by BEST OF MORRIS（Strawberry Thief・121-47-010）／Yuzawaya

No. 44

ITEM｜拼接束口袋
作 法｜P.65

以在束口袋的中段繞接一圈BEST OF MORRIS印花布，吸引眾人目光。附側身、具穩定感，可作為便當袋等用途。

左・配布＝平織布 by BEST OF MORRIS（Hyacinth・121-47-011-001）／Yuzawaya

打開傘尖的四合釦，就能讓蓄積的水滴流出去。

No. 43

ITEM｜雨傘套
作 法｜P.73

直傘的專用套，以防水布製作而成。需要收起淋濕的傘進入室內行走時，有了它就非常方便。

表布＝防水布by BEST OF MORRIS（Willow Bough・125-17-001）／Yuzawaya

炎熱的夏天要來了！
一起動手製作防曬用品＆
夏日風素材與圖案的小物吧！

迎接夏天來臨的手作布物

攝影＝回里純子　造型＝西森 萌
妝髮＝タニジュンコ　模特兒＝Dona

防曬對策！

No. **45** ITEM｜洋傘
作 法｜P.68

挑選喜歡的布料，自行組裝摺疊洋傘！傘面使用mamegoto布料品牌的現代風花紋布。盛開於傘緣的黃花格外吸睛。

表布＝尼龍布by mamegoto（Bouqute）／mamegoto
洋傘骨架＝摺疊洋傘B型（NAW-M2B）／日本紐釦貿易（株）
製作＝キムラマミ

收納＆使用！

No. **46** ITEM｜洋傘收納袋
作 法｜P.69

利用No.45洋傘剩餘的布料製作傘套。平時可當作迷你包使用，也可以放入洋傘，捲起來＆以釦子固定，是多功能的便利小袋物。

表布＝尼龍布by mamegoto（Bouqute）／mamegoto
押釦＝四合釦14mm（SUN17-39）／清原（株）
設計・製作＝キムラマミ

防曬對策！

No. 47 ITEM | 帽緣可塑型漁夫帽
作 法 | P.102

以手作的帽子來遮陽防曬也OK。在帽簷邊緣加入固形用的手藝鐵絲，即可自由整理出喜歡的帽簷造型。

表布＝牛津布by mamegoto（Forest）／mamegoto
製作＝キムラマミ

防冷氣＆防曬！

No. 48 ITEM | 薄紗圍巾
作 法 | P.94

觸感蓬鬆柔軟的薄紗圍巾。在布邊抽紗出適量的流蘇，營造自然隨意的感覺。準備一條在冷氣房中使用也很方便。

表布＝一重紗by mamegoto（Kasumisou）／mamegoto
製作＝小林かおり

日常使用！

No. 49 ITEM｜框邊托特包
作法｜P.99

以洋溢夏天氣息的帆船印花帆布為主布，再以白色帆布包邊，呈現出畫框感的特托包。可放入A4尺寸的雜誌，並附有內口袋，方便又好用。

表布＝10號石蠟帆布by Navy Blue Closet（Ocean・Black）
配布＝棉厚織79號（米白）
裡布＝11號帆布（#5000-4・黑）／富士金梅®（川島商事株式会社）

男女皆時尚！最實用×簡單有型の日日後背包

每日的後背包

No.
50
No.
51

No. 50 ITEM｜船型波奇包
作法｜P.100

使用在義大利商店找到的黃麻抱枕套縫製的拉鍊波奇包。粗獷的麻布質感透出清涼氣息。

表布＝11號帆布（#5000-16・海軍藍）／富士金梅®（川島商事株式会社）
設計・製作＝赤峰清香

No. 51 ITEM｜小托特包
作法｜P.100

托特包表布使用與No.50相同的黃麻抱枕套。抱枕套口的鈕釦＆釦洞，則利用了小巧思直接移作口袋使用。

表布＝11號帆布（#5000-16・海軍藍）／富士金梅®（川島商事株式会社）
設計・製作＝赤峰清香

Jeu de Fils × 十字繡

小老鼠的針線活

攝影＝回里純子　造型＝西森萌

刺繡家・Jeu de Fils（ジュ ド フィル）工作室的高橋亞紀第2回連載。從春天到冬天，共四期的單元企畫──製作&集齊各季推出的一件作品，就能擁有整套可愛的縫紉工具組！

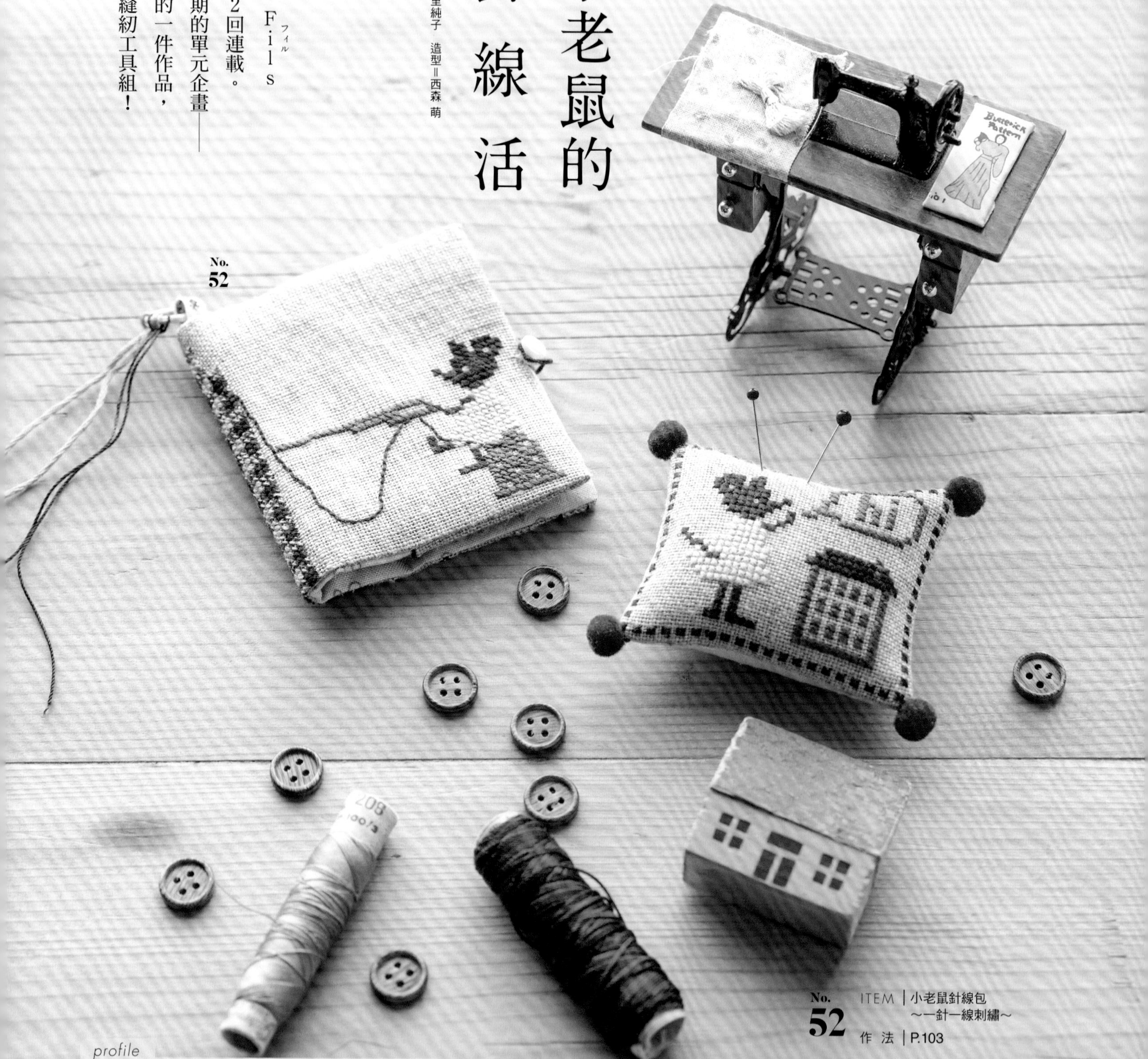

No.
52

No. **52**　ITEM｜小老鼠針線包 ～一針一線刺繡～
作法｜P.103

手掌大的書型針線包。簡約的正面是一針針刺繡的小老鼠，背側則繡上格紋與花朵，僅以三種顏色繡線呈現所有的十字繡圖案。
※針插作法參見《Cottonfriend手作誌.48》。

profile

Jeu de Fils・高橋亞紀

刺繡家。經營Jeu de Fils工作室。從小就對刺繡感興趣，居住法國期間正式學習刺繡，於當地的刺繡圈出道。一邊與各地的手藝家進行交流 [illegible] 邊開始蒐集古刺繡、布品與相關資料等，返回日本後成立工作室。目前除於工作室與文化中心舉辦講座，也於雜誌與web上發表作品。

http://www.jeudefils.com/

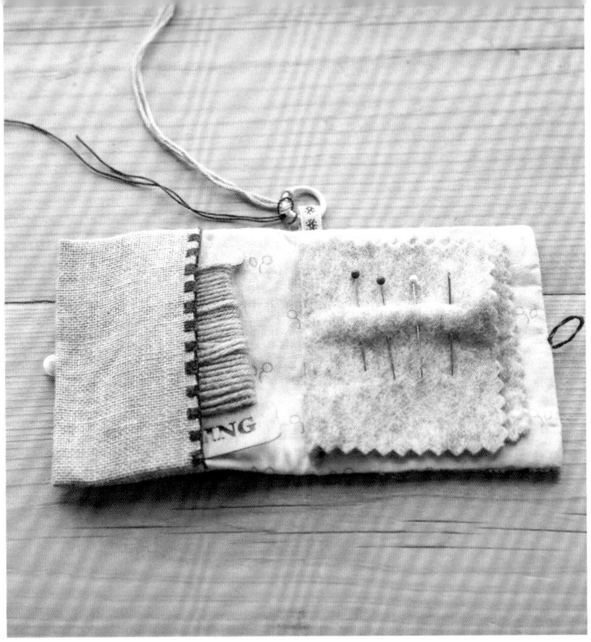

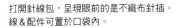

打開針線包，呈現眼前的是不織布針插。
線＆配件可置於口袋內。

背側是像圖案集般的各種十字繡圖案。位於中間的細長緞帶圖案，為Jeu de Fils工作室的原創設計。

以十字繡描繪
小老鼠的故事

Jeu de Fils工作室的高橋老師不僅喜歡旅行，包含工作需求在內也有不少移動時間。「在新幹線或飛機上刺繡時，會有同好過來和我說話，也常會因此而打開了話匣子。」這樣的高橋老師總是隨身攜帶針線包，特別鍾愛的是有口袋的小小針線包，可輕便地裝入簡單裁縫的所需工具。因為很喜歡這樣的尺寸，目前已經作了好幾個圖樣，有映襯美麗刺繡的簡單款式，也有必要物品能通通放進去的便利裁縫包。

「與春季號中介紹的針插相同，連載作品的講究處在於使用亞麻繡布。未經脫色與染色的進口麻布，既擁有最適合十字繡的織目，又有亞麻的獨特風味，能夠極好地顯現出十字繡的設計。」高橋老師這麼說。天然素材亞麻會因為收成年份的氣候與雨量，在顏色與質感呈現微妙變化。特徵是經日曬會變白，比棉等更耐用。雖然會褪色，或在表面出現纖維結，卻也正是它的迷人處。此作品雖小，但在結實麻布上點綴花費時間的刺繡後，盼能長長久久地珍惜使用。

COUTURE
hi

高橋老師親繪，四期連載作品的手稿插畫。下期將製作「小老鼠收納盒」。

Toshiko Fukuda

透過手作享受繪本世界的樂趣

～醜小鴨～

Den grimme Ælling

手藝設計師福田とし子以繪本為題材的人氣連載第2回。
本期挑選了福田老師喜愛的繪本《醜小鴨》，
將書中登場的可愛角色以手作方式呈現。

攝影＝回里純子　造型＝西森 萌

2020
DEN GRIMME ÆLLING

【醜小鴨】

醜小鴨是丹麥代表性童話作家安徒生的原創作品。
講述一隻又黑又醜的小鴨，長大後蛻變成美麗的白天鵝，過著幸福生活的故事。

No. 54 ITEM｜蛋型針插
作 法｜P.105

類似糊紙工藝，將零碼布貼在充滿氣的氣球表面，製作表殼，再塞入羊毛製成針插。擺在裁縫桌上的圓滾滾模樣，格外可愛。針插也是福田老師以喜歡的串珠手工製作而成。

No. 53 ITEM｜天鵝徽章提籃
作 法｜P.105

2020
DEN GRIMME ÆLLING

將帶有夏日風情的市場提籃點綴上天鵝圖案徽章。天鵝是以拉菲亞草風的線材沿著羽毛毛流進行Z字繡。雖然取材自童話故事主題，卻散發大人可愛感的設計。

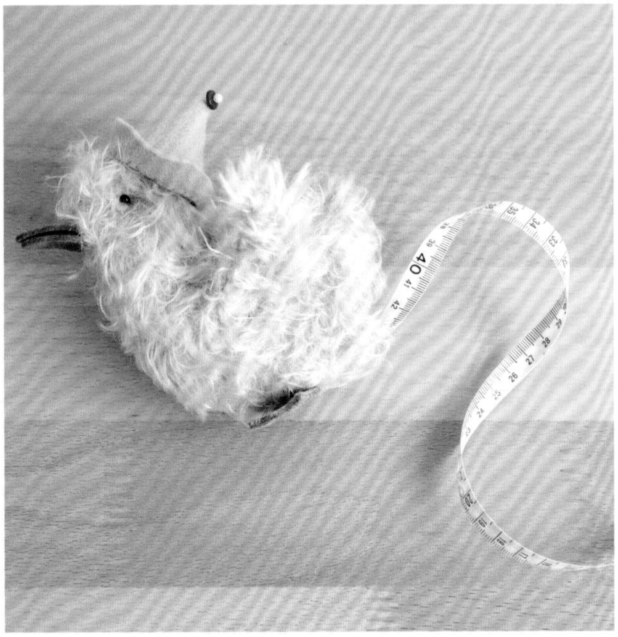

profile **福田とし子**

手藝設計師。持續於刺繡、編織與布小物類手工藝書刊發表作品。手作誌連載是以福田老師喜歡的繪本為題，介紹兼具製作、裝飾、使用樂趣的作品。
https://pintactac.exblog.jp/
@beadsx2

No. 55 ITEM｜小鴨造型捲尺
作 法｜P.104

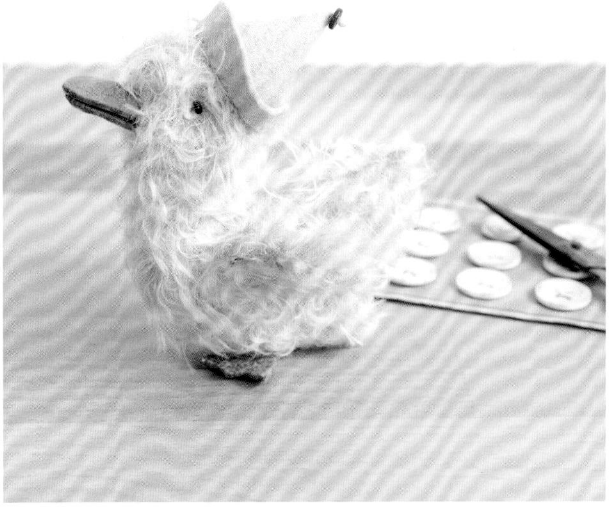

原以為是手掌大的小鴨布偶，結果竟是捲尺！以長毛絨來表現鴨寶寶的幼小模樣。捲尺本體藏在小鴨的身體中，可從尾巴拉出軟尺。

與布小物作家細尾典子，一起沉浸於季節感手作趣味的第4回連載。

提到夏天就會想到海，而說到海……就以船與魚為本次的主題吧！

Seasonal Handmade Recipe from Noriko Hosoo

細尾典子的創意季節手作

～大漁船布盒組～

攝影＝回里純子　造型＝西森 萌

NA

No. 56 ITEM | 大漁船布盒組
作 法 | P.106

「漁獲大豐收啊～大豐收～！」魚兒滿溢而出的趣味大漁船布盒。布盒是兩件一組，可分成布船＆裝飾魚兒的束口袋兩件單品。用途廣泛便利，收納裁縫用品或化妝品都OK。

提起夏天的大海，很多人腦中會浮現海水浴與避暑勝地。本次作品正是以此為基礎，試著再注入一點玩心童趣，製作了以船為題的收納盒。請搭配上被活蹦亂跳的魚兒環繞的束口袋，享受別有趣味的組合應用吧！

profile

細尾典子

居住於神奈川縣。以原創設計享受日常小物製作的布小物作家。長年在神奈川縣東戶塚經營拼布．布小物教室。四月初由Boutique社出版《かたちがたのしいポーチの本（暫譯：造型有趣好玩的波奇包）》，收錄了許多看起來賞心悅目＆作起來開心的作品。

@norico.107

ITEM | **魚型筆袋**
（欣賞作品）

拾起從大漁船掉落的一條魚，作成拉鍊筆袋吧！不織布貼紙的圓圓眼睛、山型織帶背鰭，加上手繡鱗片，處處可見巧思品味。

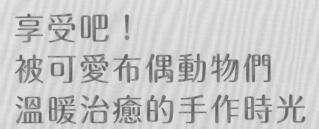

細尾典子 造型有趣好玩的波奇包

本單元將特別介紹布小物作家細尾典子新書《造型有趣好玩的波奇包(暫譯)》的番外篇，
帶領你一探細尾老師開心有趣的布作世界！

攝影＝回里純子　造型＝西森 萌　妝髮＝タニジュンコ　模特兒＝Dona

THE WALNUT
118
119

No. 57 ITEM｜蠶豆波奇包
作 法｜P.107

初夏滋味的蠶豆變身波奇包！天鵝絨極好地表現出蠶豆的質感。

波奇包的包口以磁釦開闔。

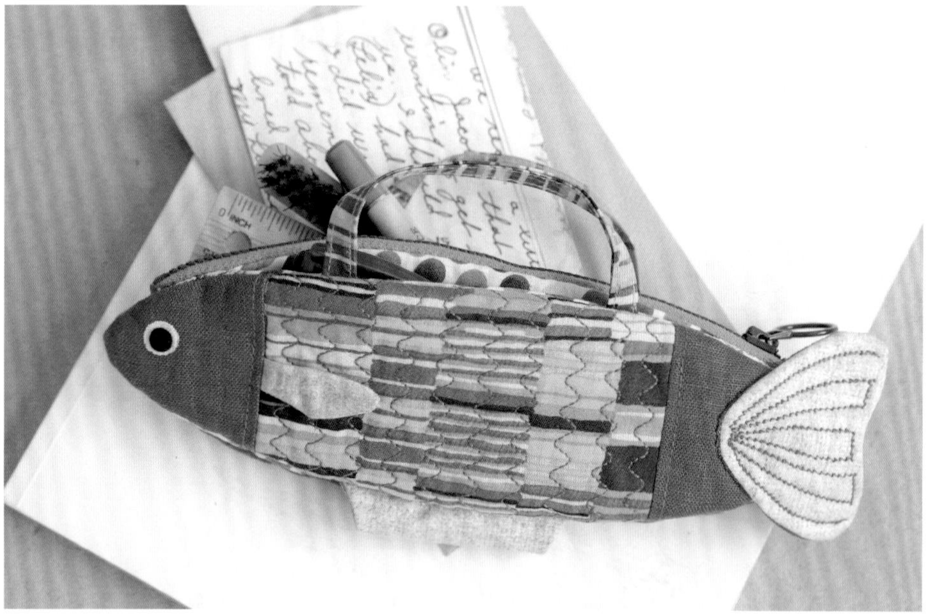

No. 58 ITEM｜香魚收納包
作 法｜P.108

將悠游於清澈溪流的香魚，作成造型收納包。內有隔層與拉鍊口袋，方便分類收納文具或小工具。

除了收納筆和尺等文具之外，
眼鏡也OK。

No. 59 ITEM｜小豬波奇包
作 法｜P.110

圓嘟嘟的小豬化身為橢圓形波奇包，以粉紅色點點布展現時髦摩登的鮮明個性。可作為裁縫箱或首飾盒使用。

除了作為裁縫箱使用，
收納線材或緞帶等材料也很合適。

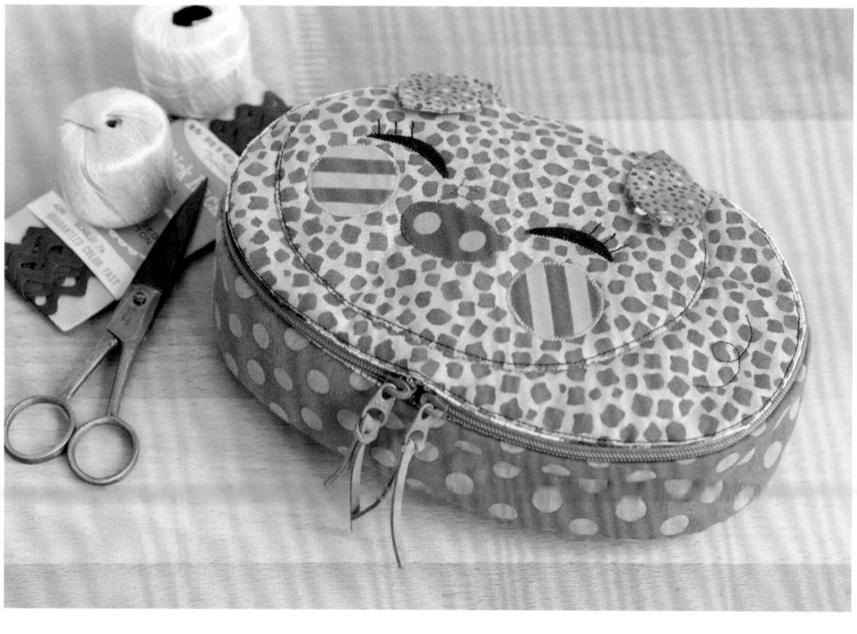

No.
60 ITEM｜西瓜波奇包
作 法｜P.111

夏日風物詩——西瓜，變成了超可愛的拉鍊迷你波奇包。放入零錢或鑰匙等，自由運用吧！

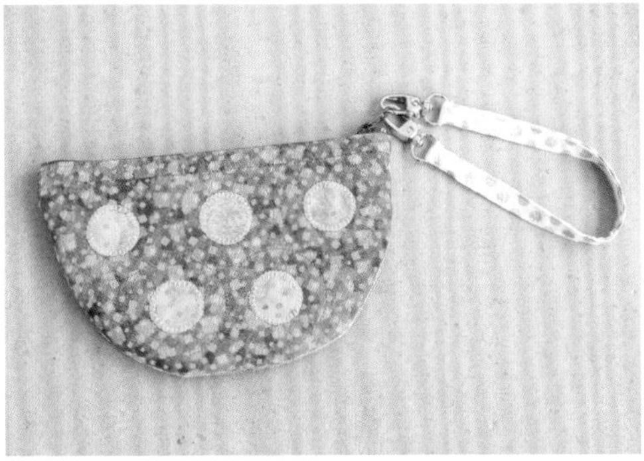

前後側呈現不同表情的設計。

Cape Byron Lighthouse
TICKET

No.
61 ITEM｜蘆筍筆袋
作 法｜P.112

恰好可容納幾支筆、尺與橡皮擦的精簡筆袋。蘆筍藏身於袋底喔！

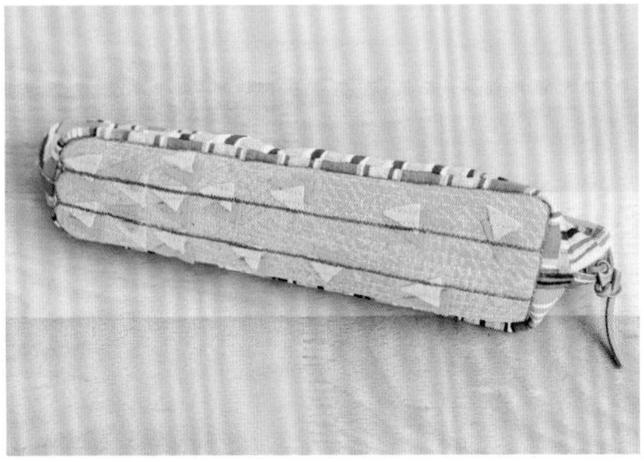

採下的蘆筍竟然並排於波奇包底？

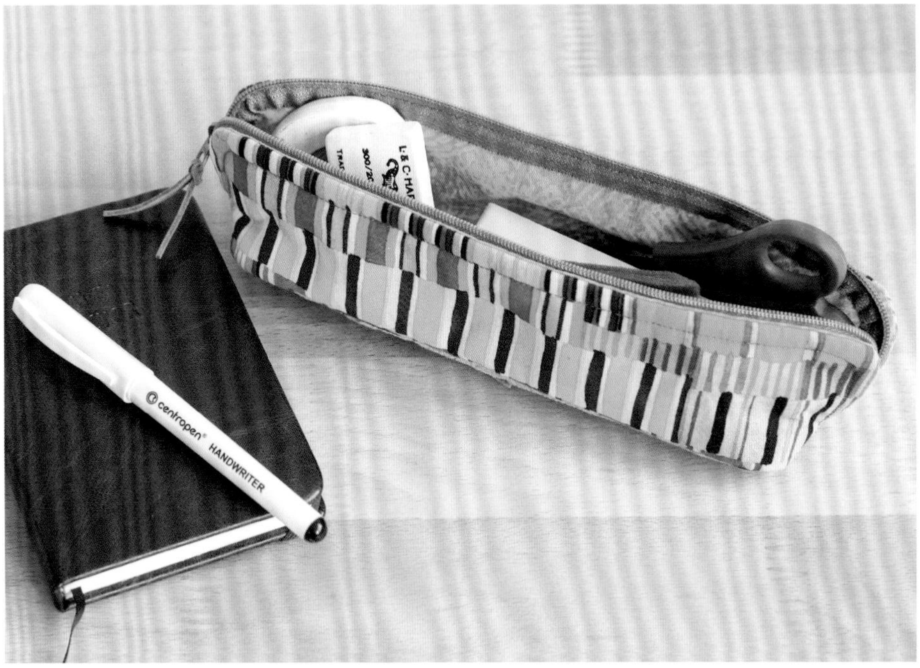
centropen
HANDWRITER

Hard Skin
Reducer

No.
62 ITEM｜菠蘿麵包波奇包
作 法｜P.113

剛出爐的菠蘿麵包波奇包，覺得如何呢？裝入東西就會膨起來，完全是菠蘿麵包無誤！

No. 63 ITEM｜荷葉邊束口袋
作 法｜P.109

樣式有趣的束口袋，目光總被不自覺地吸引過去。圓底的穩定感與周圍的荷葉邊是設計重點。

No. 64 ITEM｜青蛙鑰匙包
作 法｜P.101

青蛙是細尾老師喜愛的圖案之一。這隻是彷彿穿上藍色牛仔褲，有blue jean之稱的草莓箭毒蛙，為南美的珍貴蛙種。鑰匙可掛在單圈上。

NOBODY, BUT NOBODY UNDERSELLS
DIAL RA - 2-2683
Altmans'
Furniture Company
WE FINANCE OUR OWN ACCOUNTS
573-575 KING STREET
COR. KING AND CANNON STS.
DIAL RA - 2-2684
Received of
Address
Date
CHARLESTON, S. C.
Article
Dollars
THANK
YOU
XXXXX

跟著拼布大師 — 斉藤謠子
一起感受小巧可愛的拼布魅力！

可愛感滿滿的波奇包
口金包・收納小物

日本拼布名師——斉藤謠子以「手心裡的寶物」為概念，製作有別於以往的拼布大型作品，創作小巧可愛的拼布小物特輯。將平時創作壁飾的零碼布收集，即可完成簡易又實用的各式波奇包、口金包、迷你袋物、置物盒、家飾用品等，何樂而不為？

秉持著製作實用生活小物的想法進行創作，在源源不絕的靈感中找到樂趣，完成的作品不僅可以自用，亦可作為贈送給他人心意滿滿的精致禮物，製作小型作品的優點，便是花費的時間也能大幅減少，對於剛入門的拼布初學者來說，是最好的練習選擇喲！

本書附有詳細圖解作法、步驟繪圖、基本技巧教學，內附紙型＆圖案，適合各程度的手作人，世界上獨一無二的寶物，就是綴入真心、用心自製的手作品。無論是送給自己或是他人，

「心意」永遠都是無可取代的最棒贈禮！

斉藤謠子の
手心拼布

斉藤謠子的手心拼布

斉藤謠子◎著
平裝104頁／19cm×26cm／
彩色＋單色／定價480元

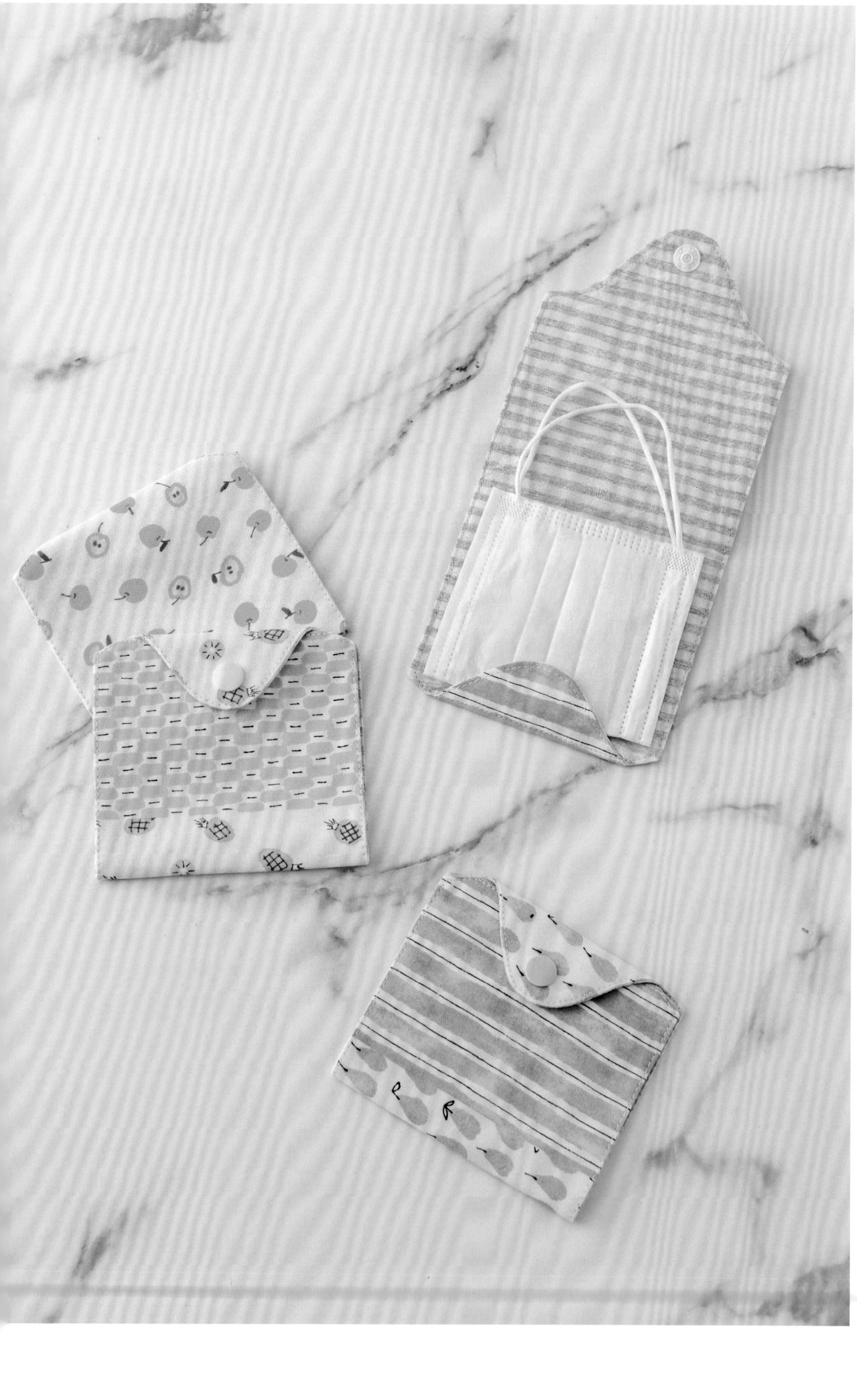

夏日水果口罩收納套

以充滿清新感的水果圖案布，製作實用又可愛的口罩收納套，為外出時的防疫小物，增添夏日氣息的手作趣味。

■作品設計、製作、示範教學、作法文字&圖片提供／月亮
■採訪編輯／黃璟安
■攝影／數位美學 賴光煜

月亮 Tsuki

愛手作，愛繪本，愛音樂，
愛與小孩玩在一起の平凡家庭主婦。
http://mituki222.pixnet.net/blog
FACEBOOK請搜尋月亮Tsuki

附有兩用設計的內裡，
在使用時多了不同的選擇，
以條紋圖案作為裡布，
讓作品變得更加活潑可愛。

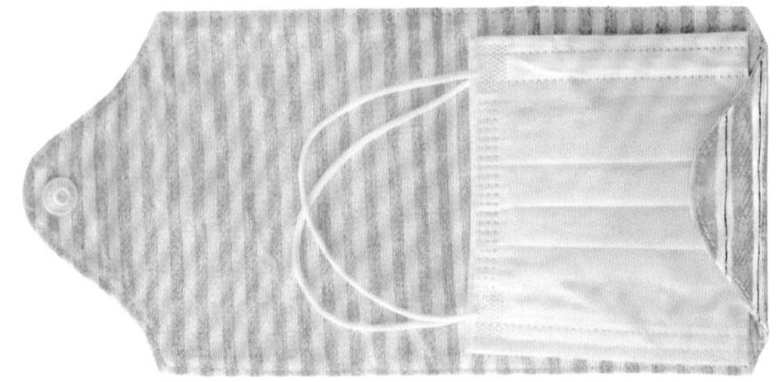

夏日水果
口罩收納套

材料 ★原寸紙型D面

表布×1　裡布×1
厚布襯×1　四合釦1組

how to make

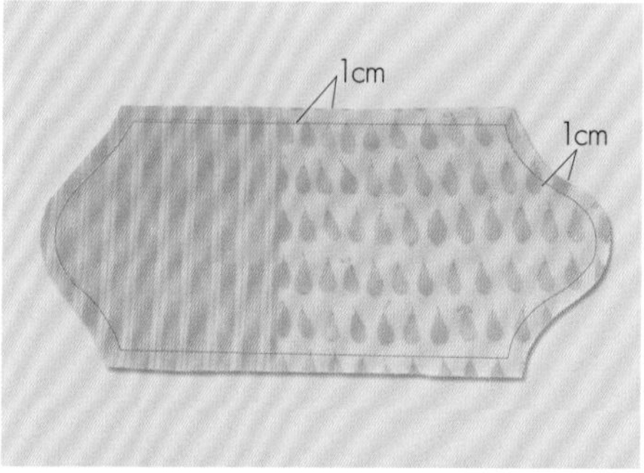

1cm
1cm

1 表布與裡布依版型+縫份1cm剪下，正面相對。

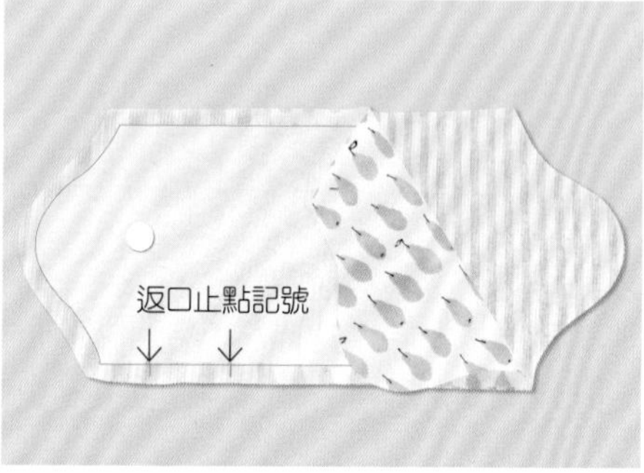

返口止點記號

2 將厚布襯貼上並作好返口止點記號及釘上一個四合釦。

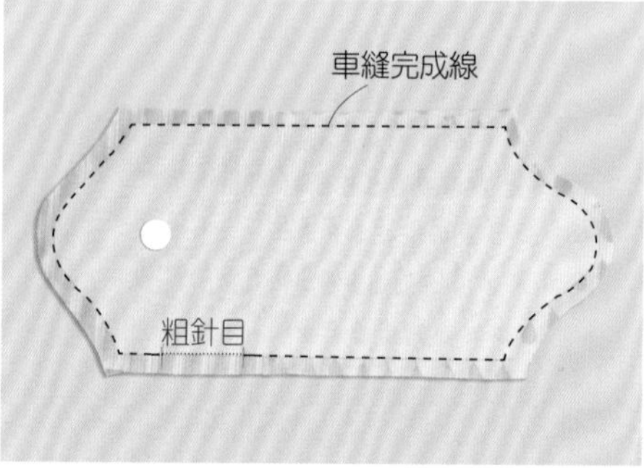

車縫完成線
粗針目

3 車縫完成線記號，返口記號車粗針目，止點須車縫來回針。

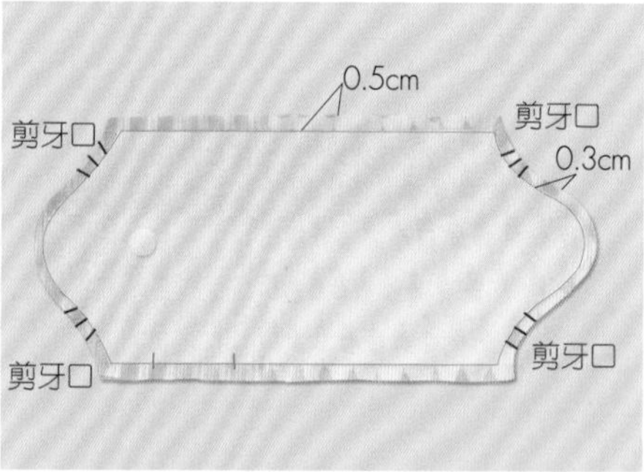

0.5cm
剪牙口
剪牙口
0.3cm
剪牙口
剪牙口

4 將縫份修正為0.5cm，弧度部分為0.3cm，並剪牙口。

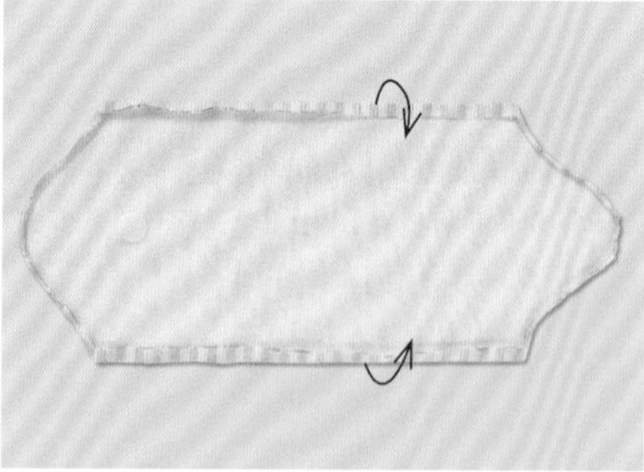

5 將縫份燙向表布襯布上。

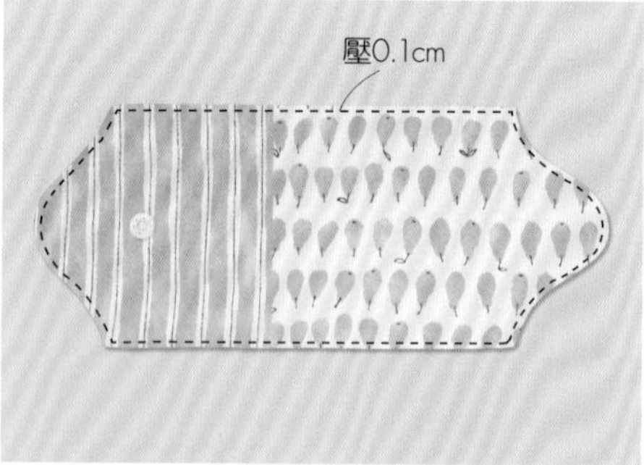

壓0.1cm

6 拆除返口粗針目並翻回正面整燙後，壓裝飾線0.1cm。

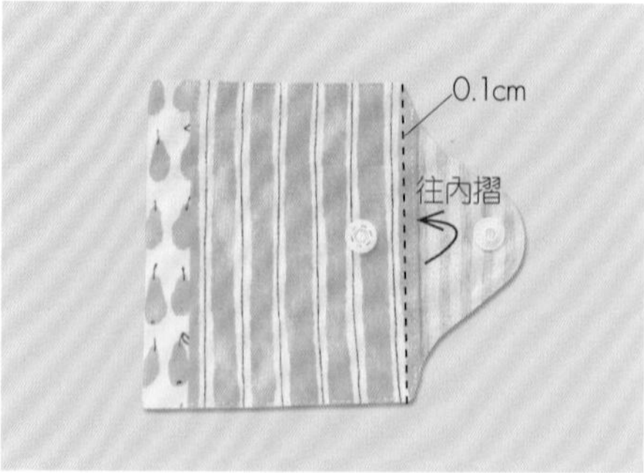

0.1cm
往內摺

7 將左邊往內摺並壓裝飾線0.1cm固定後，釘上另一個四合釦。

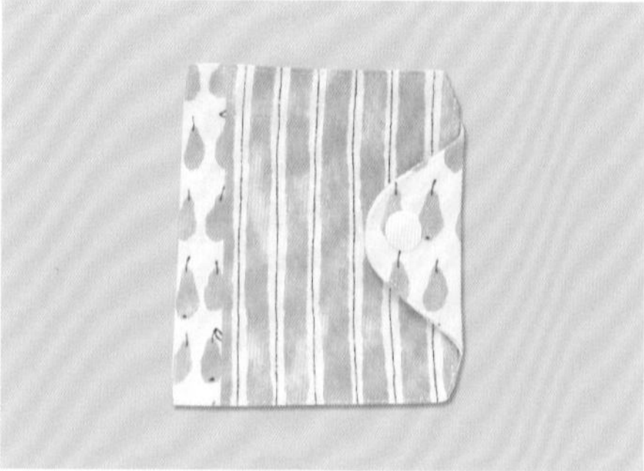

8 作品完成。

布能布玩

繽紛花園小童服&髮帶

選用舒適的印花布，親手為心愛的寶貝，製作可愛的小洋裝吧！活力滿滿，粉彩色系的可愛圖案，讓媽咪的手作時間，也隨之繽紛！

攝影場地協助／布能布玩台北迪化店
作品設計、製作、示範教學、作法文字提供／蘇怡綾店長
採訪執行．企畫編輯／黃璟安
攝影／數位美學　賴光煜

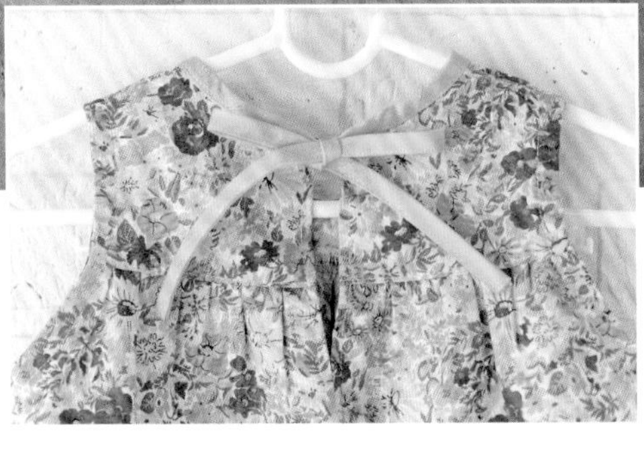

LIBERTY
FABRICS
（布料提供）

師資介紹

Introduction

蘇怡綾 老師

現任：
布能布玩台北迪化店店長

小童服

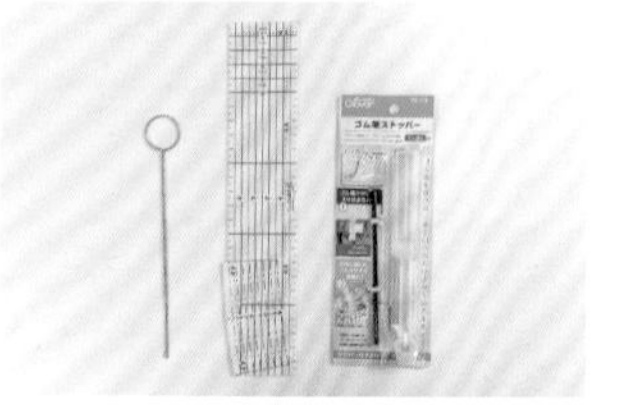

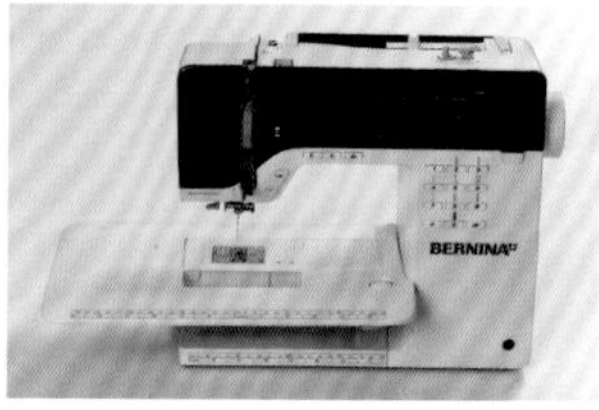

用布量　童服用布2尺、滾邊用布2尺
材　料　vilene洋裁襯42cm×1.5cm 2條
鬆緊帶1.5mm×50cm 1條（褲子）
0.5mm×30cm 2條（褲子）
※適合穿著尺寸：約身高90至100cm兒童。
★原寸紙型D面（童服&髮帶）

使用工具
（左～右）可樂牌拉勾，
熨斗定規─長型，鬆緊帶止滑器。

示範機型｜BERNINA380

how to make

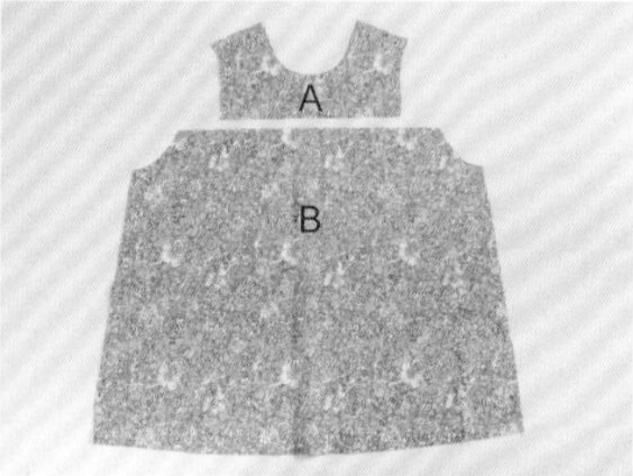
A
B

1 依紙型裁剪前片上下兩片（A·B）。

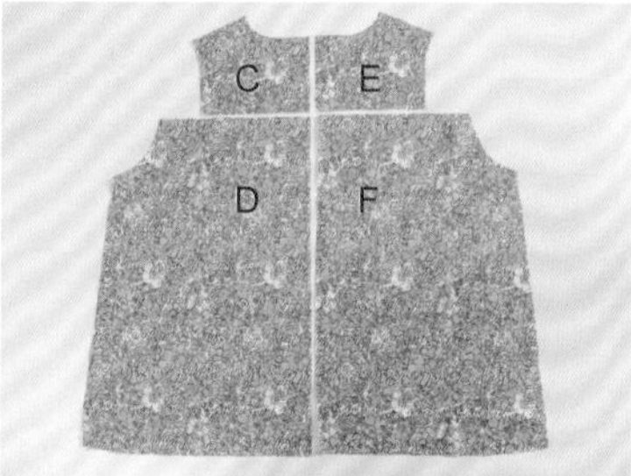
C
E
D
F

2 依紙型裁剪後片共4片（C·D·E·F）。

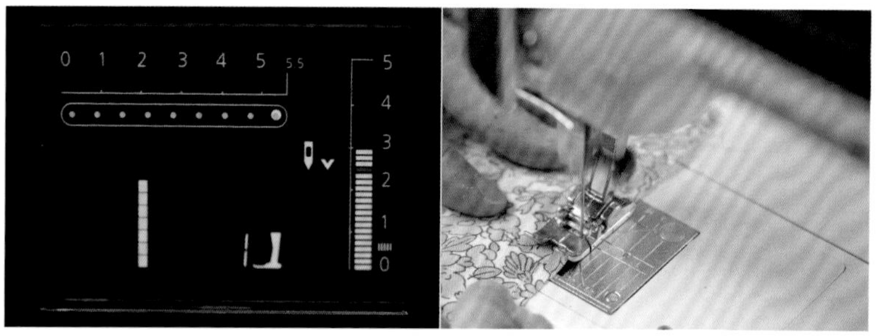

3 使用1號萬用壓布腳在B布上方車縫2條線。
※密度調整至3~4，針位靠最右邊）。

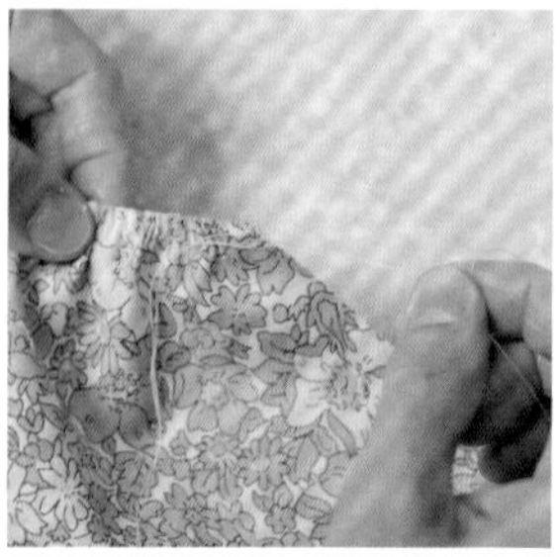

4 輕拉下線。

5 如圖拉出皺褶。

6 A片與B片車縫（縫份1cm）。

7 後片D·F與步驟**3**相同。

8 C片與D片，E片與F片車縫，修剪線頭。

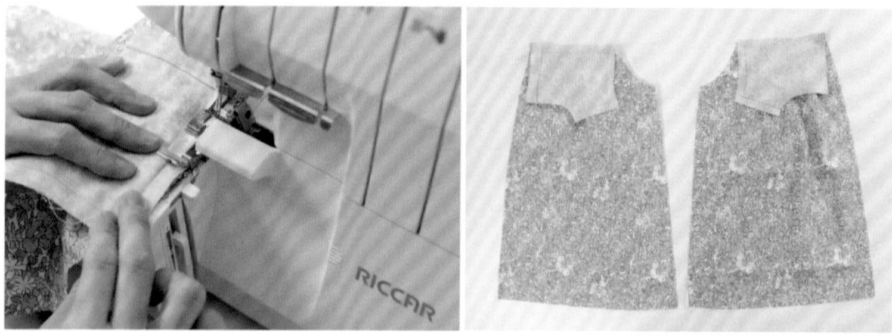

9 縫份處拷克。

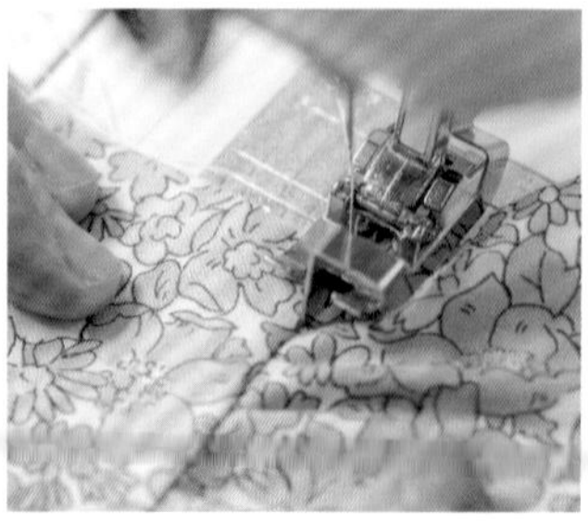

10 翻至正面，在接合處壓線。

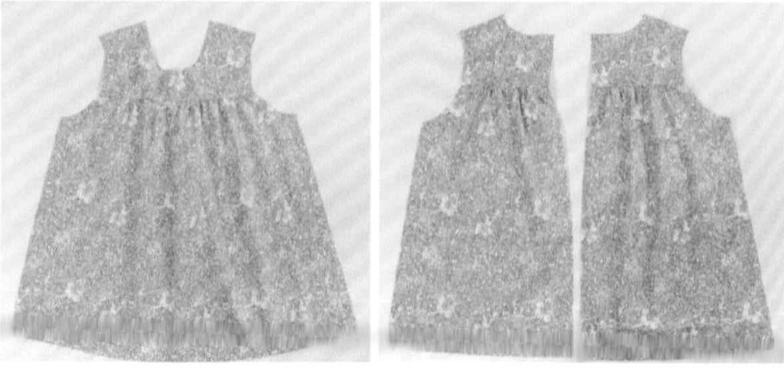

11 完成如圖。

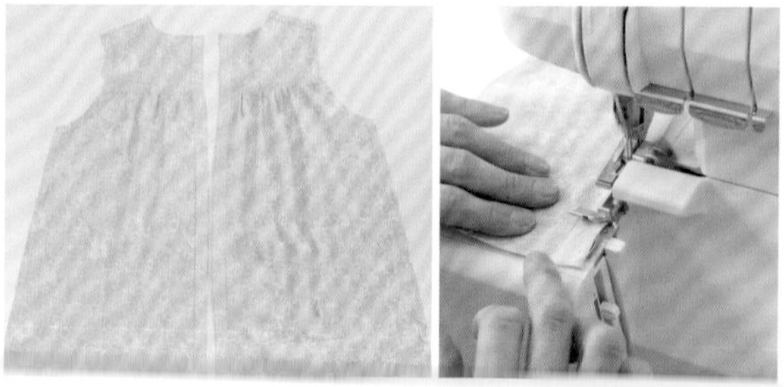

12 後片中心處燙上接著襯後再拷克。

13 完成如圖。

14 後片兩片相接。
（上方留11cm不車縫）

15 縫份燙開。

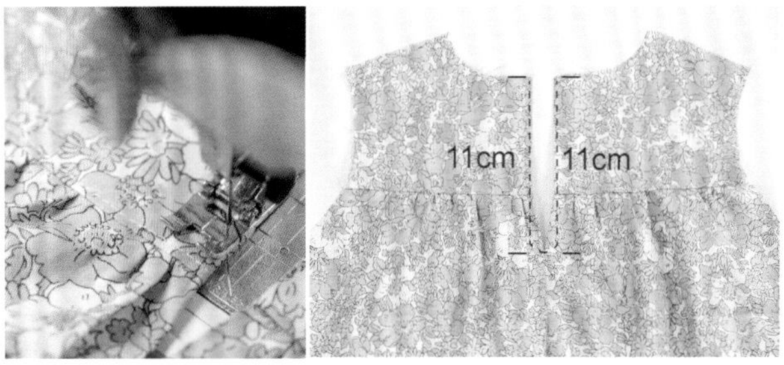
11cm
11cm

16 後片上方11cm縫份處壓線。

17 前後片肩線處相接。

18 肩線處拷克。

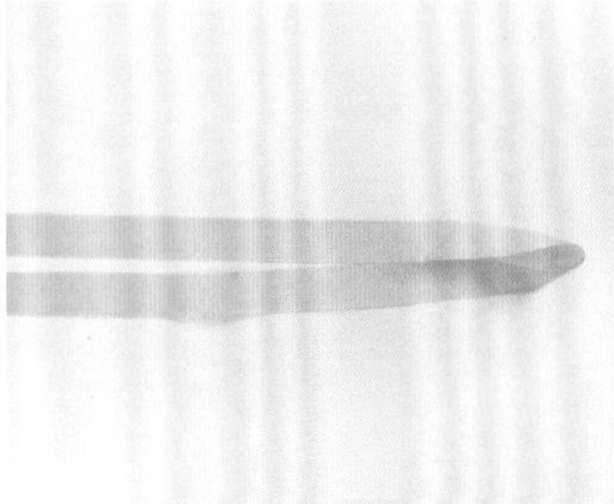

19 裁綁帶布3.5cm×90cm1條。

20 將綁帶布前後留25cm 後固定於頸部處。

21 車縫一圈。

22 如圖將綁帶布對摺好車縫固定。

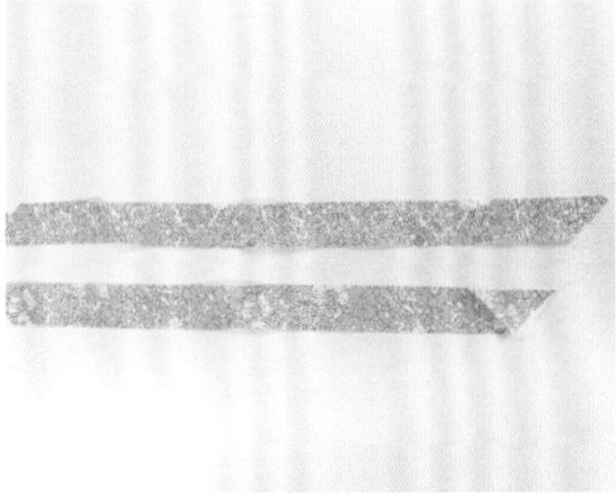

23 裁袖子滾邊布3.25cm×40cm 2條。

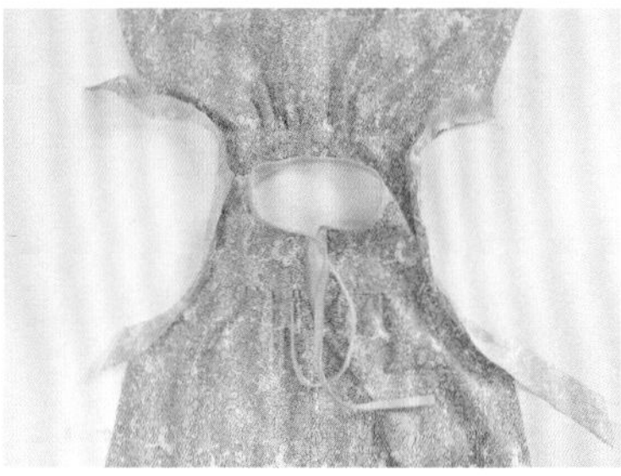

24 如圖將滾邊布固定於袖口車縫。

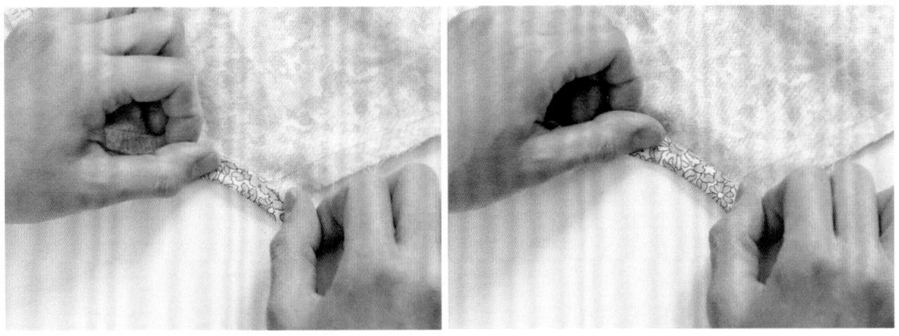

25 將滾邊布對摺再對摺。

26 連同縫份一同翻至背面後車縫固定，並修剪多餘布條。

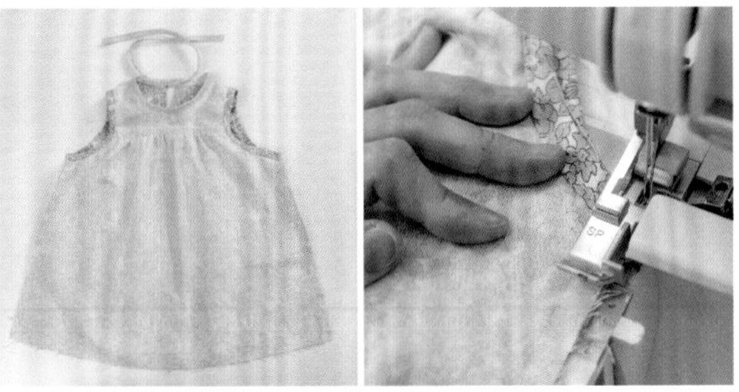

27 車縫兩側後再拷克。

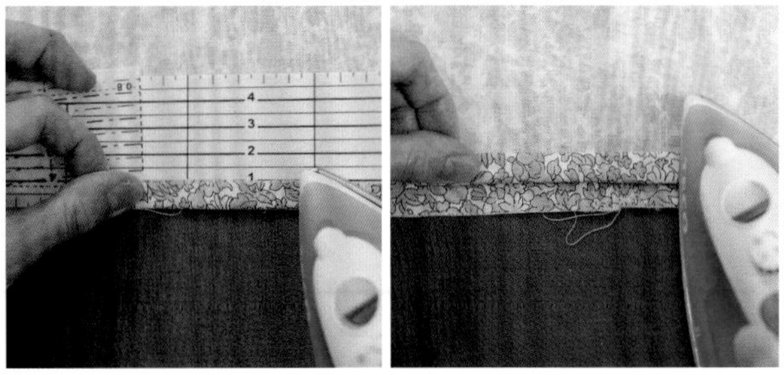

28 下襬處摺燙1cm後再對摺。

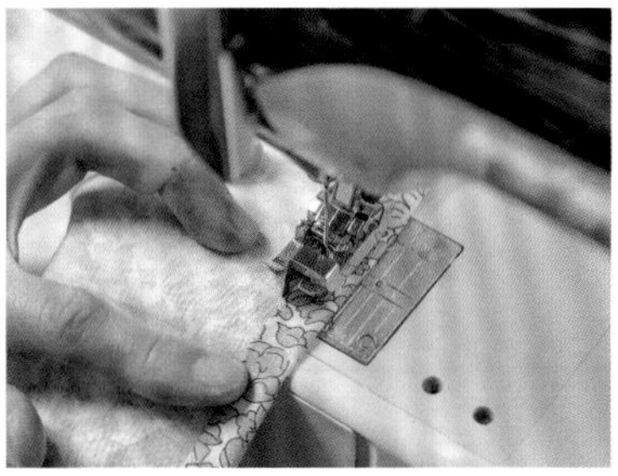

29 車縫一圈即完成。

髮帶

布能布玩拼布生活工坊
官方網站 http://www.patchworklife.com.tw/
官方臉書 https://www.facebook.com/Longteh1997/

how to make

材料 鬆緊帶1.5mm×10cm 1條
小碎花布20cm×5cm 1片
配色布40cm×13cm 2片

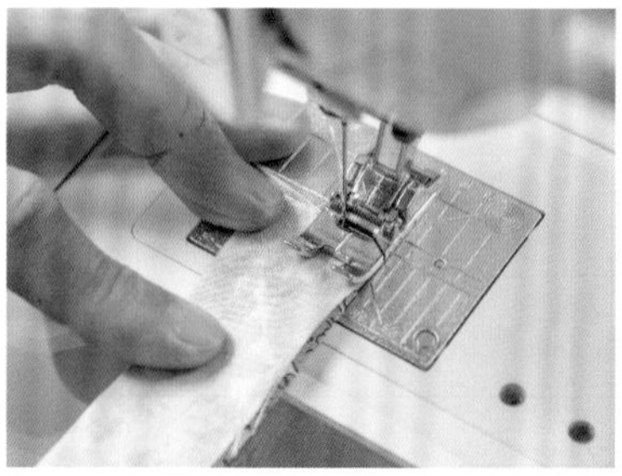

1 小碎花布對摺後車縫（修剪縫份至0.5cm）。

2 使用拉勾將布條翻至正面。

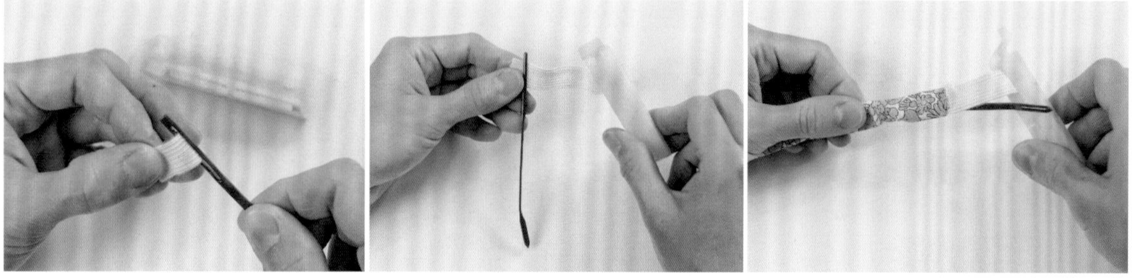

3 將鬆緊帶穿入布條。

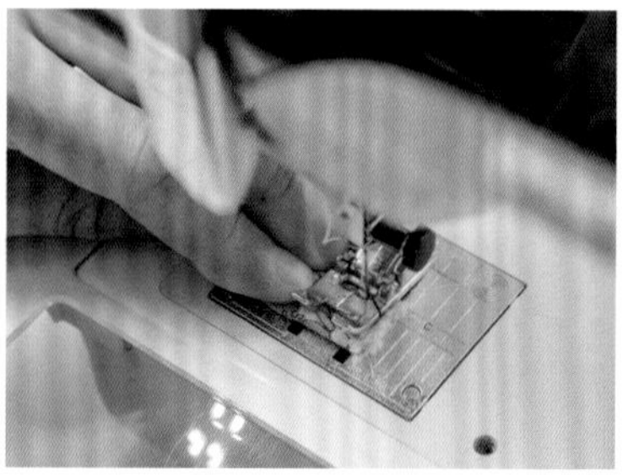

4 穿入後，兩側先車縫固定。

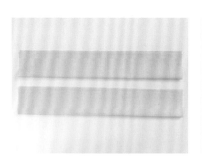

5 配色布對摺，依照紙型畫線。

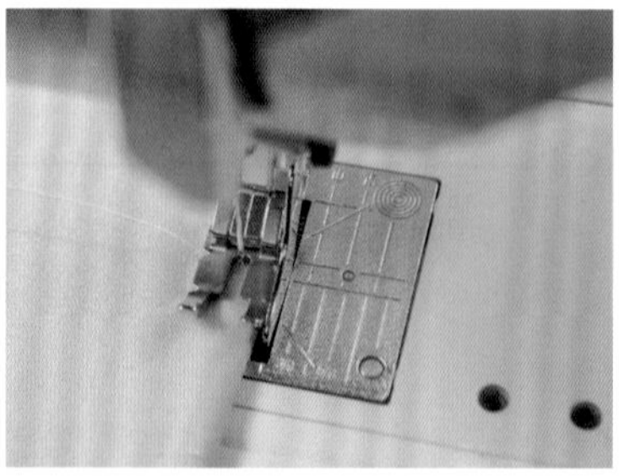

6 使用57號直線壓布腳按線車縫。

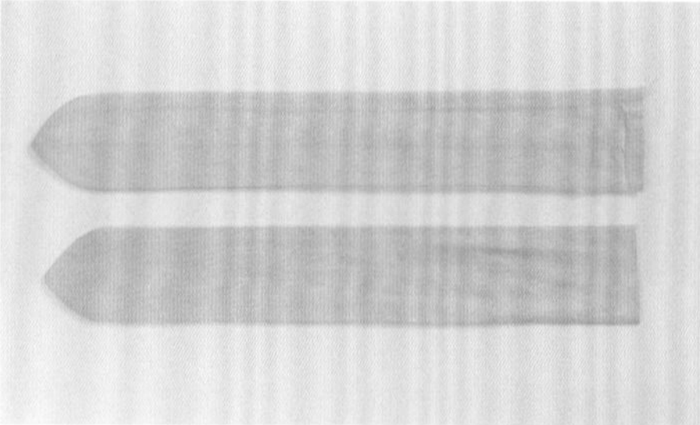

7 車縫完修剪縫份為0.5cm，再翻至正面。

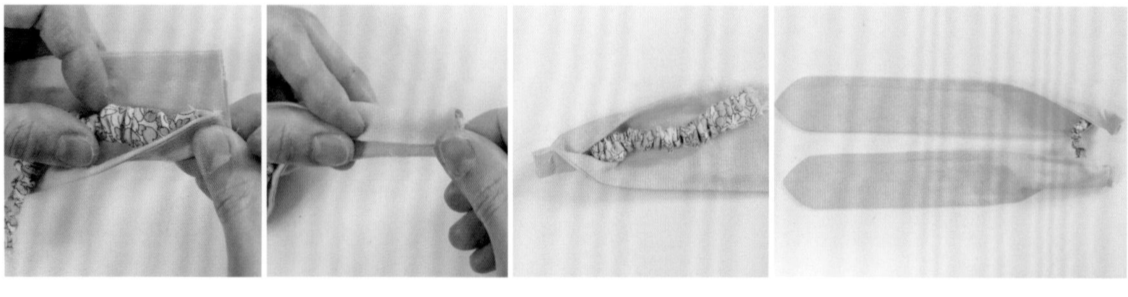

8 鬆緊帶兩側與配色布車縫固定。

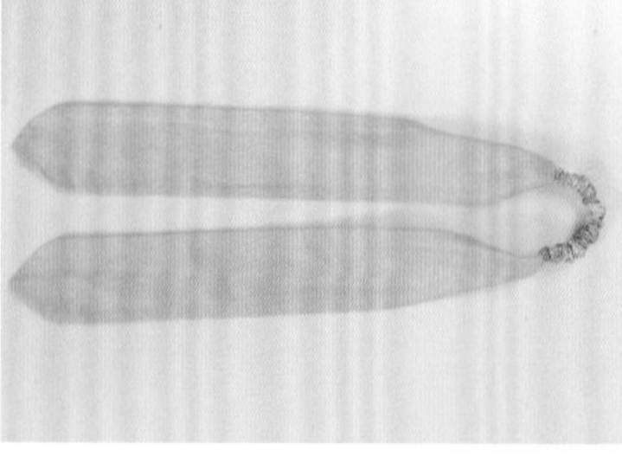

9 完成。

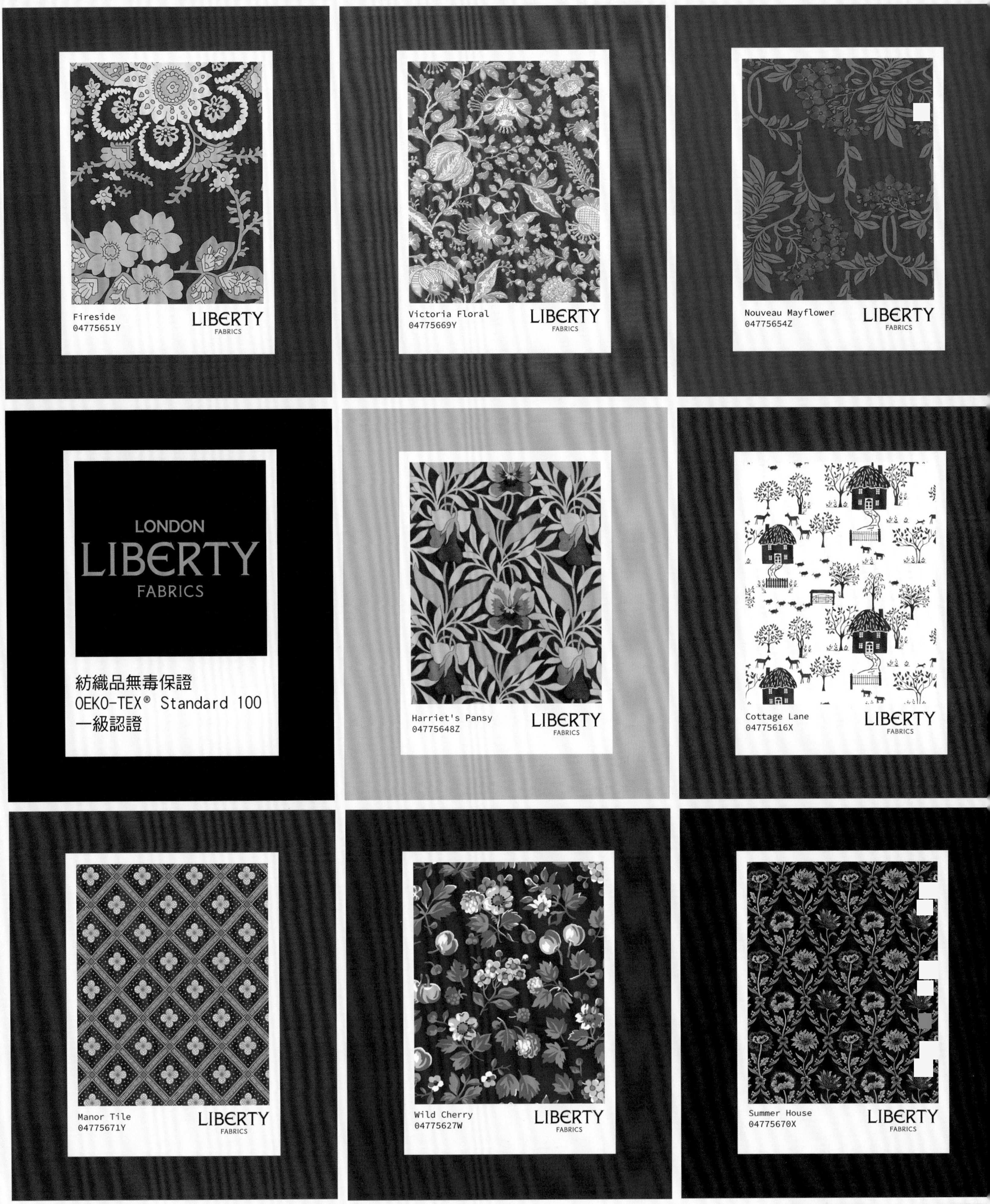
Fireside
04775651Y
LIBERTY FABRICS
Victoria Floral
04775669Y
LIBERTY FABRICS
Nouveau Mayflower
04775654Z
LIBERTY FABRICS
LONDON
LIBERTY
FABRICS
紡織品無毒保證
OEKO-TEX® Standard 100
一級認證
Harriet's Pansy
04775648Z
LIBERTY FABRICS
Cottage Lane
04775616X
LIBERTY FABRICS
Manor Tile
04775671Y
LIBERTY FABRICS
Wild Cherry
04775627W
LIBERTY FABRICS
Summer House
04775670X
LIBERTY FABRICS

製作方法
COTTON FRIEND用法指南

作品頁

一旦決定好要製作的作品，
請先確認作品編號與作法頁。

活力之夏！
運動用品手作特輯
23

作品編號

作法頁面

原寸紙型

原寸紙型共有A・B・C・D面。

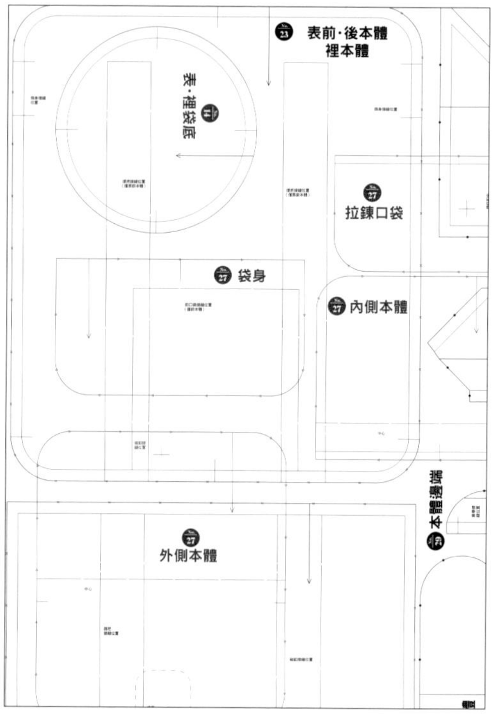
表前・後本體
裡本體
表・裡袋底
拉鍊口袋
袋身
內側本體
外側本體

請依作品編號與線條種類尋找所需紙型。

紙型 已含縫份。

請以牛皮紙或描圖紙複寫粗線後使用。

作法頁

翻至作品對應的作法頁面，依指示製作。

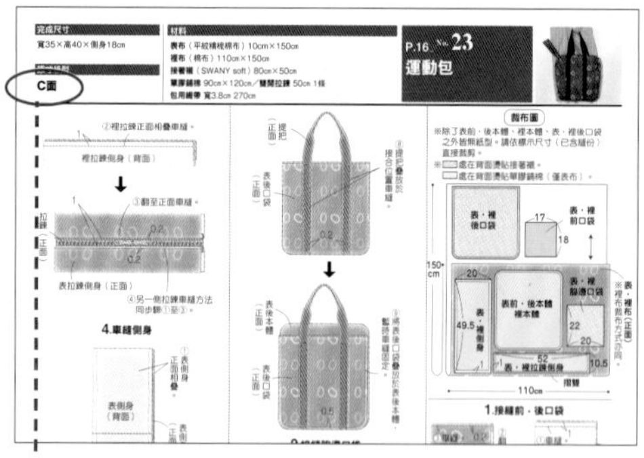
P.16 No.23
運動包
C面

標示該作品的原寸紙型在B面。

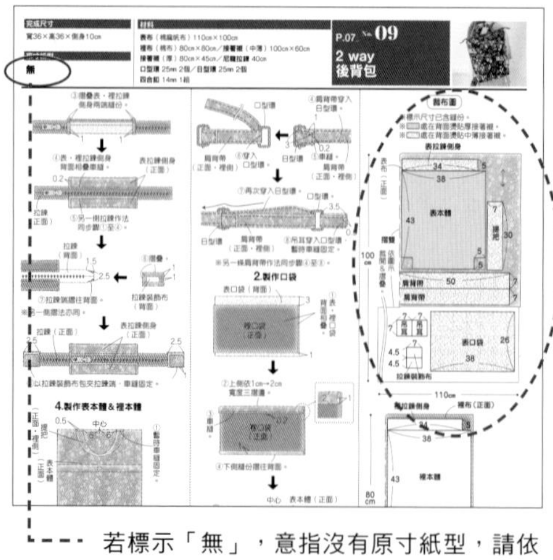
P.07 No.09
2 way
後背包
無

若標示「無」，意指沒有原寸紙型，請依標示尺寸進行作業。

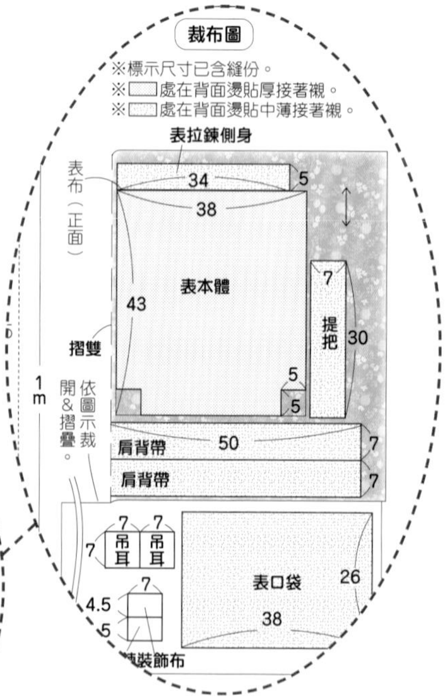
裁布圖
※標示尺寸已含縫份。
※▭處在背面燙貼厚接著襯。
※▭處在背面燙貼中薄接著襯。
表拉鍊側身
表布（正面）
34
38
5
表本體
43
7
提把
30
摺雙
5
5
1m
依圖示裁開&摺疊。
肩背帶
50
7
肩背帶
7
7
7
吊耳
吊耳
7
表口袋
26
38
4.5
5
7
拉鍊裝飾布

無原寸紙型時，請依「裁布圖」製作紙型或直接裁剪。標示的數字 已含縫份。

完成尺寸

寬23×高17×側身19㎝

原寸紙型

A面

材料

表布（平織布）33㎝×25㎝ 零碼布 1片
配布（亞麻布）60㎝×35㎝／**裡布**（棉麻布）80㎝×30㎝
接著襯（中薄）45㎝×30㎝
單膠鋪棉 35㎝×30㎝／**出芽帶** 100㎝

P.04_ No.01 拼接迷你托特包

裁布圖

※除了表・裡側身之外皆無原寸紙型，
請依標示的尺寸（已含縫份）直接裁剪。
※▒處於背面燙貼接著襯。
□處於背面燙貼單膠鋪棉。

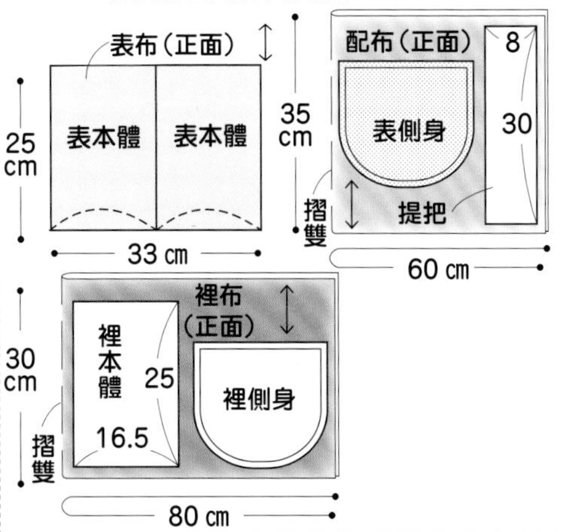

表布（正面）
表本體
表本體
25 cm
33 cm
35 cm
配布（正面）
表側身
提把
摺雙
8
30
60 cm
30 cm
裡布（正面）
裡本體
25
16.5
摺雙
裡側身
80 cm

1. 製作提把

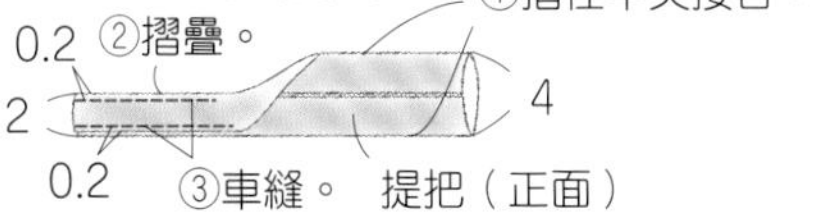

①摺往中央接合。
②摺疊。
0.2
2
0.2
4
③車縫。
提把（正面）

※另一條作法亦同。

2. 製作表本體&裡本體

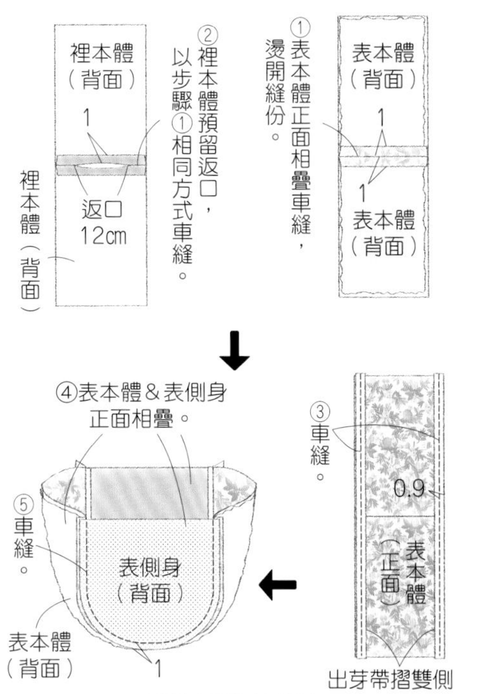

①表本體正面相疊車縫，燙開縫份。
表本體（背面）
1
1
表本體（背面）
②裡本體預留返口，以步驟①相同方式車縫。
裡本體（背面）
1
返口 12㎝
裡本體（背面）
③車縫。
0.9
表本體（正面）
出芽帶摺雙側
④表本體&表側身正面相疊。
⑤車縫。
表側身（背面）
表本體（背面）
1

※裡本體作法亦同。

3. 套疊表本體&裡本體

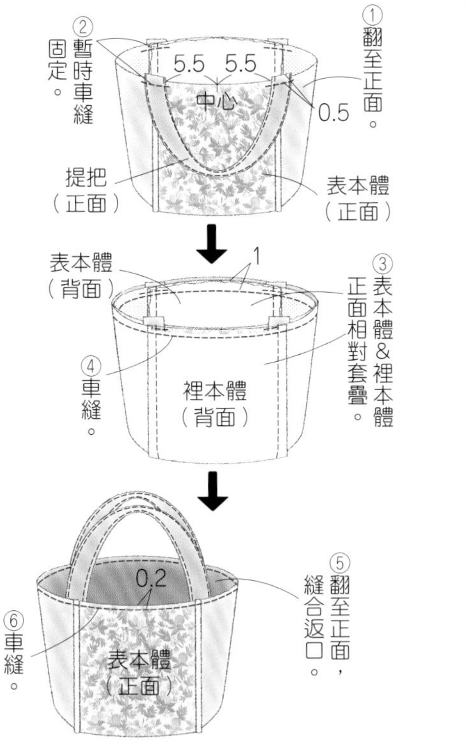

②暫時車縫固定。
①翻至正面。
5.5
5.5
中心
0.5
提把（正面）
表本體（正面）
表本體（背面）
1
③表本體&裡本體正面相對套疊。
④車縫。
裡本體（背面）
0.2
⑥車縫。
⑤翻至正面，縫合返口。
表本體（正面）

完成尺寸

寬31×高31.5×側身3㎝

原寸紙型

無

材料

表布（平織布）33㎝×25㎝ 零碼布 1片
配布（平織布）110㎝×55㎝
棉織帶 寬2㎝ 15㎝／**織帶** 寬1㎝ 100㎝
四合釦 14㎜ 1組

P.05_ No.03
P.41_ No.44
拼接束口袋

裁布圖

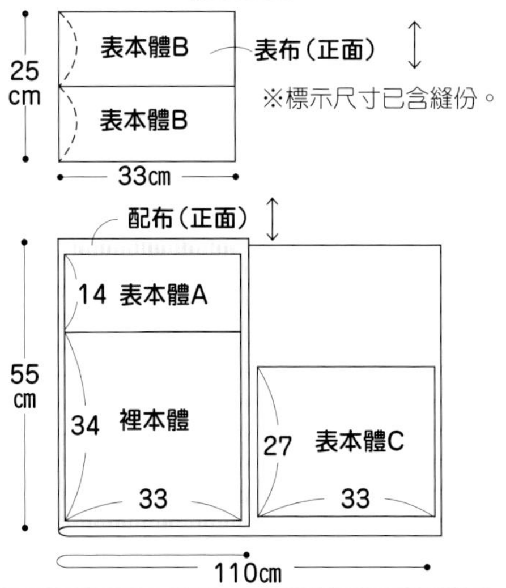

表本體B
表布（正面）
表本體B
25 cm
33㎝
※標示尺寸已含縫份。
配布（正面）
14 表本體A
34 裡本體
27 表本體C
33
33
55 cm
110㎝

1. 製作表本體

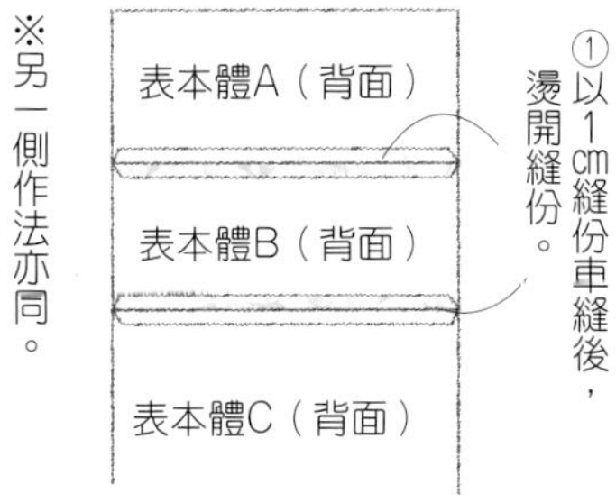

※另一側作法亦同。
表本體A（背面）
表本體B（背面）
表本體C（背面）
①以1㎝縫份車縫後，燙開縫份。

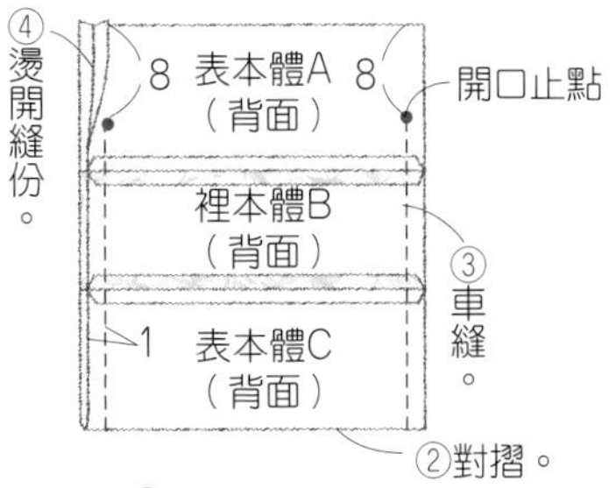

④燙開縫份。
8 表本體A 8
（背面）
開口止點
裡本體B
（背面）
③車縫。
1
表本體C
（背面）
②對摺。

2. 製作裡本體

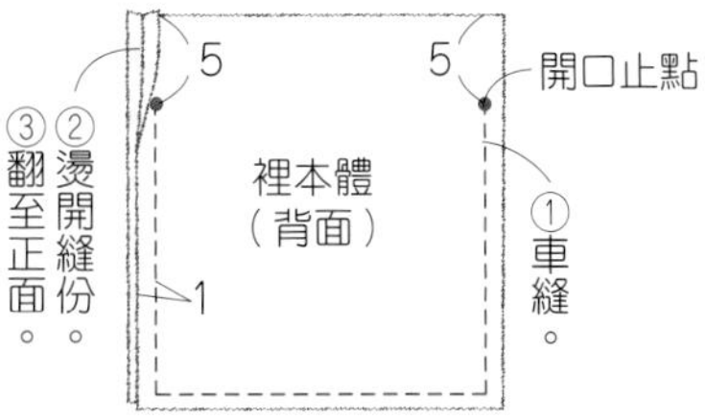

5
5
開口止點
裡本體
（背面）
③翻至正面。
②燙開縫份。
1
①車縫。

3. 套疊表本體&裡本體

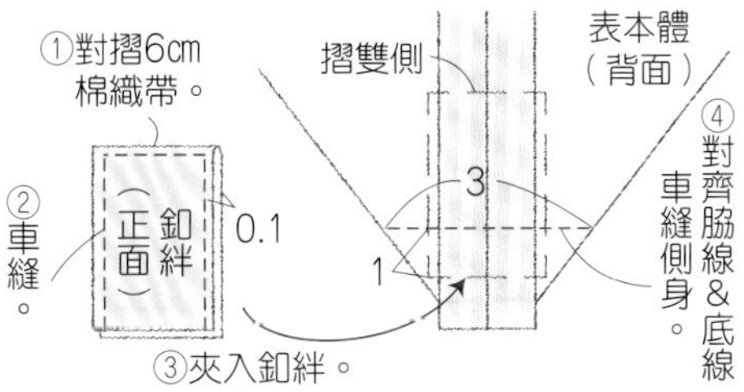

①對摺6㎝棉織帶。
②車縫。
釦絆（正面）
0.1
③夾入釦絆。
摺雙側
表本體（背面）
3
1
④對齊脇線&底線，車縫側身。

※另一側作法亦同。
※裡本體不夾入釦絆，以相同方式車縫。

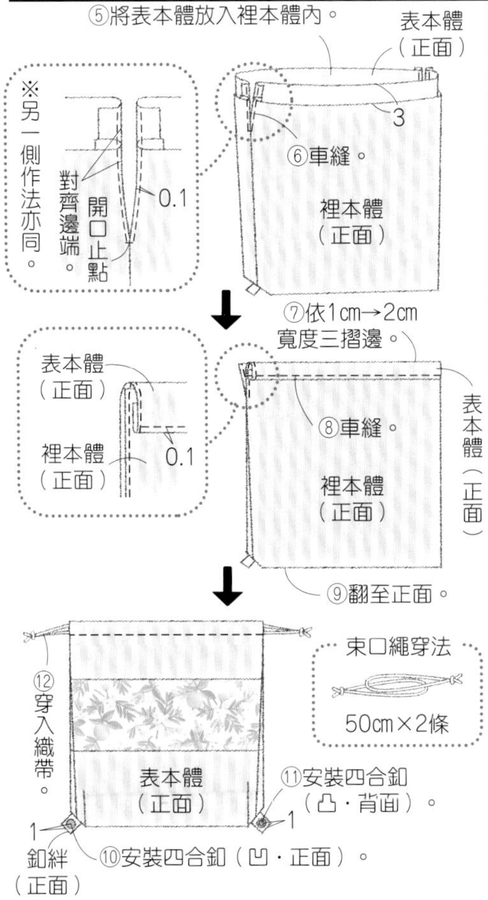

⑤將表本體放入裡本體內。
表本體（正面）
3
※另一側作法亦同。
對齊邊端。
開口止點
0.1
⑥車縫。
裡本體（正面）
⑦依1㎝→2㎝寬度三摺邊。
表本體（正面）
裡本體（正面）
0.1
⑧車縫。
表本體（正面）
裡本體（正面）
⑨翻至正面。
束口繩穿法
50㎝×2條
⑫穿入織帶。
表本體（正面）
⑪安裝四合釦（凸・背面）。
1
1
釦絆（正面）
⑩安裝四合釦（凹・正面）。

完成尺寸
寬35×高26×側身15cm

原寸紙型
無

材料
表布（塑膠布）45cm×80cm
皮革提把 寬2.3cm 38cm 1組

P.05_ No.02 PVC手提袋

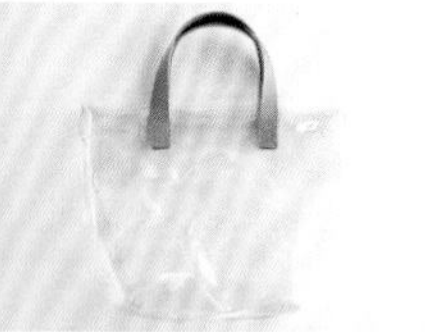

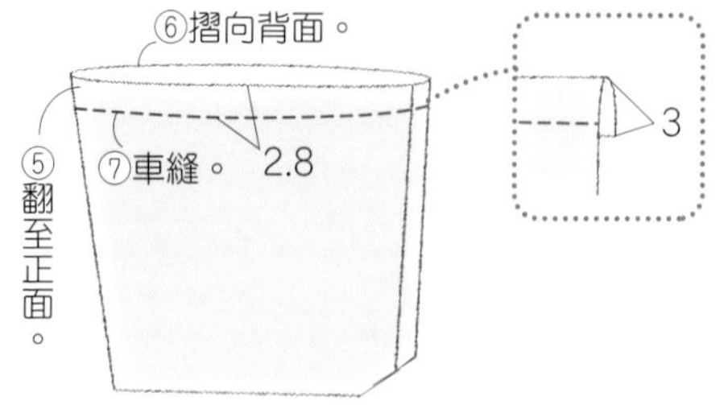

⑥摺向背面。
⑤翻至正面。
⑦車縫。
2.8
3

2. 接縫提把

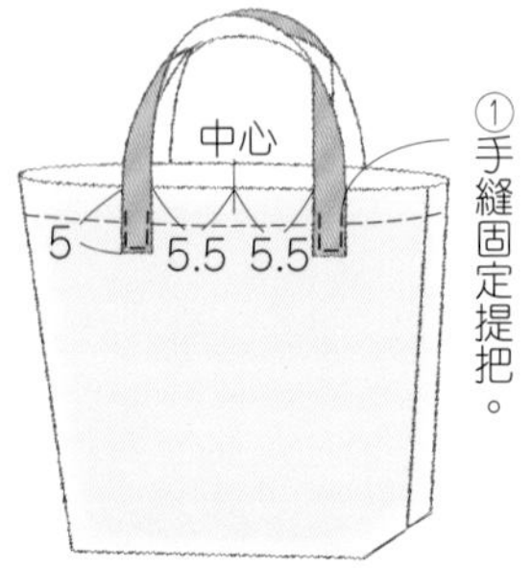

中心
5
5.5
5.5
①手縫固定提把。

1. 製作本體

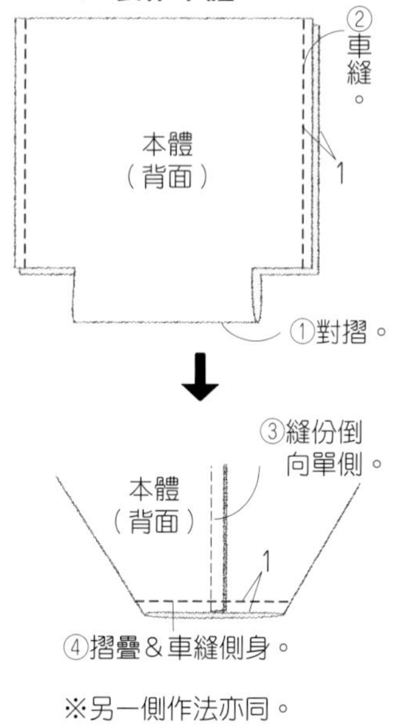

②車縫。
本體
（背面）
1
①對摺。
③縫份倒向單側。
本體
（背面）
1
④摺疊＆車縫側身。
※另一側作法亦同。

裁布圖

※標示尺寸已含縫份。

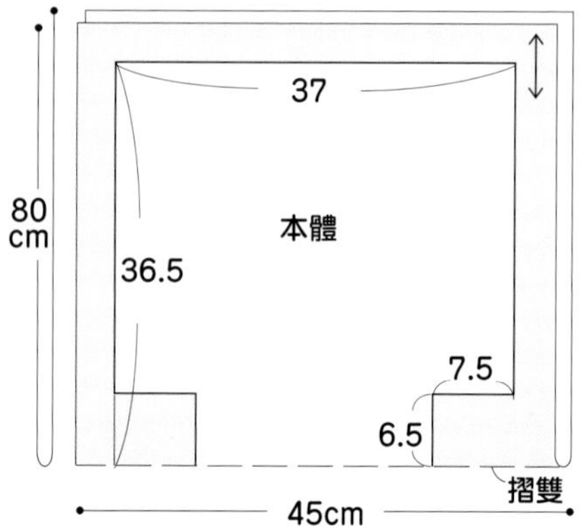

37
80
cm
本體
36.5
7.5
6.5
摺雙
45cm

完成尺寸
寬寬14.5×高8cm

原寸紙型
無

材料
表布（平織布）33cm×25cm 零碼布 1片
裡布（平織布）20cm×20cm
四合釦 14mm 1組

P.05_ No.04 附袋蓋夾層票卡夾

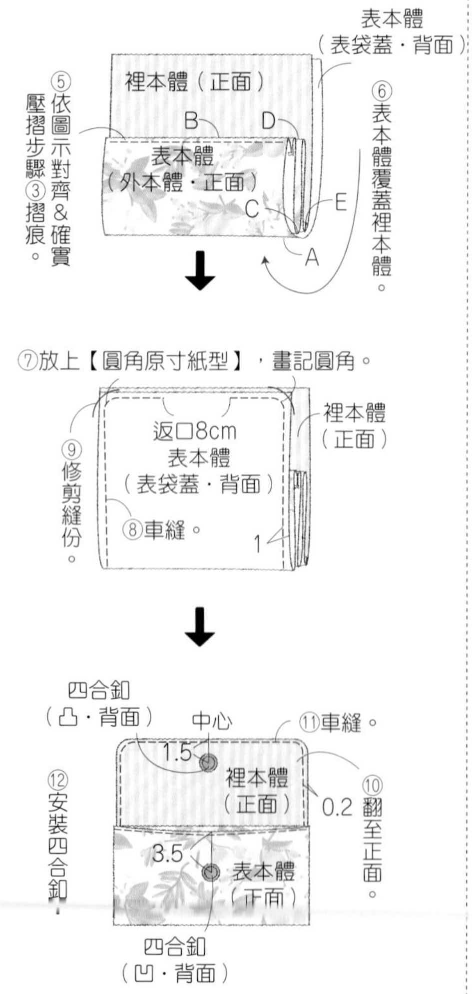

表本體
（表袋蓋・背面）
裡本體（正面）
B
D
表本體
（外本體・正面）
C
E
A
⑤依圖示對齊&確實壓摺步驟③摺痕。
⑥表本體覆蓋裡本體。
⑦放上【圓角原寸紙型】，畫記圓角。
返口8cm
表本體
（表袋蓋・背面）
⑧車縫。
1
⑨修剪縫份。
裡本體
（正面）
四合釦
（凸・背面）
中心
⑪車縫。
1.5
裡本體
（正面）
0.2
⑩翻至正面。
3.5
表本體
（正面）
⑫安裝四合釦。
四合釦
（凹・背面）

1. 製作本體

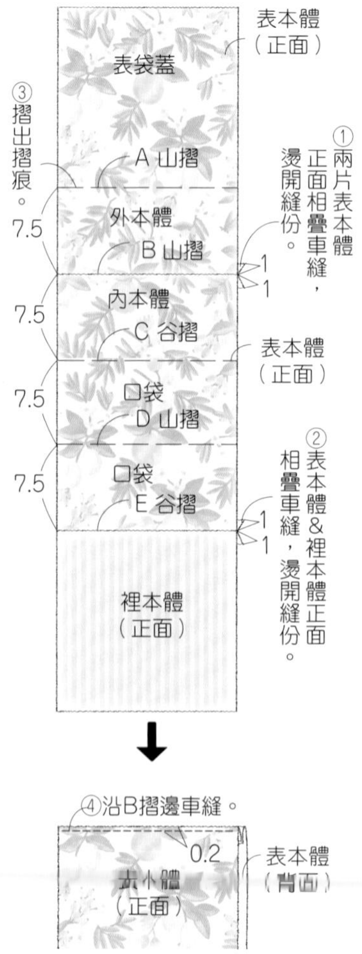

表本體
（正面）
表袋蓋
③摺出摺痕。
A 山摺
外本體
B 山摺
①兩片表本體正面相疊車縫，燙開縫份。
7.5
內本體
C 谷摺
7.5
表本體
（正面）
口袋
D 山摺
7.5
口袋
E 谷摺
7.5
②表本體&裡本體正面相疊車縫，燙開縫份。
1
1
裡本體
（正面）
④沿B摺邊車縫。
0.2
表本體
（背面）
外本體
（正面）

裁布圖

※標示尺寸已含縫份。

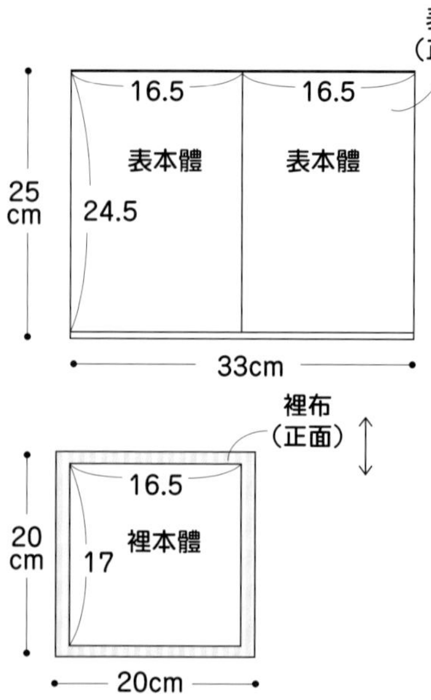

表布
（正面）
16.5
16.5
表本體
表本體
25
cm
24.5
33cm
裡布
（正面）
16.5
裡本體
20
cm
17
20cm

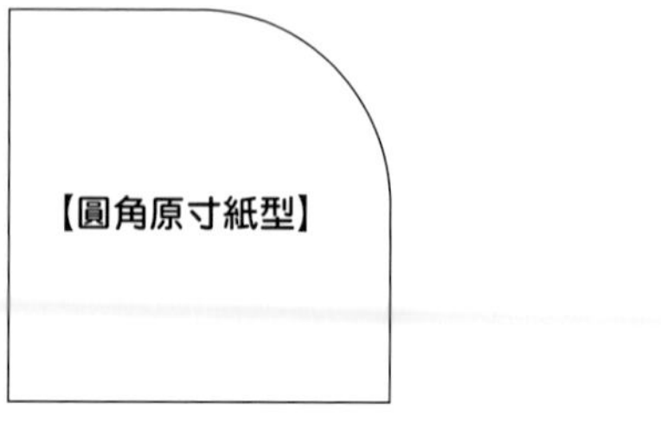

【圓角原寸紙型】

完成尺寸

寬20×高28×側身26cm

原寸紙型

A面

材料

表布（平織布）110cm×60cm

裡布（棉布）110cm×50cm／**單膠鋪棉** 50cm×45cm

接著襯（中薄）60cm×35cm

包用織帶 寬3cm 240cm

P.06_ No.**05**

抽繩包

裁布圖

※除了表・裡側身之外皆無原寸紙型，
請依標示的尺寸（已含縫份）直接裁剪。
※[dotted box]處於背面燙貼接著襯。
※[box]處於背面燙貼單膠鋪棉。

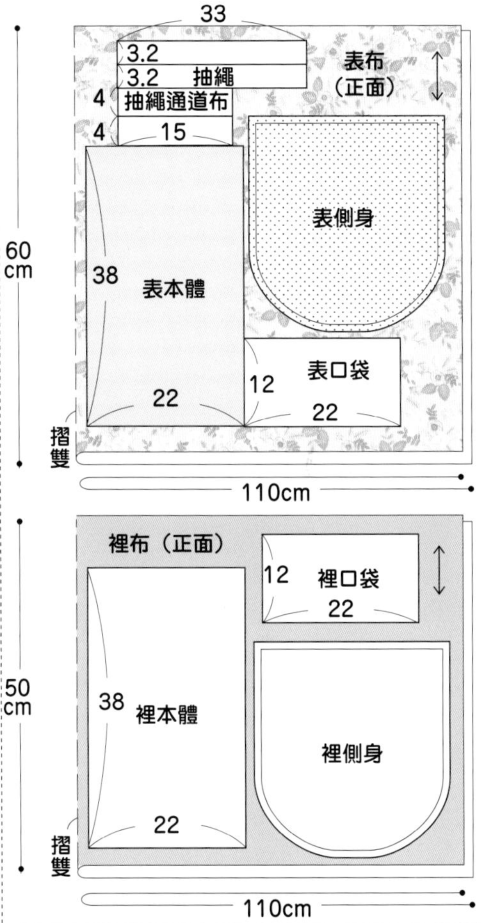

33
3.2
3.2 抽繩
4 抽繩通道布
4 15
表布（正面）
表側身
60cm
38
表本體
表口袋
12
22
22
摺雙
110cm
裡布（正面）
12 裡口袋
22
50cm
38 裡本體
裡側身
22
摺雙
110cm

1.接縫口袋

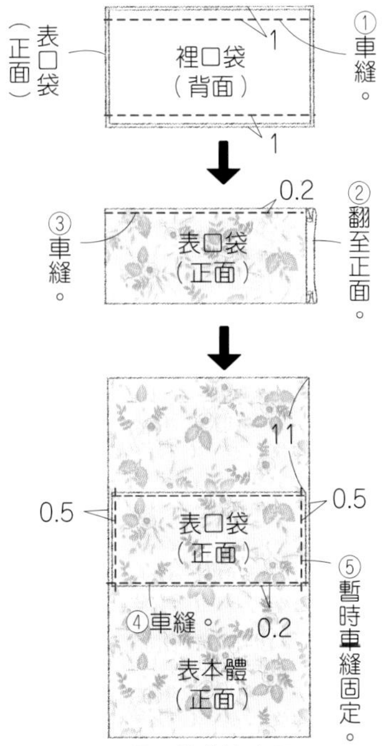

表口袋（正面）
裡口袋（背面）
1
①車縫。
1
0.2
②翻至正面。
③車縫。
表口袋（正面）
11
0.5
0.5
表口袋（正面）
⑤暫時車縫固定。
④車縫。
0.2
表本體（正面）

※另一片作法亦同。

2.製作本體

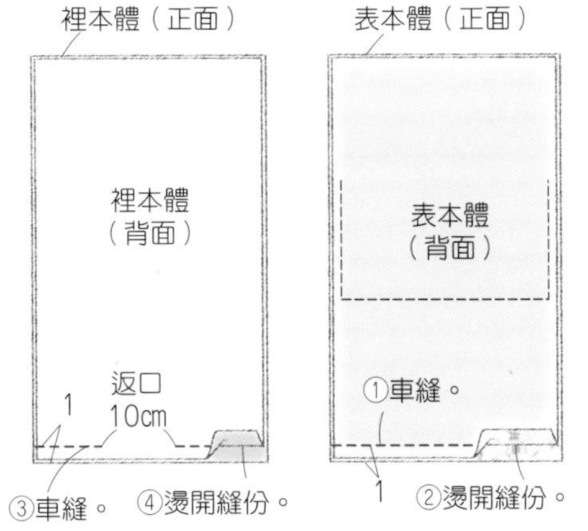

裡本體（正面）
表本體（正面）
裡本體（背面）
表本體（背面）
返口 10cm
1
①車縫。
③車縫。
④燙開縫份。
1
②燙開縫份。

3.製作表側身

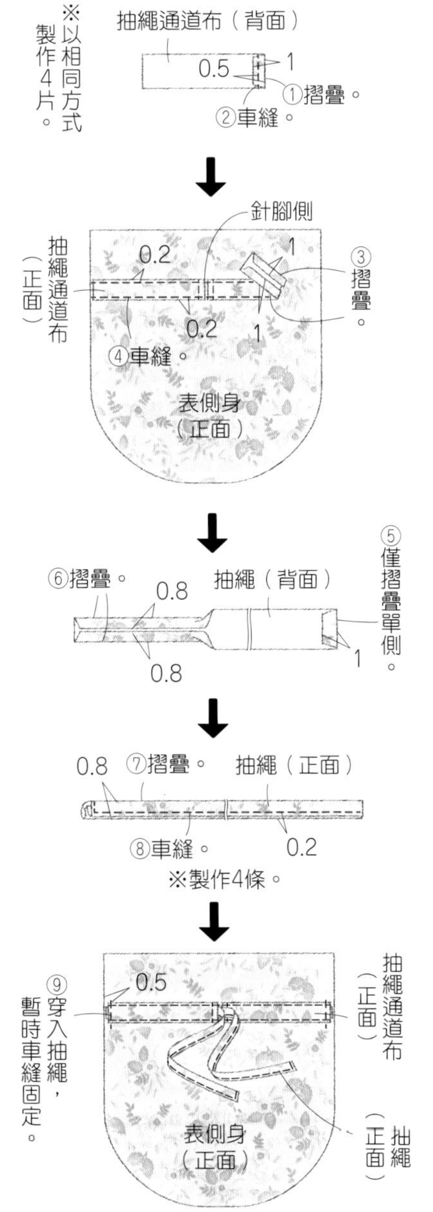

※以相同方式製作4片。
抽繩通道布（背面）
0.5
1
①摺疊。
②車縫。
針腳側
抽繩通道布（正面）
0.2
1
③摺疊。
0.2
1
④車縫。
表側身（正面）
⑥摺疊。
0.8
抽繩（背面）
⑤僅摺疊單側。
0.8
1
0.8
⑦摺疊。
抽繩（正面）
⑧車縫。
0.2
※製作4條。
⑨穿入抽繩，暫時車縫固定。
0.5
抽繩通道布（正面）
表側身（正面）
抽繩（正面）

※另一側作法亦同。

4. 接縫側身

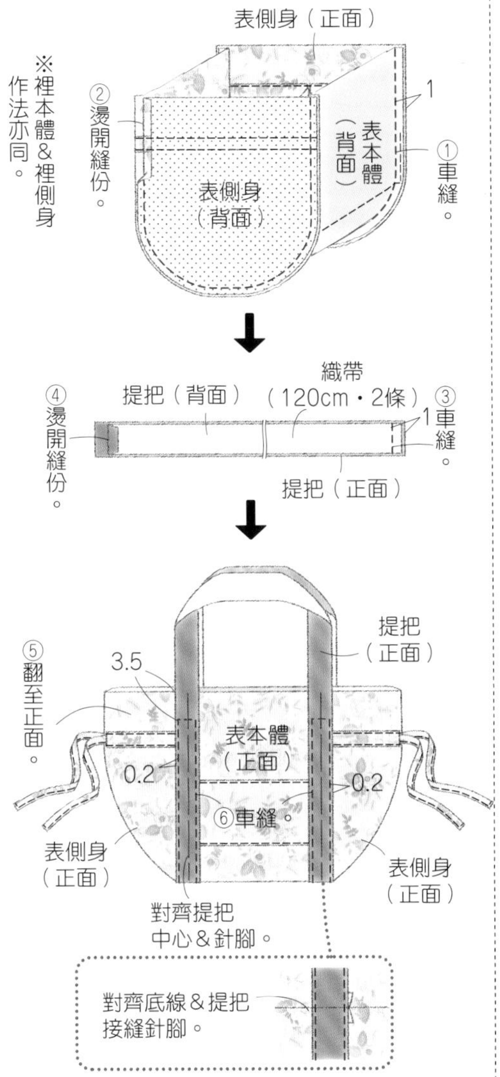

表側身（正面）
※裡本體＆裡側身作法亦同。
②燙開縫份。
1
表本體（背面）
①車縫。
表側身（背面）
④燙開縫份。
提把（背面）
織帶（120cm・2條）
③1車縫。
提把（正面）
提把（正面）
⑤翻至正面。
3.5
表本體（正面）
0.2
0.2
⑥車縫。
表側身（正面）
表側身（正面）
對齊提把中心＆針腳。
對齊底線＆提把接縫針腳。

5.套疊表本體＆裡本體

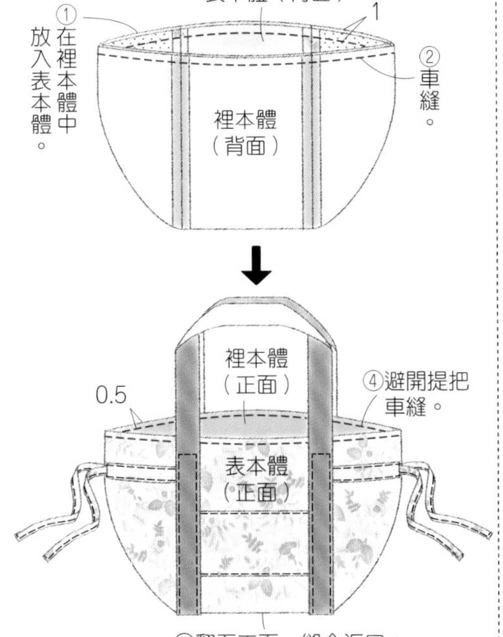

表本體（背面）
①在裡本體中放入表本體。
1
②車縫。
裡本體（背面）
裡本體（正面）
0.5
④避開提把車縫。
表本體（正面）

③翻至正面，縫合返口。

完成尺寸

長35cm（收摺狀態）

原寸紙型

A面

材料

表布（平織布・平紋精梳棉布）100cm×100cm

接著襯（中薄）10cm×10cm

魔鬼氈 5cm×1cm

摺疊洋傘骨組 1組

P.06_ No.06

P.42_ No.45

洋傘

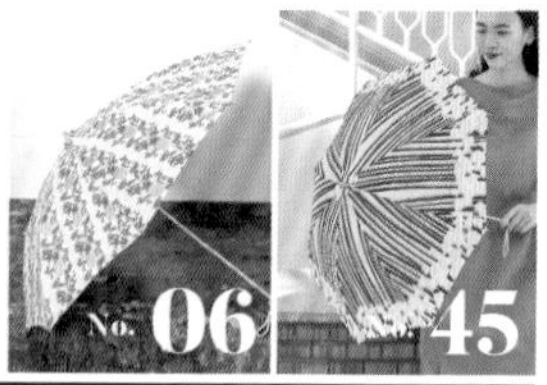

No.06
45

裁布圖

※天紙＆綁帶無紙型，請依標示尺寸（已含縫份）直接裁剪。

※▒處於背面燙貼接著襯（天紙）。

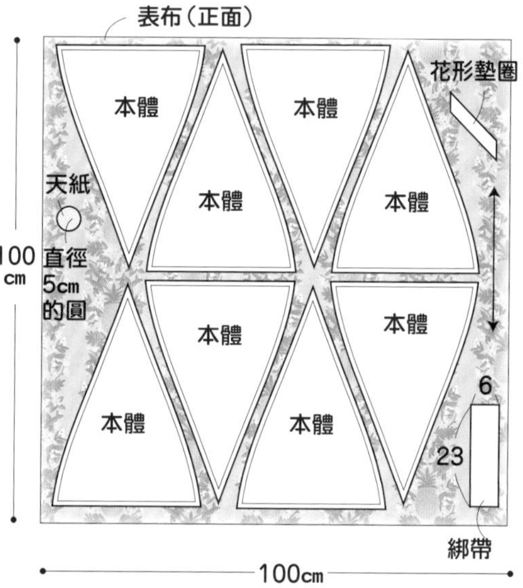

表布（正面）
本體
花形墊圈
天紙
100cm
直徑5cm的圓
6
23
綁帶
100cm

1.製作本體

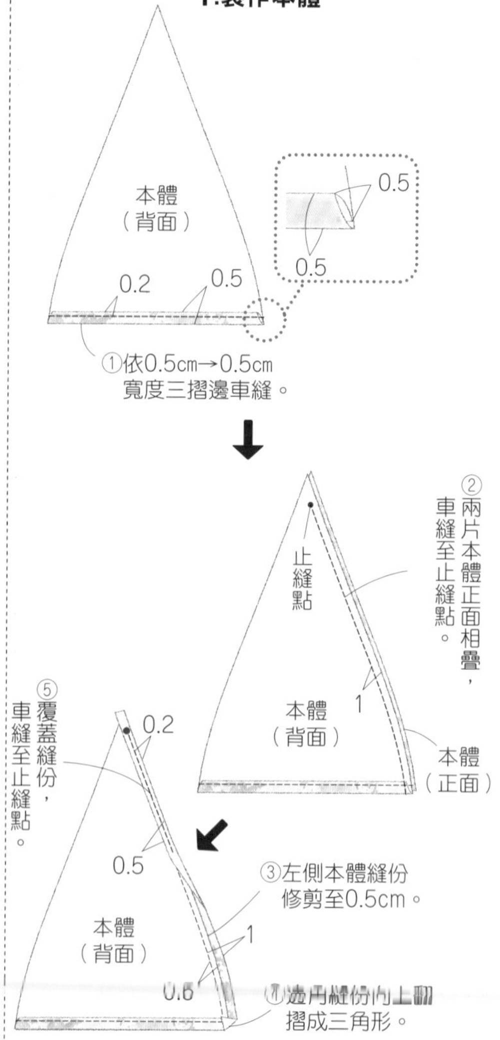

本體（背面）
0.5
0.5
0.2
0.5
①依0.5cm→0.5cm寬度三摺邊車縫。
②兩片本體正面相疊，車縫至止縫點。
止縫點
1
本體（背面）
本體（正面）
⑤覆蓋縫份，車縫至止縫點。
0.2
0.5
本體（背面）
③左側本體縫份修剪至0.5cm。
1
0.6
④邊角縫份向上翻摺成三角形。

※以相同方式縫合所有本體。

2.接縫傘帶

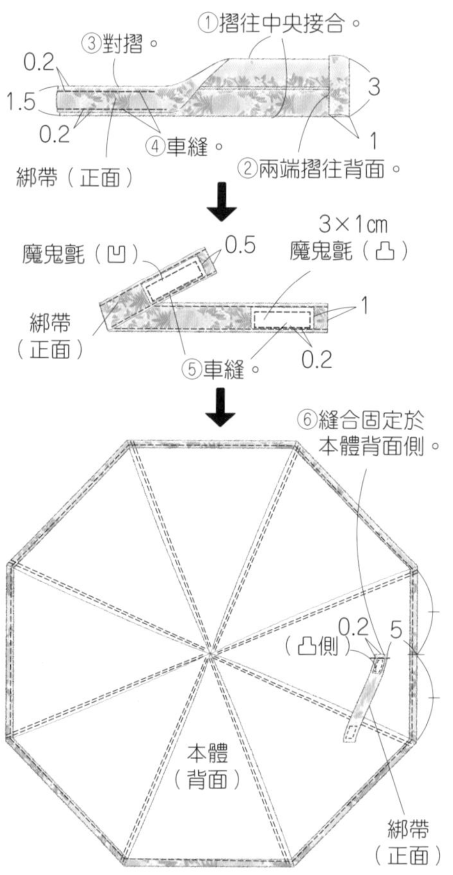

①摺往中央接合。
③對摺。
0.2
1.5
0.2
3
1
④車縫。
綁帶（正面）
②兩端摺往背面。
3×1cm
魔鬼氈（凹）
0.5
魔鬼氈（凸）
綁帶（正面）
1
⑤車縫。
0.2
⑥縫合固定於本體背面側。
0.2
5
（凸側）
本體（背面）
綁帶（正面）

3.本體安裝於傘骨

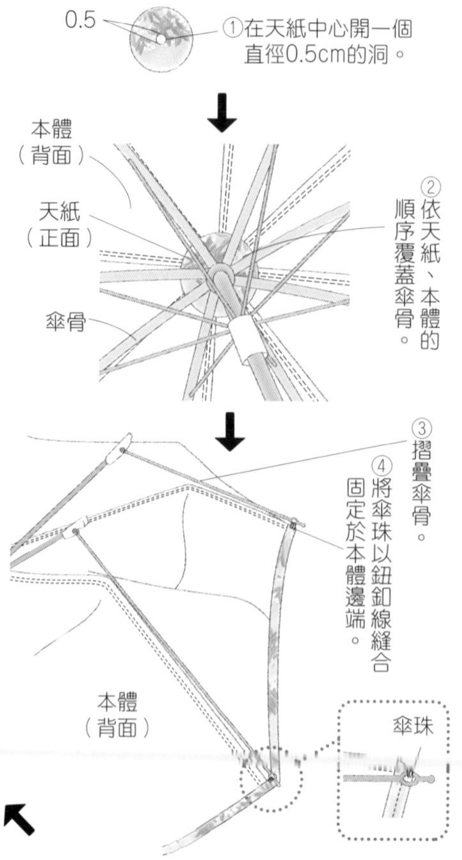

0.5
①在天紙中心開一個直徑0.5cm的洞。
本體（背面）
天紙（正面）
傘骨
②依天紙、本體的順序覆蓋傘骨。
③摺疊傘骨。
④將傘珠以鈕釦線縫合固定於本體邊端。
本體（背面）
傘珠

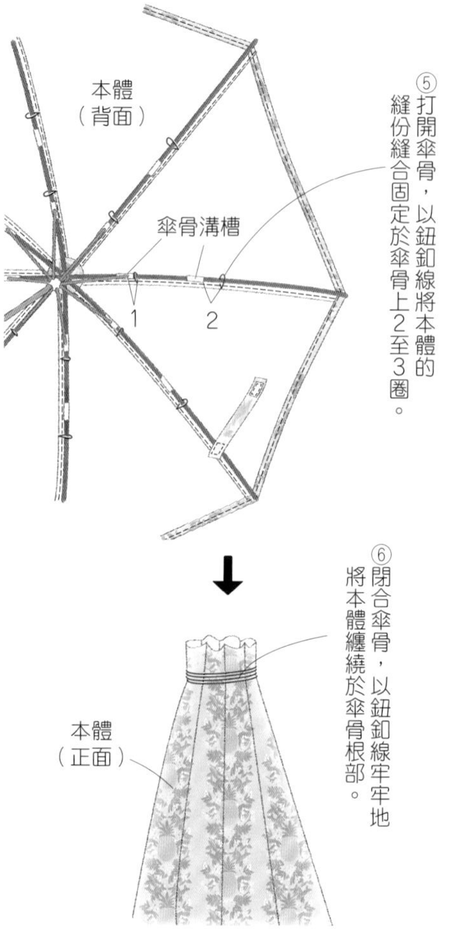

本體（背面）
傘骨溝槽
1
2
⑤打開傘骨，以鈕釦線將本體的縫份縫合固定於傘骨上2至3圈。
本體（正面）
⑥閉合傘骨，以鈕釦線牢牢地將本體纏繞於傘骨根部。

4.安裝花形墊圈

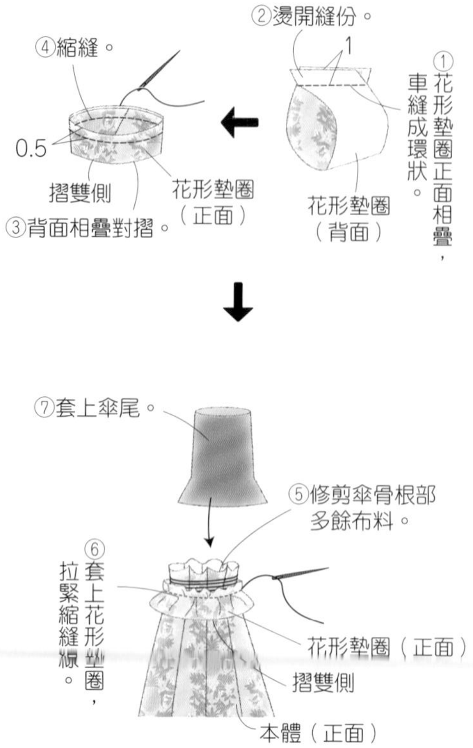

②燙開縫份。
1
①花形墊圈正面相疊，車縫成環狀。
花形墊圈（背面）
④縮縫。
0.5
摺雙側
花形墊圈（正面）
③背面相疊對摺。
⑦套上傘尾。
⑤修剪傘骨根部多餘布料。
⑥套上花形墊圈，拉緊縮縫線。
花形墊圈（正面）
摺雙側
本體（正面）

完成尺寸

寬25.4×高27.7cm

原寸紙型

無

材料

表布（平織布・平紋精梳棉布）70cm×35cm

四合釦 14mm 2組

P.06_ No.07
P.42_ No.46
洋傘收納袋

No.07

No.46

裁布圖

※標示尺寸已含縫份。

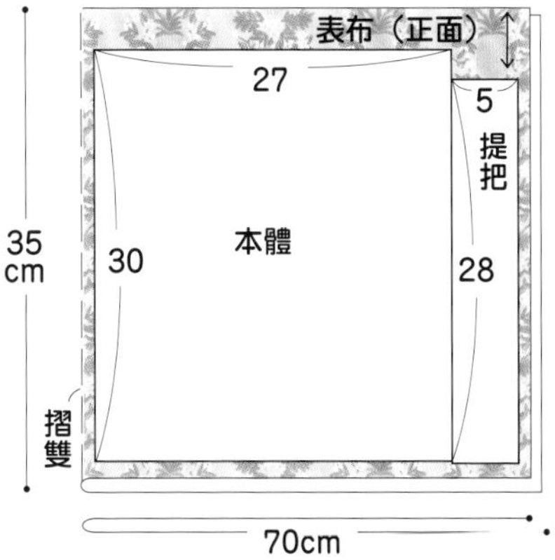

表布（正面）
27
5
提把
35 cm
30
本體
28
摺雙
70cm

1.接縫提把

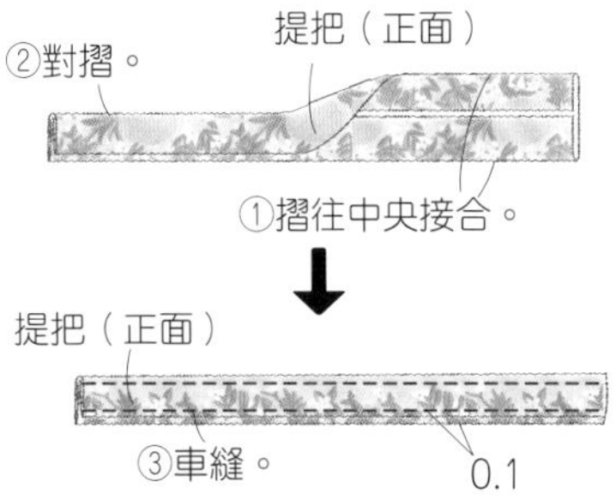

②對摺。
提把（正面）
①摺往中央接合。
提把（正面）
③車縫。
0.1

※另一條作法亦同。

④暫時車縫固定。中心
0.5
3 3
提把
（正面）
本體
（正面）
※另一側也以相同方式接縫。

2.製作本體

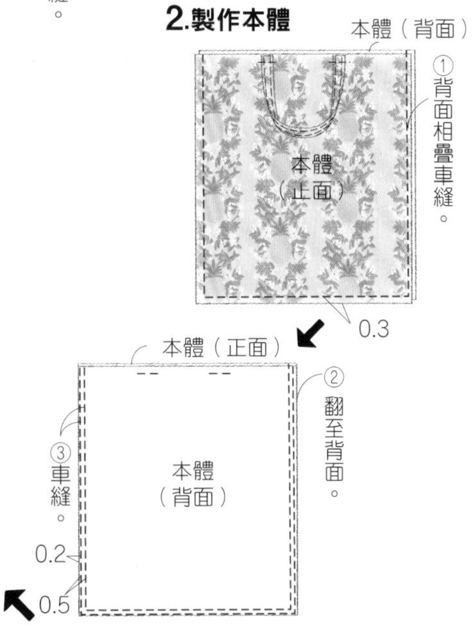

本體（背面）
①背面相疊車縫。
本體
（正面）
0.3
本體（正面）
②翻至背面。
本體
（背面）
③車縫。
0.2
0.5

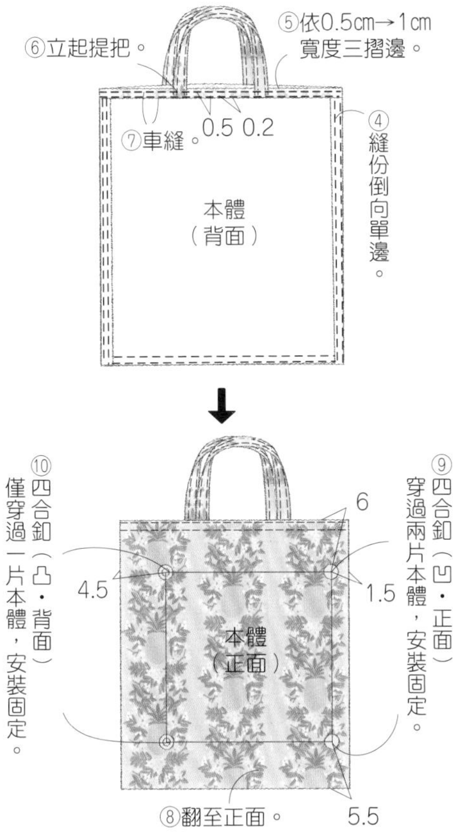

⑥立起提把。
⑤依0.5cm→1cm寬度三摺邊。
⑦車縫。
0.5 0.2
④縫份倒向單邊。
本體
（背面）
⑩四合釦（凸・背面）僅穿過一片本體，安裝固定。
⑨四合釦（凹・正面）穿過兩片本體，安裝固定。
6
4.5
1.5
本體
（正面）
⑧翻至正面。
5.5

完成尺寸

緞帶長度14cm

原寸紙型

C面

材料

表布（平紋精梳棉布）55cm×40cm

髮圈 20cm

P.15_ No.19
蝴蝶結髮束

裁布圖

※本體無紙型，請依標示尺寸（已含縫份）直接裁剪。

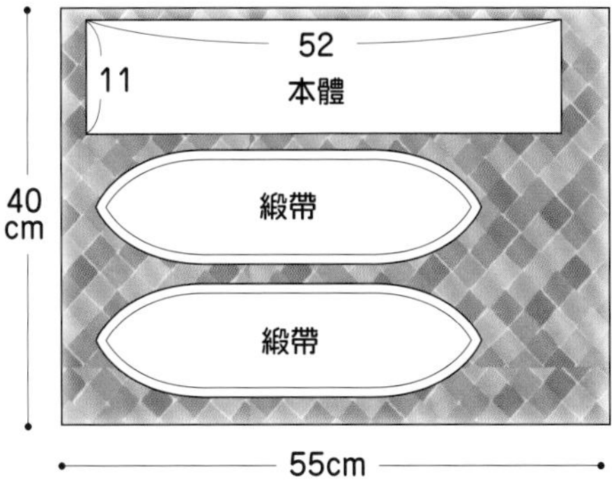

52
11
本體
40 cm
緞帶
緞帶
55cm

1.製作本體

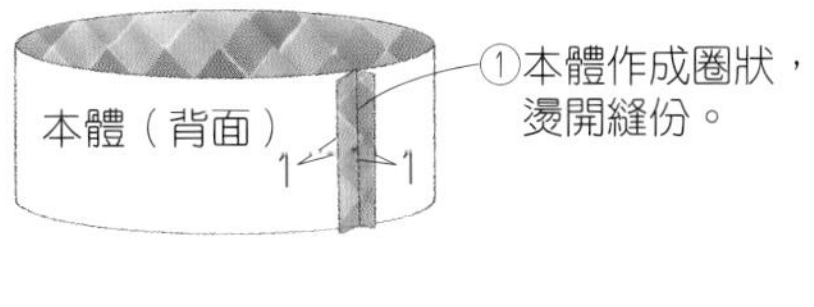

①本體作成圈狀，燙開縫份。
本體（背面）
1
1

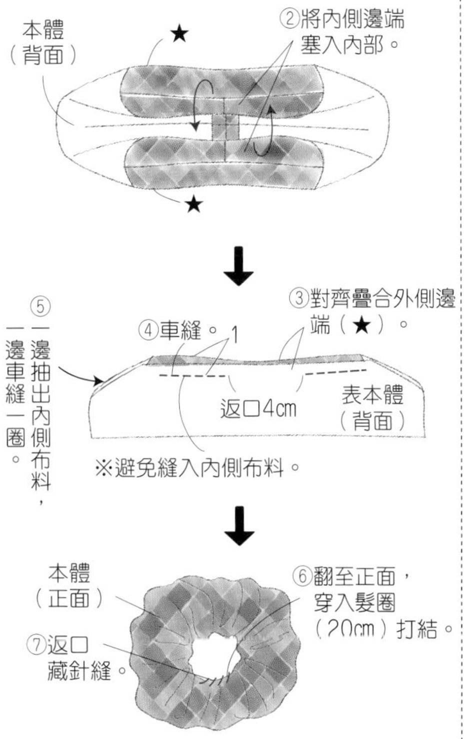

本體
（背面）
②將內側邊端塞入內部。
★
★
⑤一邊抽出內側布料，一邊車縫一圈。
④車縫。
1
③對齊疊合外側邊端（★）。
返口4cm
表本體
（背面）
※避免縫入內側布料。
本體
（正面）
⑥翻至正面，穿入髮圈（20cm）打結。
⑦返口藏針縫。

2.接縫緞帶

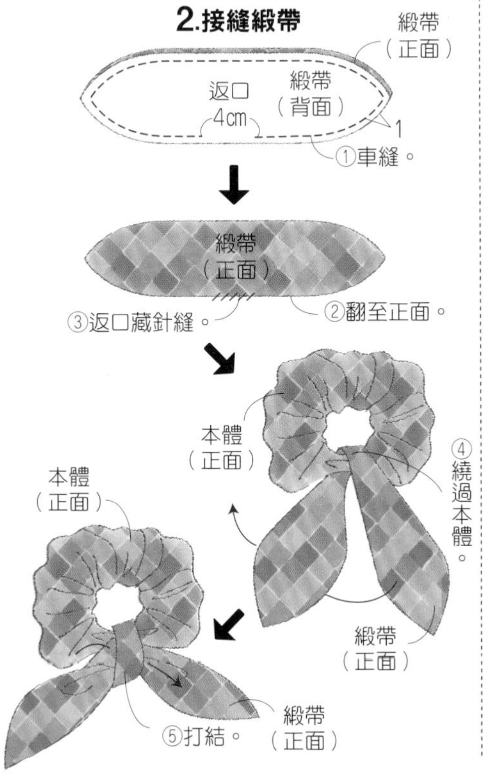

緞帶
（正面）
返口
4cm
緞帶
（背面）
1
①車縫。
緞帶
（正面）
③返口藏針縫。
②翻至正面。
本體
（正面）
④繞過本體。
本體
（正面）
緞帶
（正面）
⑤打結。
緞帶
（正面）

完成尺寸

寬36×高36×側身10cm

原寸紙型

無

材料

表布（棉麻帆布）110cm×100cm
裡布（棉布）80cm×80cm／**接著襯**（中薄）100cm×60cm
接著襯（厚）80cm×45cm／**尼龍拉鍊** 40cm
口型環 25mm 2個／**日型環** 25mm 2個
四合釦 14mm 1組

P.07_ No. 09

2 way 後背包

裁布圖

※標示尺寸已含縫份。
※▭處在背面燙貼厚接著襯。
※▭處在背面燙貼中薄接著襯。

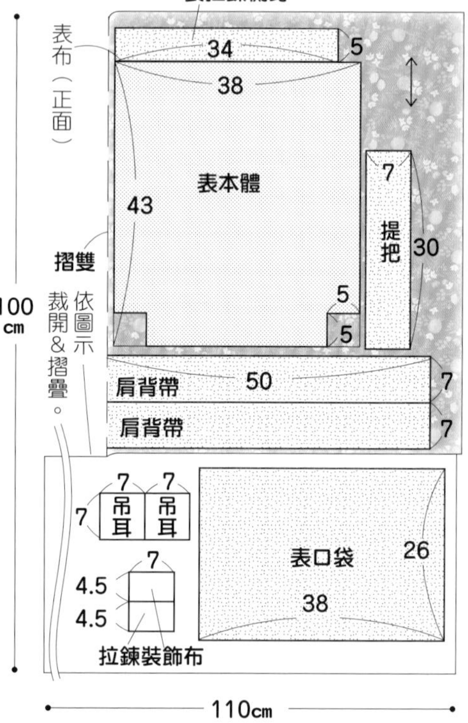

表拉鍊側身
表布（正面）
34
5
38
表本體
43
7
提把
30
摺雙
依圖示裁開＆摺疊。
5
5
100cm
肩背帶
50
7
肩背帶
7
7
7
7
吊耳
吊耳
表口袋
26
38
4.5
4.5
拉鍊裝飾布
110cm

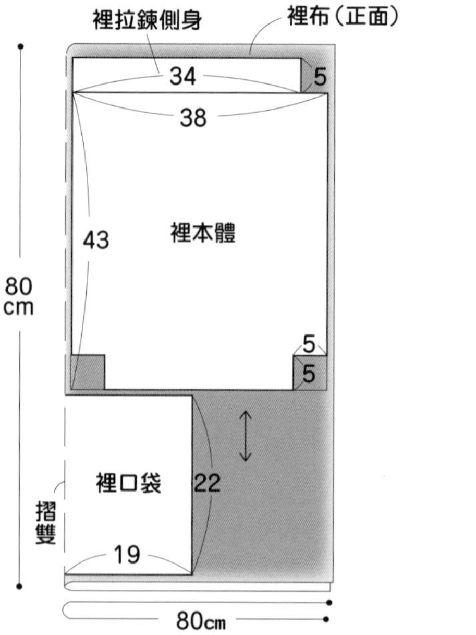

裡拉鍊側身
裡布（正面）
34
5
38
43
裡本體
80cm
5
5
裡口袋
22
摺雙
19
80cm

1.製作提把・肩背帶・吊耳

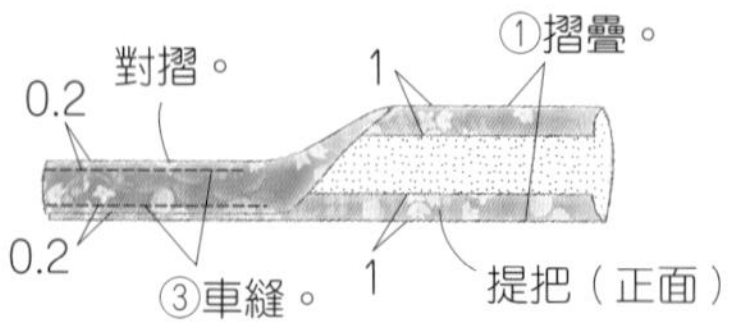

①摺疊。
對摺。
0.2
1
0.2
③車縫。
1
提把（正面）

※另一側提把・肩背帶・吊耳
也以相同方式各製作2條。

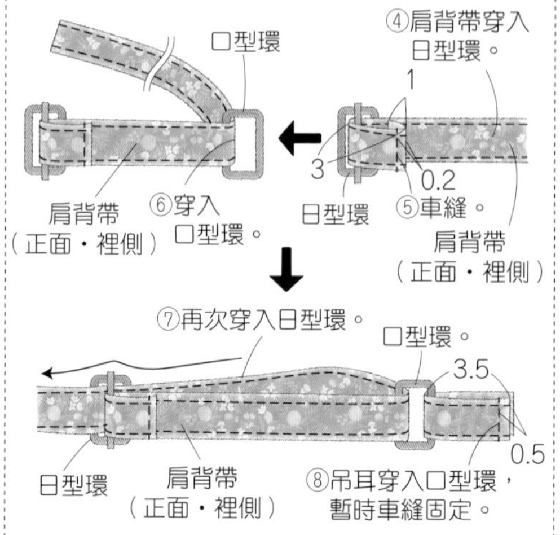

口型環
④肩背帶穿入日型環。
1
3
0.2
肩背帶（正面・裡側）
⑥穿入口型環。
日型環
⑤車縫。
肩背帶（正面・裡側）
⑦再次穿入日型環。
口型環。
3.5
0.5
日型環
肩背帶（正面・裡側）
⑧吊耳穿入口型環，暫時車縫固定。

※另一條肩背帶作法同步驟④至⑧。

2.製作口袋

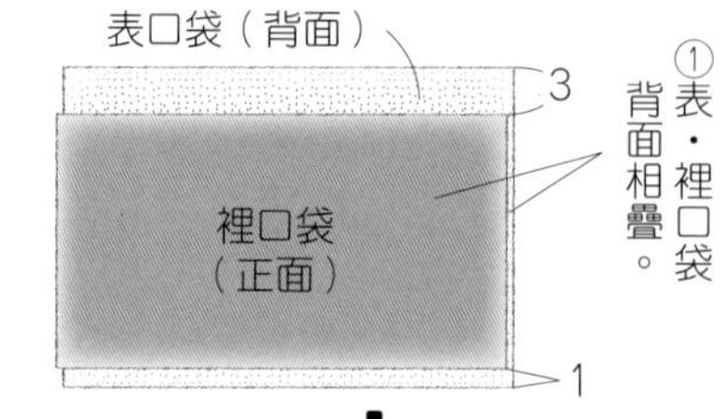

表口袋（背面）
3
①表・裡口袋背面相疊。
裡口袋（正面）
1

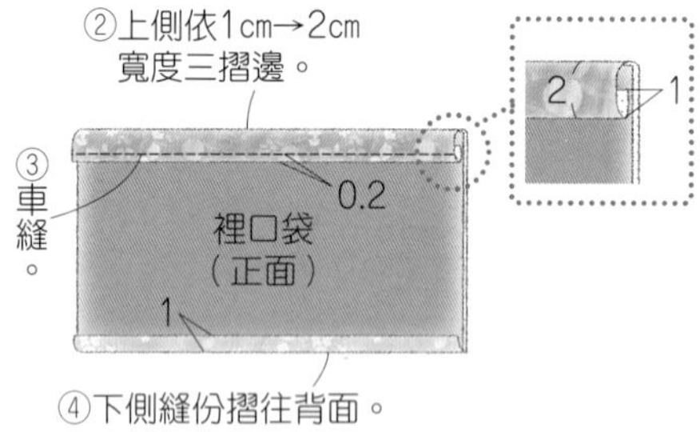

②上側依1cm→2cm寬度三摺邊。
2
1
③車縫。
0.2
裡口袋（正面）
1
④下側縫份摺往背面。

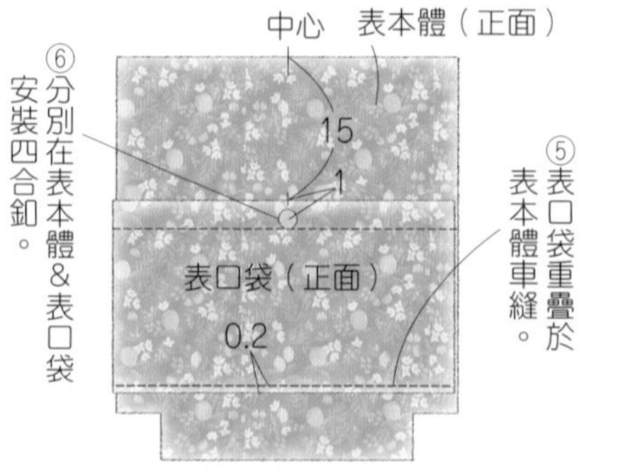

中心
表本體（正面）
15
1
⑥分別在表本體＆表口袋安裝四合釦。
表口袋（正面）
0.2
⑤表口袋重疊於表本體車縫。

3.製作拉鍊側身

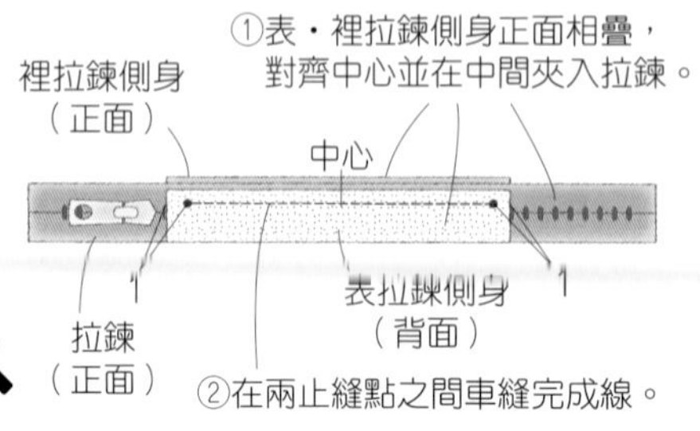

①表・裡拉鍊側身正面相疊，對齊中心並在中間夾入拉鍊。
裡拉鍊側身（正面）
中心
1
1
拉鍊（正面）
表拉鍊側身（背面）
②在兩止縫點之間車縫完成線。

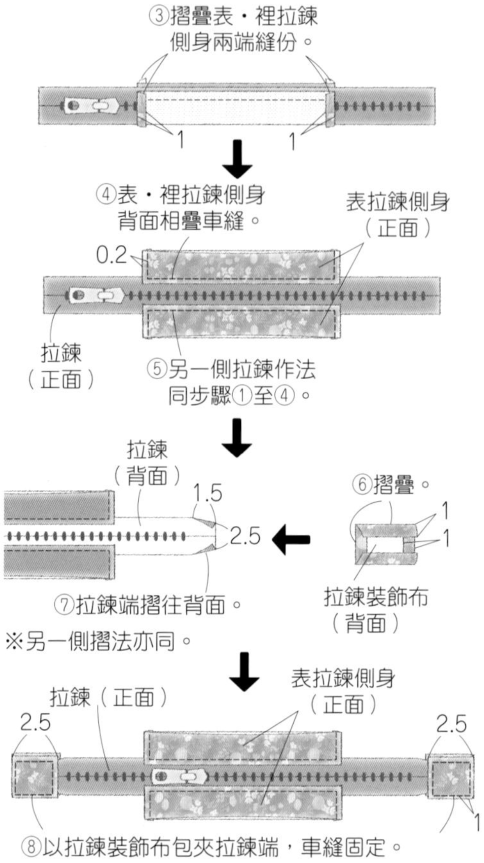

③摺疊表・裡拉鍊側身兩端縫份。
1
1
④表・裡拉鍊側身背面相疊車縫。
表拉鍊側身（正面）
0.2
拉鍊（正面）
⑤另一側拉鍊作法同步驟①至④。
拉鍊（背面）
1.5
2.5
⑥摺疊。
1
1
拉鍊裝飾布（背面）
⑦拉鍊端摺往背面。
※另一側摺法亦同。
拉鍊（正面）
表拉鍊側身（正面）
2.5
2.5
1
⑧以拉鍊裝飾布包夾拉鍊端，車縫固定。

4.製作表本體＆裡本體

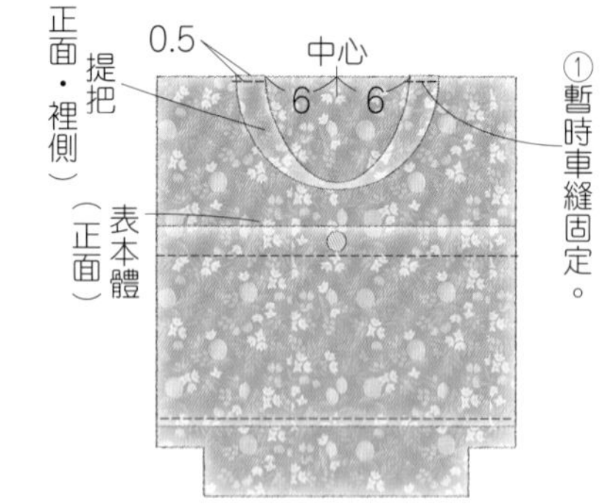

提把（正面・裡側）
0.5
中心
6
6
①暫時車縫固定。
表本體（正面）

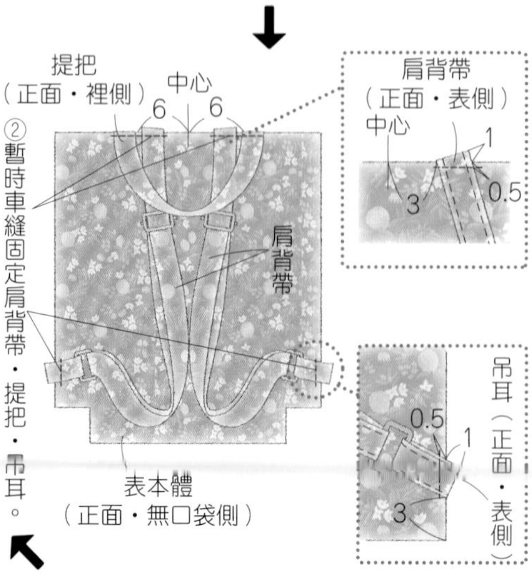

提把（正面・裡側）
中心
6
6
②暫時車縫固定肩背帶・提把・吊耳。
肩背帶
肩背帶（正面・表側）
中心
1
3
0.5
0.5
1
3
吊耳（正面・表側）
表本體（正面・無口袋側）

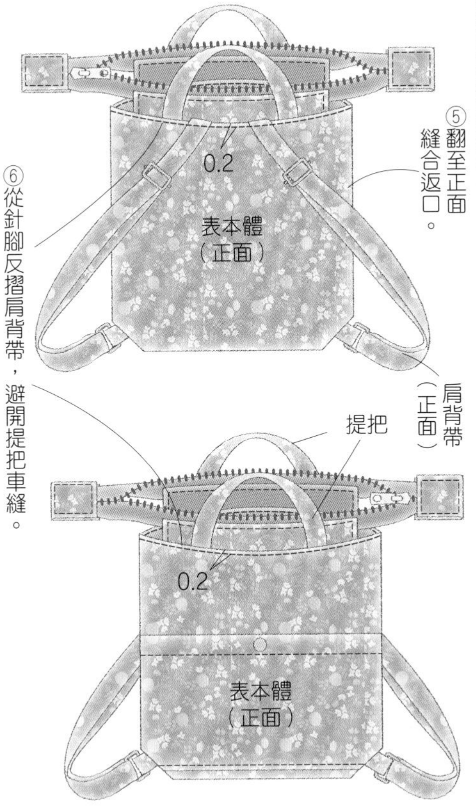
⑤翻至正面縫合返口。
⑥從針腳反摺肩背帶，避開提把車縫。
0.2
表本體（正面）
肩背帶（正面）
提把
0.2
表本體（正面）

5.套疊表本體&裡本體

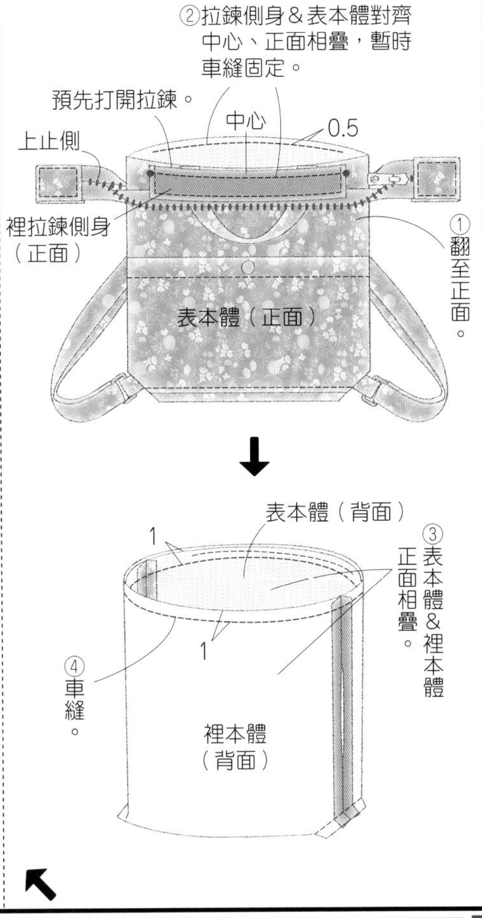
②拉鍊側身&表本體對齊中心、正面相疊，暫時車縫固定。
預先打開拉鍊。
中心
0.5
上止側
裡拉鍊側身（正面）
①翻至正面。
表本體（正面）
表本體（背面）
1
③表本體&裡本體正面相疊。
1
④車縫。
裡本體（背面）

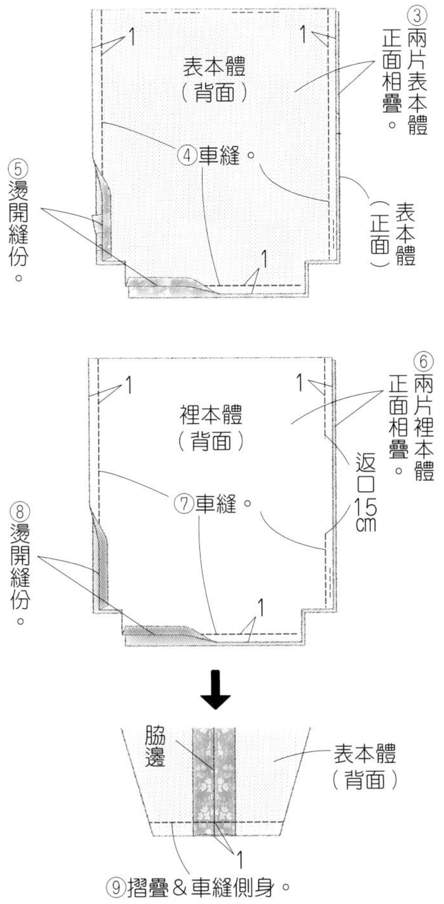
1
1
表本體（背面）
③兩片表本體正面相疊。
④車縫。
⑤燙開縫份。
表本體（正面）
1
1
1
裡本體（背面）
⑥兩片裡本體正面相疊。
返口15cm
⑦車縫。
⑧燙開縫份。
1
脇邊
表本體（背面）
1
⑨摺疊&車縫側身。

※另一側&裡本體作法亦同。

完成尺寸

直徑9.5×高12cm

原寸紙型

A面

材料

表布（平織布）40cm×20cm／**裡布**（平織布）40cm×20cm

配布（平織布）30cm×15cm

垃圾桶材料組

厚紙（直徑9.5cm）2片／**紙筒**（直徑10.5cm 高1.5cm）1個

P.12_ No. 12 摺疊式垃圾桶

1.裁布

※表・裡本體無紙型，請依標示尺寸（已含縫份）直接裁剪。

35.5
14
表・裡底
（表・裡布各1片）
表・裡本體
（配布
各1片）

2.製作本體

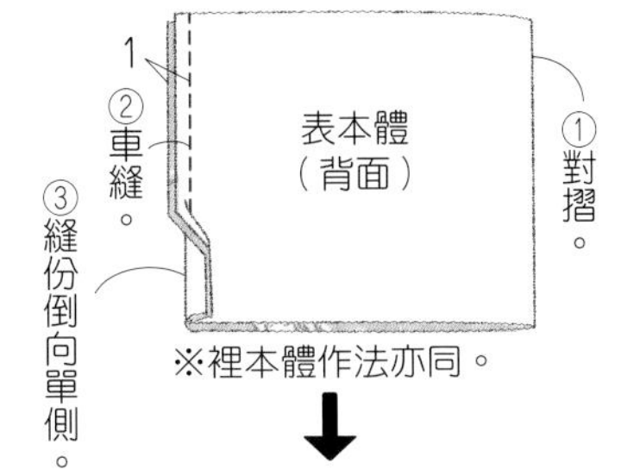
1
②車縫。
表本體（背面）
①對摺。
③縫份倒向單側。

※裡本體作法亦同。

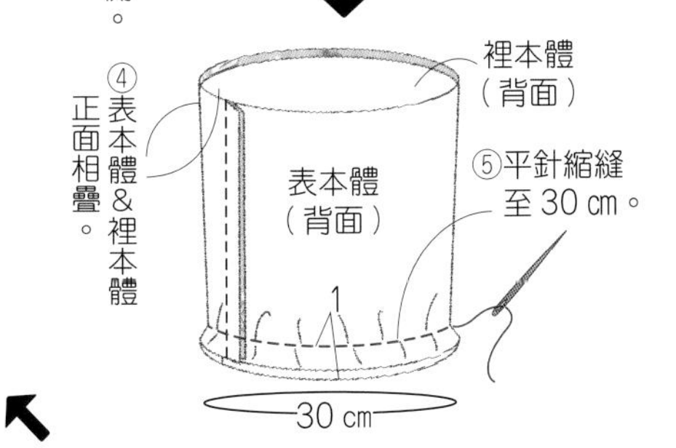
裡本體（背面）
④表本體&裡本體正面相疊。
表本體（背面）
⑤平針縮縫至30cm。
1
30cm

3.製作底部

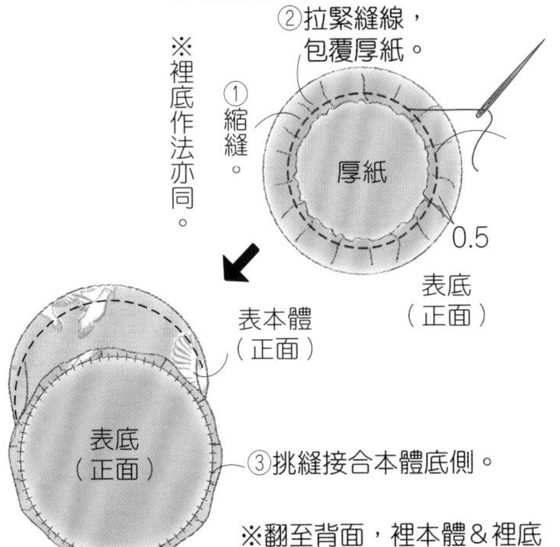
②拉緊縫線，包覆厚紙。
※裡底作法亦同。
①縮縫。
厚紙
0.5
表底（正面）
表本體（正面）
表底（正面）
③挑縫接合本體底側。

※翻至背面，裡本體&裡底也以相同方式挑縫。

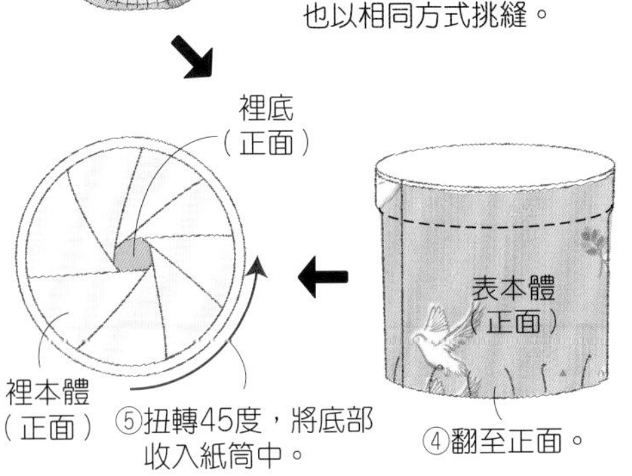
裡底（正面）
裡本體（正面）
⑤扭轉45度，將底部收入紙筒中。
表本體（正面）
④翻至正面。

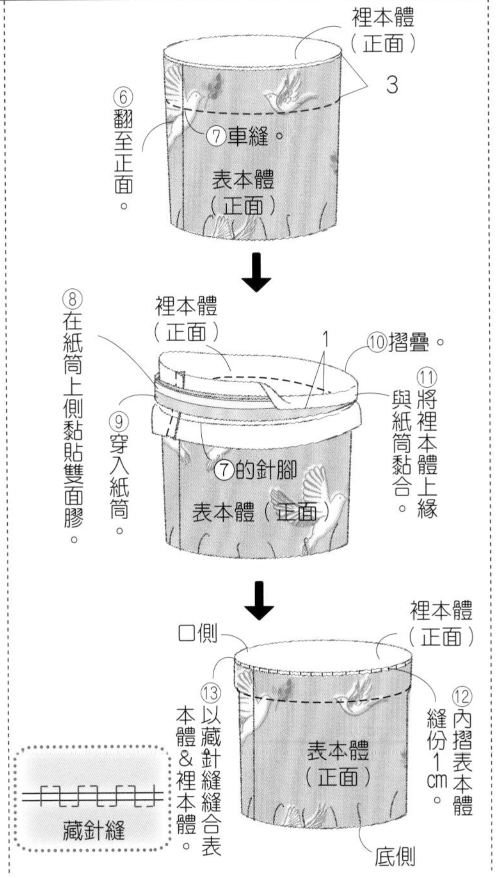
裡本體（正面）
3
⑥翻至正面。
⑦車縫。
表本體（正面）
⑧在紙筒上側黏貼雙面膠。
裡本體（正面）
1
⑩摺疊。
⑨穿入紙筒。
⑪將裡本體上緣與紙筒黏合。
⑦的針腳
表本體（正面）
口側
裡本體（正面）
⑬以藏針縫縫合表本體&裡本體。
⑫內摺表本體縫份1cm。
表本體（正面）
底側
藏針縫

完成尺寸

寬40×高約60cm

原寸紙型

A面

材料

表布（平織布）110cm×160cm

裡布（棉布）110 cm×160cm

P.07_ No. 08 吾妻袋單肩包

裁布圖

表・裡布（正面）

※裡布也以相同方式裁布。

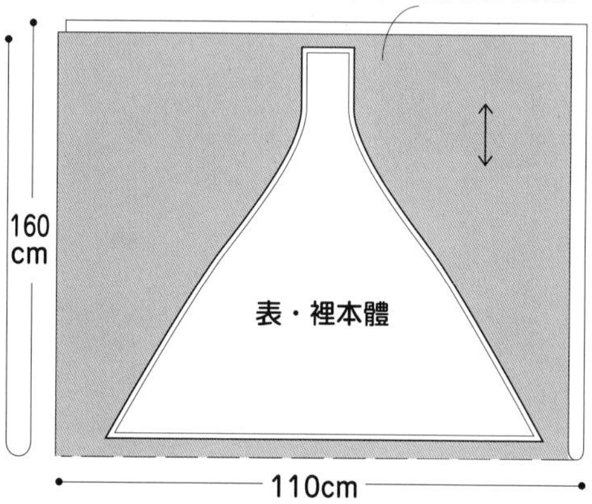

160cm
110cm
表・裡本體

1.套疊表本體&裡本體

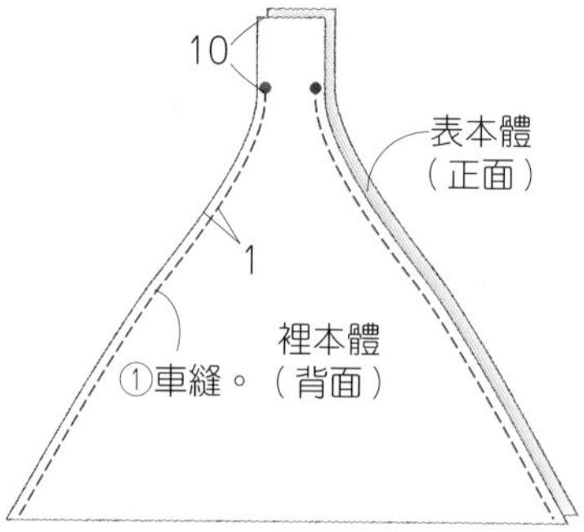

10
表本體
（正面）
1
①車縫。
裡本體
（背面）

※另一側作法亦同。

2.車縫本體

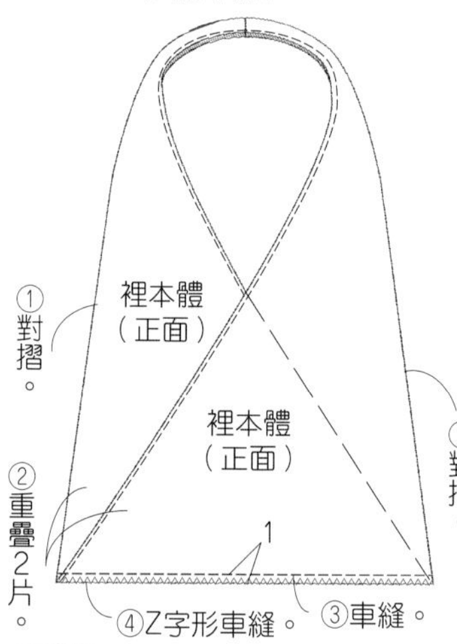

①對摺。
裡本體
（正面）
裡本體
（正面）
①對摺。
②重疊2片。
1
④Z字形車縫。
③車縫。

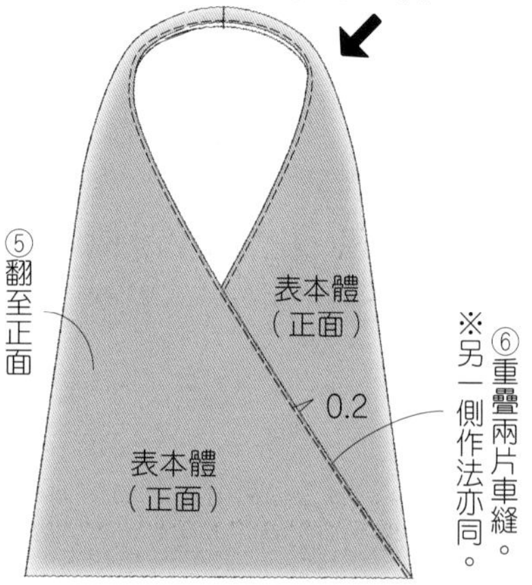

⑤翻至正面
表本體
（正面）
0.2
表本體
（正面）
⑥重疊兩片車縫。
※另一側作法亦同。

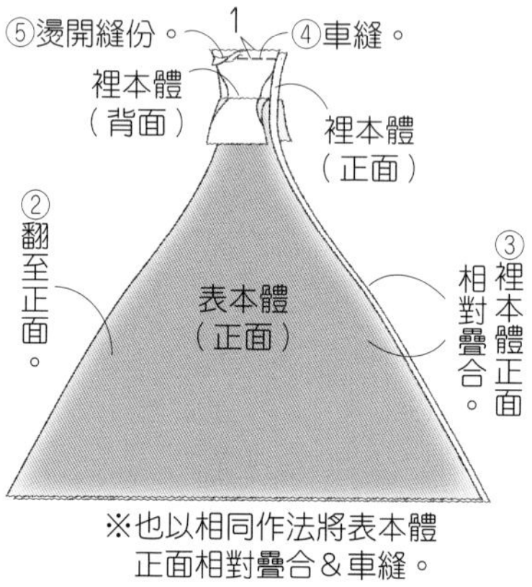

⑤燙開縫份。
1
④車縫。
裡本體
（背面）
裡本體
（正面）
②翻至正面。
表本體
（正面）
③裡本體正面相對疊合。

※也以相同作法將表本體正面相對疊合&車縫。

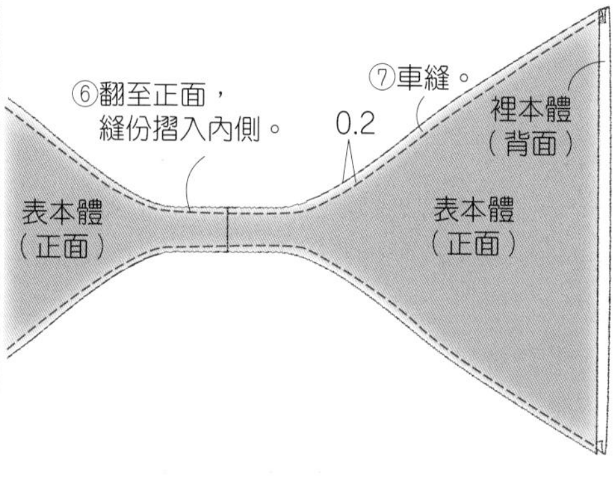

⑥翻至正面，
縫份摺入內側。
0.2
⑦車縫。
裡本體
（背面）
表本體
（正面）
表本體
（正面）

完成尺寸

寬8×高8×側身8cm

原寸紙型

無

材料（1個）

表布（棉牛津布）30cm×30cm

裡布（棉牛津布）30cm×30cm

包釦材料組 1.8cm 2組

P.15_ No. 22 工具收納盒

①依圖示裁剪表・裡本體(已含縫份)。

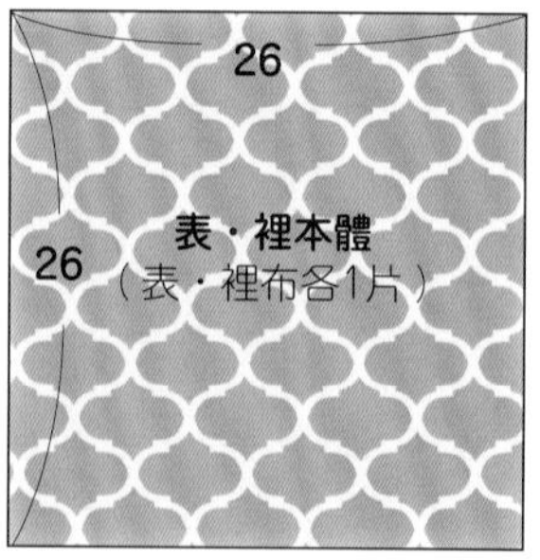

26
26
表・裡本體
（表・裡布各1片）

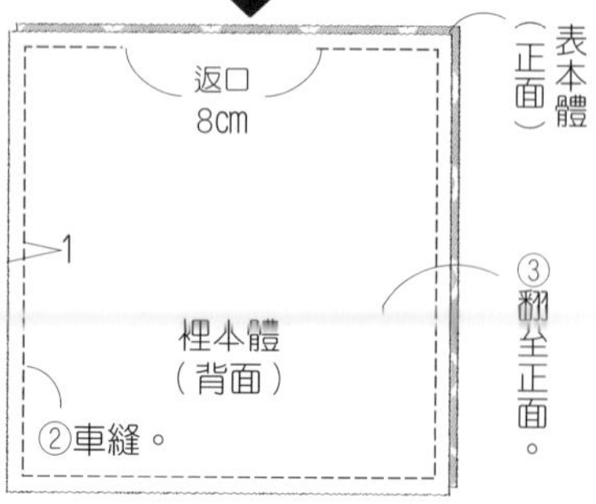

返口
8cm
表本體
（正面）
1
③翻至正面。
裡本體
（背面）
②車縫。

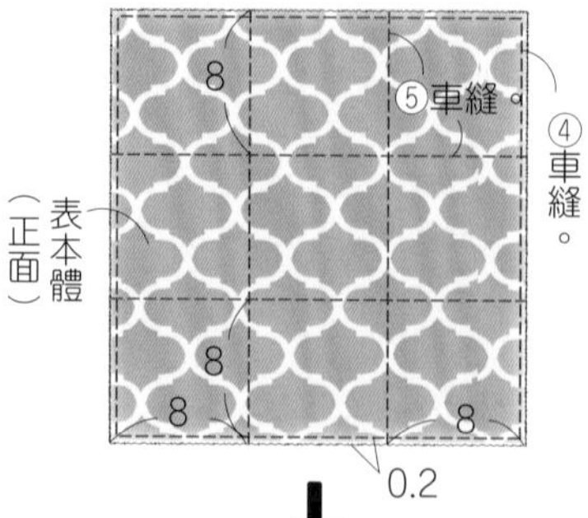

8
⑤車縫。
④車縫。
表本體
（正面）
8
8
8
0.2

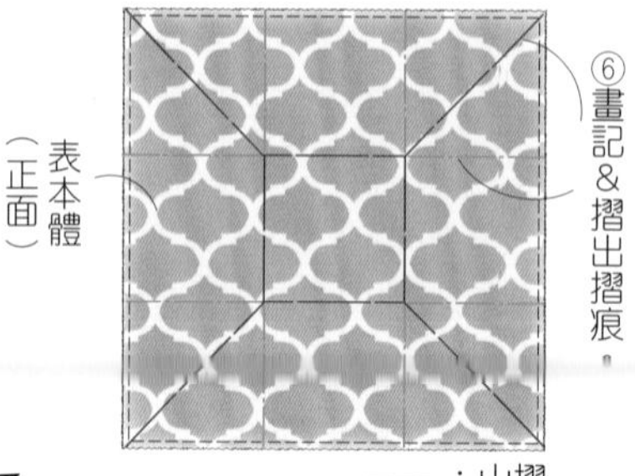

表本體
（正面）
⑥畫記&摺出摺痕。

- - - ：山摺
—·— ：谷摺

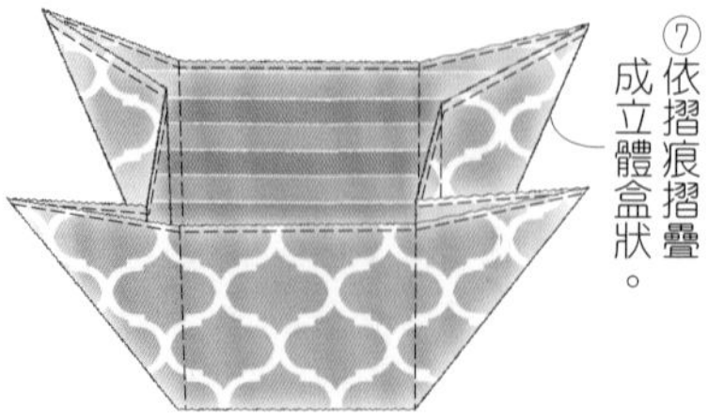

⑦依摺痕摺疊成立體盒狀。

⑧以表布製作2個包釦。

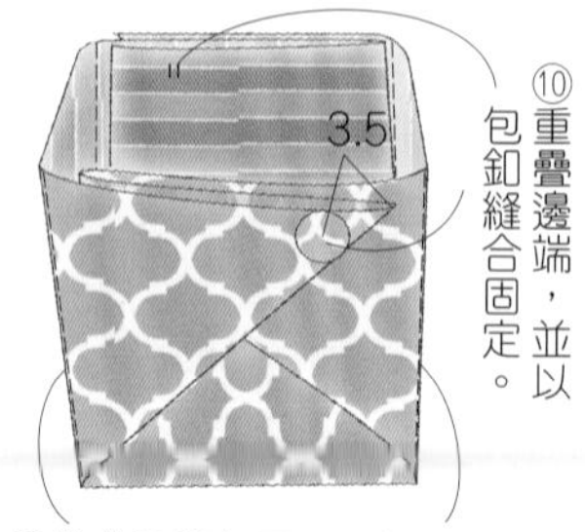

3.5
⑩重疊邊端，並以包釦縫合固定。

⑨沿著針腳如圖所示摺疊。

完成尺寸
No.10…直徑8.2×高7.3cm
No.11…直徑8.2×高5cm

原寸紙型

A面

材料 ■…No.10 ■…No.11 ■…共用

表布（平織布）60cm×25cm／**單膠鋪棉** 30cm×15cm
配布A・B（平織布）15cm×15cm

大包釦收納盒材料組
包釦 直徑8.2cm 1個
厚紙（小・直徑7.5cm）2片／**厚紙**（大・直徑8.2cm）1片
紙筒（直徑8.2cm 高7.3cm・5cm）1個

P.12_ No.10 圓頂收納盒L
P.12_ No.11 圓頂收納盒S

No.10 No.11

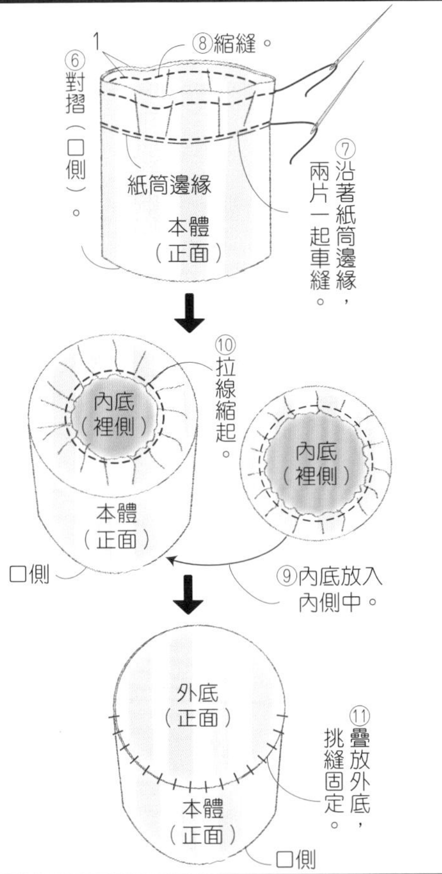

1
⑧縮縫。
⑥對摺（口側）。
⑦沿著紙筒邊緣，兩片一起車縫。
紙筒邊緣
本體（正面）
⑩拉線縮起。
內底（裡側）
內底（裡側）
本體（正面）
口側
⑨內底放入內側中。
外底（正面）
⑪疊放外底，挑縫固定。
本體（正面）
口側

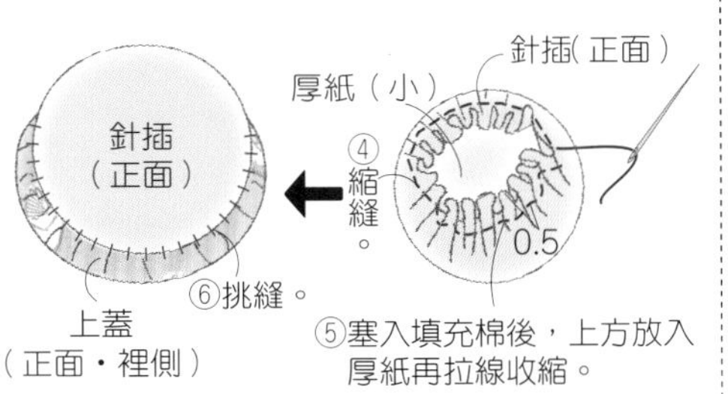

針插（正面）
厚紙（小）
針插（正面）
④縮縫。
0.5
上蓋（正面・裡側）
⑥挑縫。
⑤塞入填充棉後，上方放入厚紙再拉線收縮。

3.製作本體

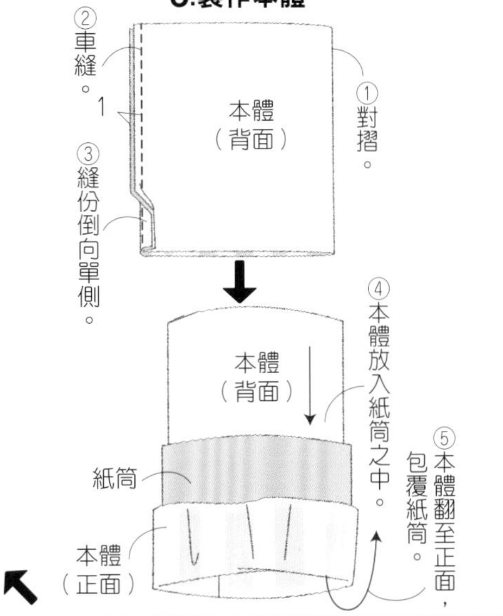

②車縫。
1
本體（背面）
①對摺。
③縫份倒向單側。
④本體放入紙筒之中。
本體（背面）
紙筒
本體（正面）
⑤本體翻至正面，包覆紙筒。

1.裁布

※本體無紙型，請依標示尺寸（已含縫份）直接裁剪。
※■…No.10・■…No.11・■…共通

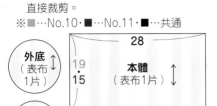

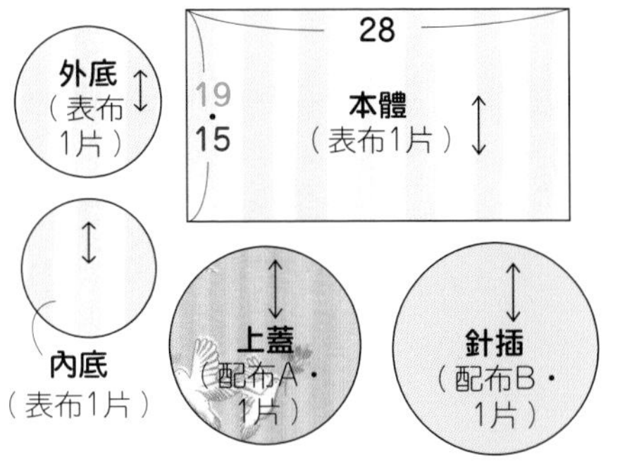

28
19
15
外底（表布1片）
本體（表布1片）
內底（表布1片）
上蓋（配布A・1片）
針插（配布B・1片）

2.製作上蓋・針插・底

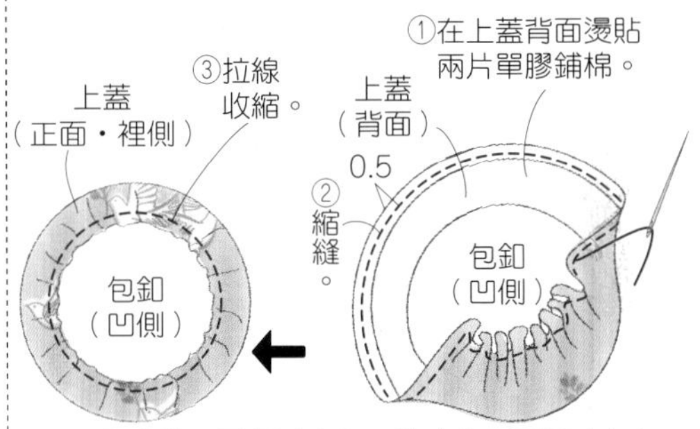

①在上蓋背面燙貼兩片單膠鋪棉。
③拉線收縮。
上蓋（正面・裡側）
上蓋（背面）
0.5
②縮縫。
包釦（凹側）
包釦（凹側）

※內底放入厚紙（小）、外底放入厚紙（大），不燙貼單膠鋪棉，以相同方式縮縫包覆。

完成尺寸
寬11×高71.5cm

原寸紙型

D面

材料

表布（防水布）80cm×40cm
四合釦 14mm 1組
押釦 13mm 1組

P.13_ No.15 P.41_ No.43 雨傘套

No.15 No.43

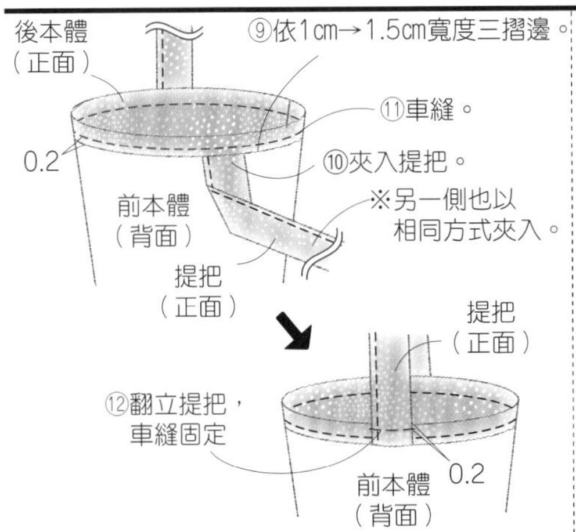

後本體（正面）
⑨依1cm→1.5cm寬度三摺邊。
⑪車縫。
0.2
⑩夾入提把。
前本體（背面）
※另一側也以相同方式夾入。
提把（正面）
提把（正面）
⑫翻立提把，車縫固定
前本體（背面）
0.2

3.安裝鈕釦

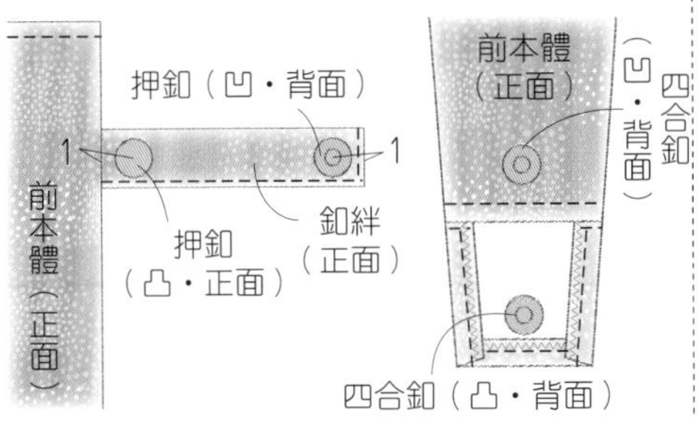

押釦（凹・背面）
1
1
前本體（正面）
押釦（凸・正面）
釦絆（正面）
前本體（正面）
四合釦（凹・背面）
四合釦（凸・背面）

2.製作本體

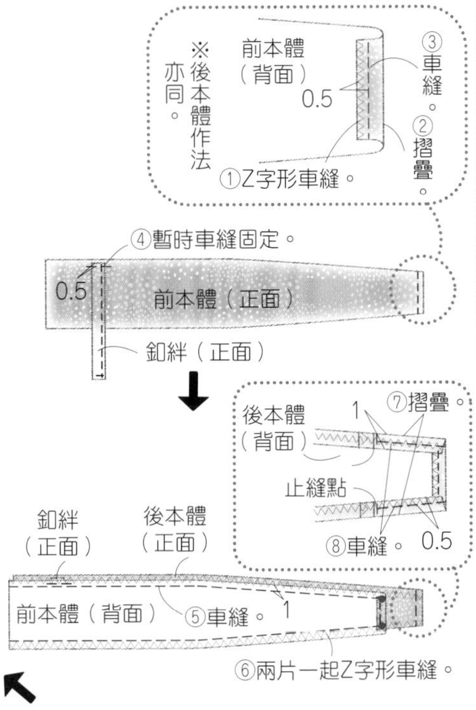

※後本體作法亦同。
前本體（背面）
0.5
③車縫。
②摺疊。
①Z字形車縫。
④暫時車縫固定。
0.5
前本體（正面）
釦絆（正面）
後本體（背面）
1
⑦摺疊。
止縫點
⑧車縫。
0.5
釦絆（正面）
後本體（正面）
前本體（背面）
⑤車縫。
1
⑥兩片一起Z字形車縫。

裁布圖

※提把・釦絆無紙型，請依標示尺寸（已含縫份）直接裁剪。

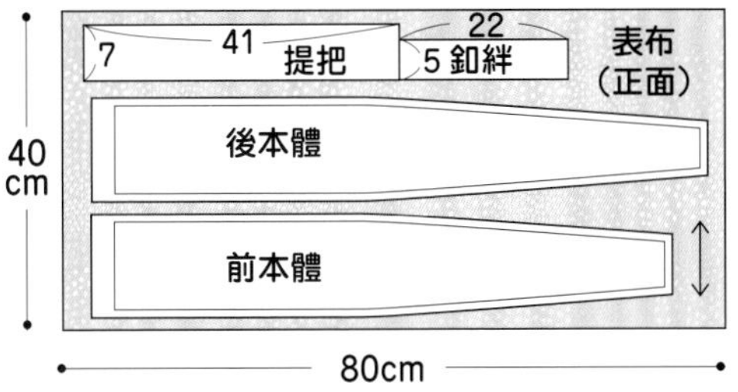

7
41
提把
22
5 釦絆
表布（正面）
40cm
後本體
前本體
80cm

1.製作釦絆・提把

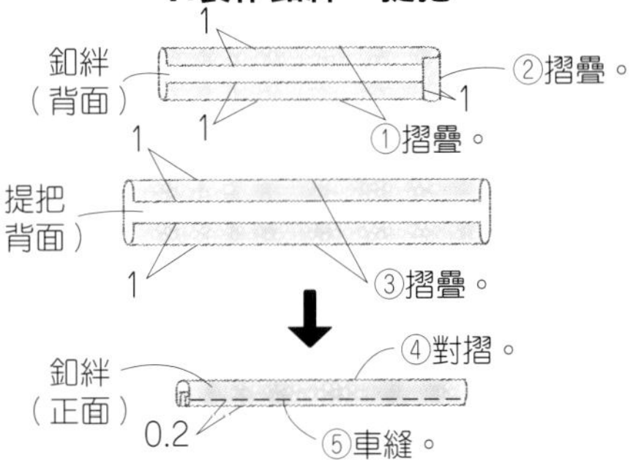

1
釦絆（背面）
②摺疊。
1
1
①摺疊。
1
提把（背面）
1
③摺疊。
釦絆（正面）
④對摺。
0.2
⑤車縫。

※提把作法亦同。

完成尺寸

直徑約8.5cm

原寸紙型

C面

材料

表布（平織布）30cm×20cm／**鋪棉** 30cm×15cm
配布（平織布）40cm×25cm／**尼龍拉鍊** 20cm 1條
圓繩 粗0.3cm 40cm／**D型環** 12mm 1個
包釦 8cm 2個／**鬆緊帶** 寬1cm 10cm
厚紙 30cm×15cm／**繩釦** 1個

P.13_ No.13

大馬卡龍收納盒

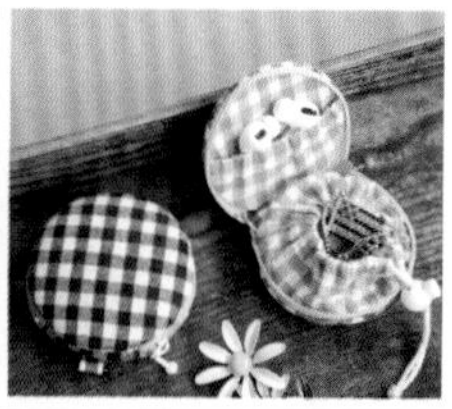

裁布圖

※束口・吊耳・中央布無紙型，請依標示尺寸（已含縫份）直接裁剪。

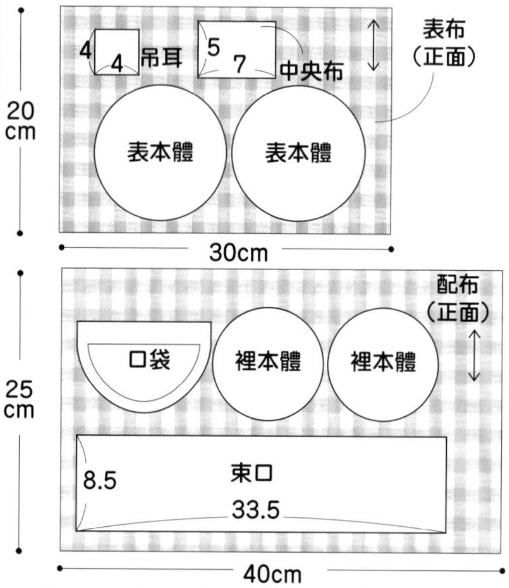

表布
（正面）
4
4
吊耳
5
7
中央布
表本體
表本體
20cm
30cm
配布
（正面）
口袋
裡本體
裡本體
25cm
8.5
束口
33.5
40cm

1.接縫束口

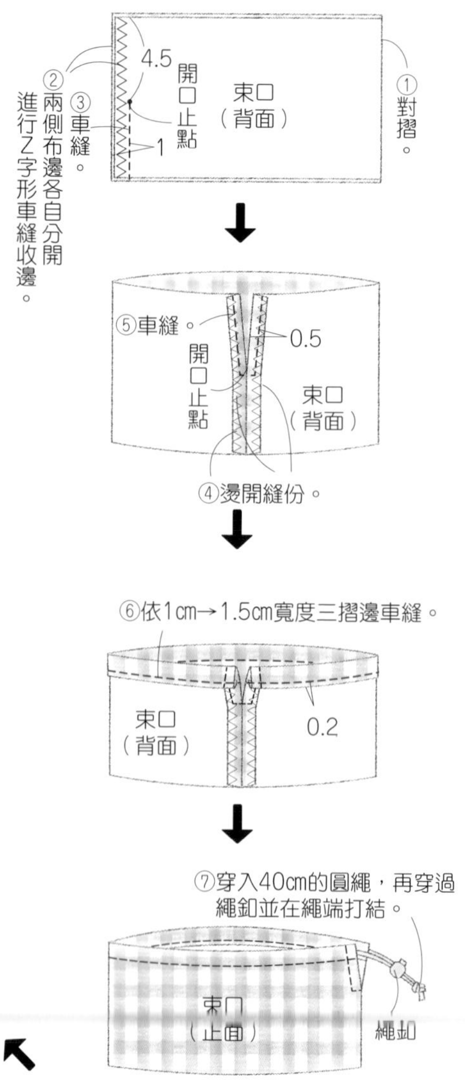

①對摺。
②兩側布邊各自分開進行Z字形車縫收邊。
③車縫。
4.5
開口止點
1
束口
（背面）
⑤車縫。
0.5
開口止點
束口
（背面）
④燙開縫份。
⑥依1cm→1.5cm寬度三摺邊車縫。
束口
（背面）
0.2
⑦穿入40cm的圓繩，再穿過繩釦並在繩端打結。
束口
（正面）
繩釦

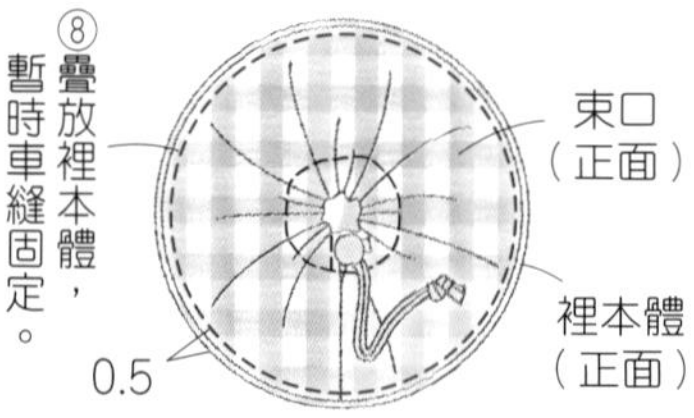

⑧疊放裡本體，暫時車縫固定。
束口
（正面）
裡本體
（正面）
0.5

2.接縫口袋

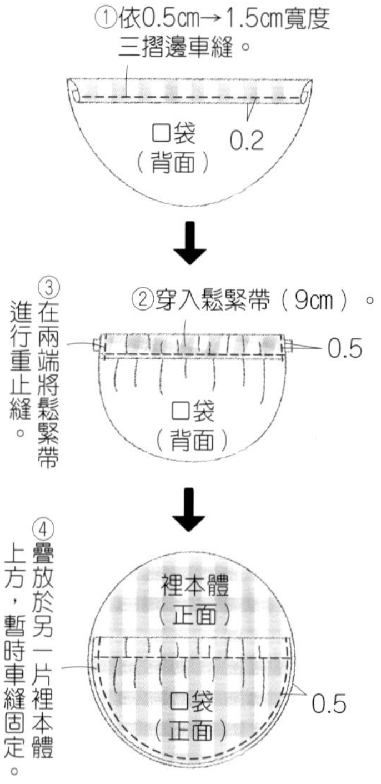

①依0.5cm→1.5cm寬度三摺邊車縫。
口袋
（背面）
0.2
②穿入鬆緊帶（9cm）。
③在兩端將鬆緊帶進行重止縫。
0.5
口袋
（背面）
④疊放於另一片裡本體上方，暫時車縫固定。
裡本體
（正面）
口袋
（正面）
0.5

3.接縫拉鍊＆中央布

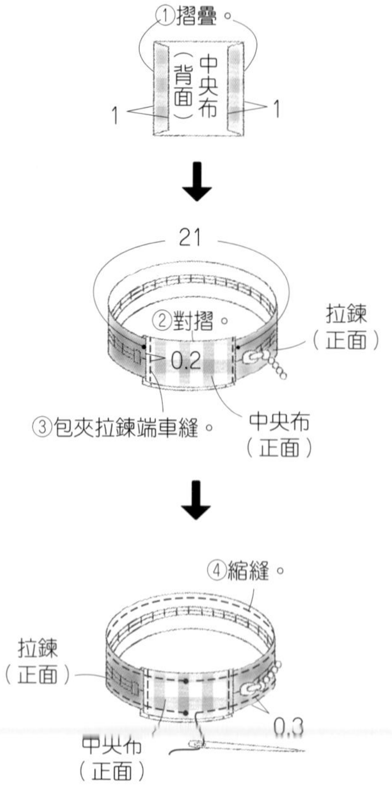

①摺疊。
中央布
（背面）
1
1
21
②對摺。
拉鍊
（正面）
0.2
③包夾拉鍊端車縫。
中央布
（正面）
④縮縫。
拉鍊
（正面）
0.3
中央布
（正面）

4.製作吊耳

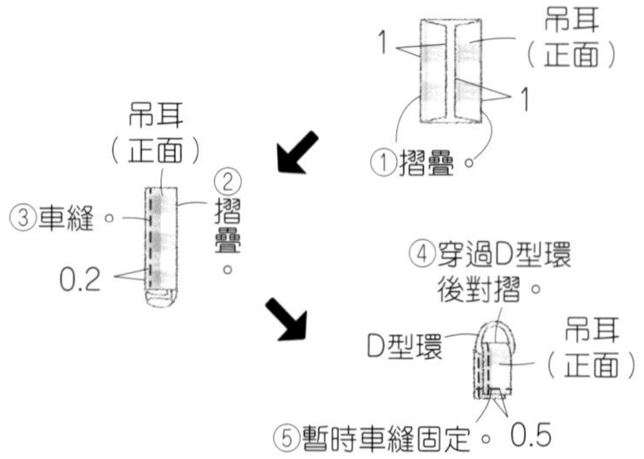

1
吊耳
（正面）
1
①摺疊。
吊耳
（正面）
③車縫。
②摺疊。
0.2
④穿過D型環後對摺。
D型環
吊耳
（正面）
⑤暫時車縫固定。
0.5

5.製作本體

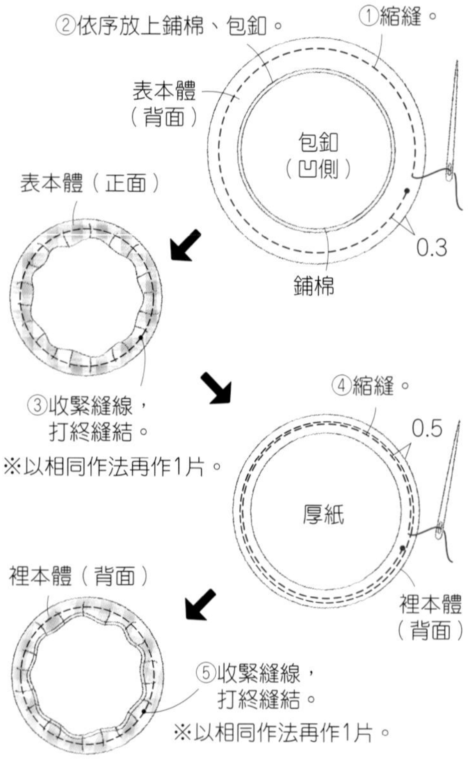

②依序放上鋪棉、包釦。
①縮縫。
表本體
（背面）
包釦
（凹側）
0.3
鋪棉
表本體（正面）
③收緊縫線，打終縫結。
※以相同作法再作1片。
④縮縫。
0.5
厚紙
裡本體
（背面）
裡本體（背面）
⑤收緊縫線，打終縫結。
※以相同作法再作1片。

6.完成！

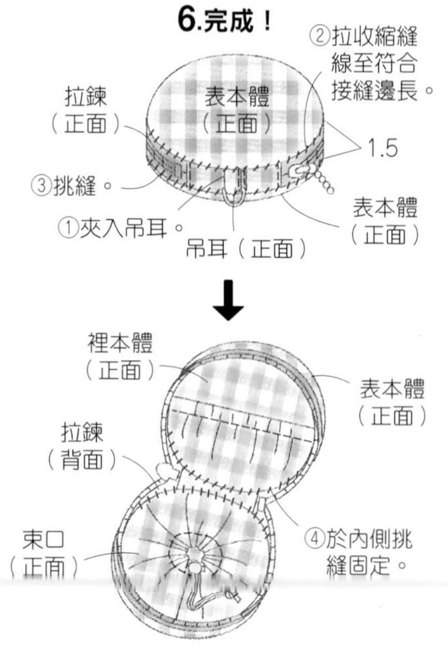

②拉收縮縫線至符合接縫邊長。
拉鍊
（正面）
表本體
（正面）
1.5
③挑縫。
表本體
（正面）
①夾入吊耳。
吊耳（正面）
裡本體
（正面）
表本體
（正面）
拉鍊
（背面）
束口
（正面）
④於內側挑縫固定。

完成尺寸

直徑16×高24（19）cm

原寸紙型

C面

材料

表布（棉牛津布）100cm×35cm

裡布（平織布）80cm×40cm

接著襯（厚）20cm×20cm／**圓繩** 粗0.6cm 60cm

開口拉鍊 50cm 1條

P.13_ No.14 伸縮束口包

裁布圖

※除了表・裡底之外皆無原寸紙型，請依標示尺寸（已含縫份）直接裁剪。

※▭處於背面燙貼接著襯。

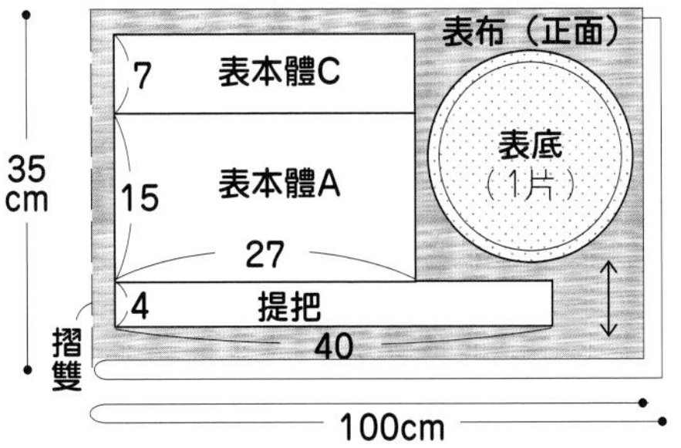

表布（正面）
7
表本體C
15
表本體A
27
4
提把
40
表底
（1片）
35cm
摺雙
100cm

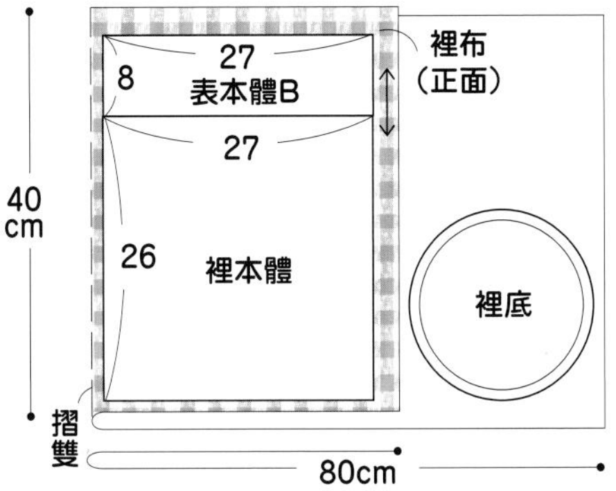

裡布
（正面）
27
8
表本體B
27
26
裡本體
裡底
40cm
摺雙
80cm

1.製作裡本體

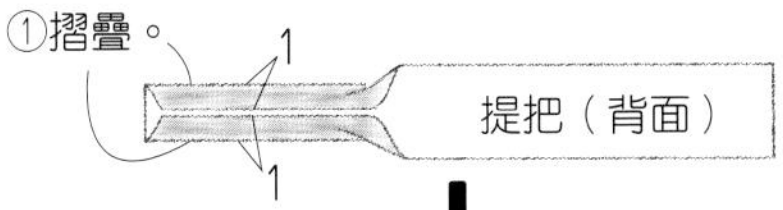

①摺疊。
1
1
提把（背面）

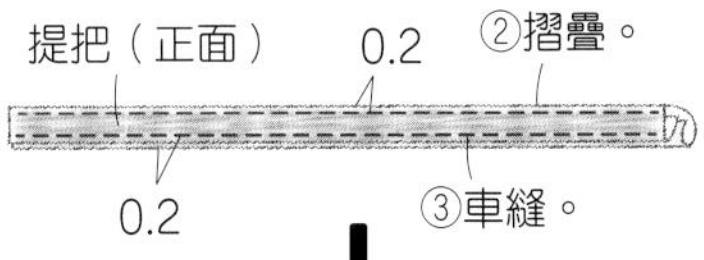

提把（正面）
0.2
②摺疊。
0.2
③車縫。

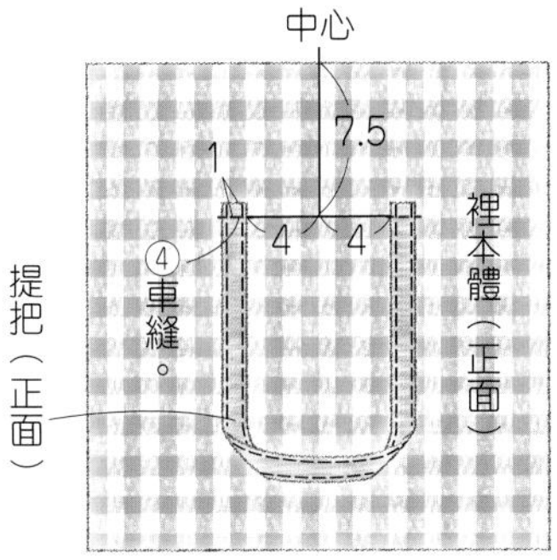

中心
7.5
1
4
4
④車縫。
提把（正面）
裡本體（正面）

※以相同作法將另一片裡本體也縫上提把。

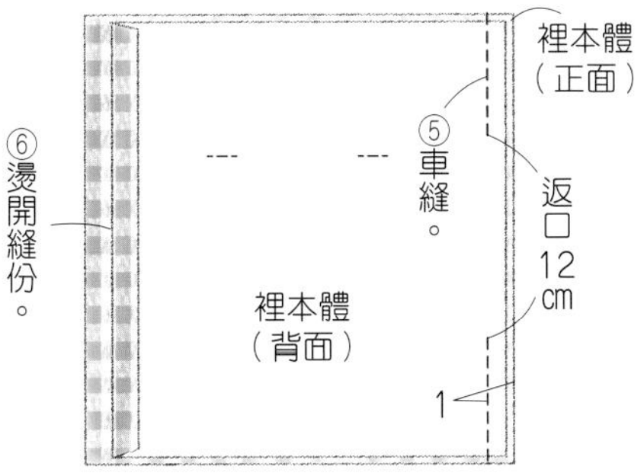

裡本體（正面）
⑤車縫。
返口12cm
⑥燙開縫份。
裡本體（背面）
1

2.製作表本體

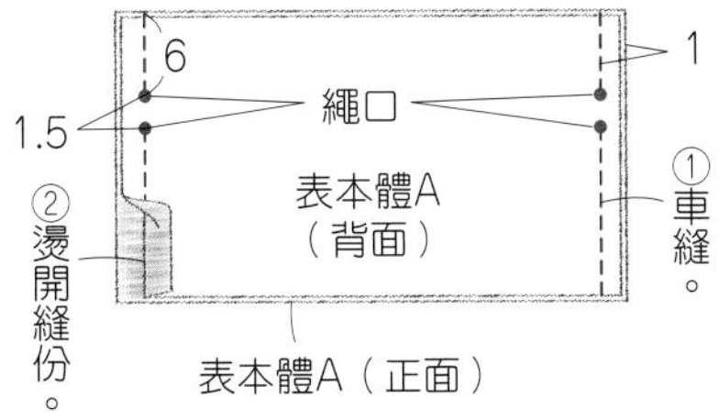

6
1.5
繩口
1
①車縫。
②燙開縫份。
表本體A（背面）
表本體A（正面）

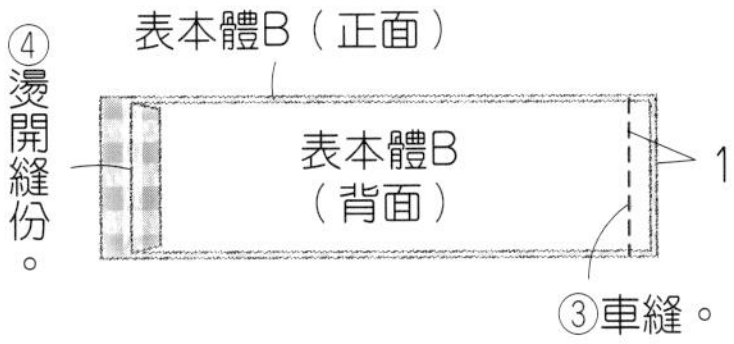

表本體B（正面）
④燙開縫份。
表本體B（背面）
1
③車縫。

※表本體C作法亦同。

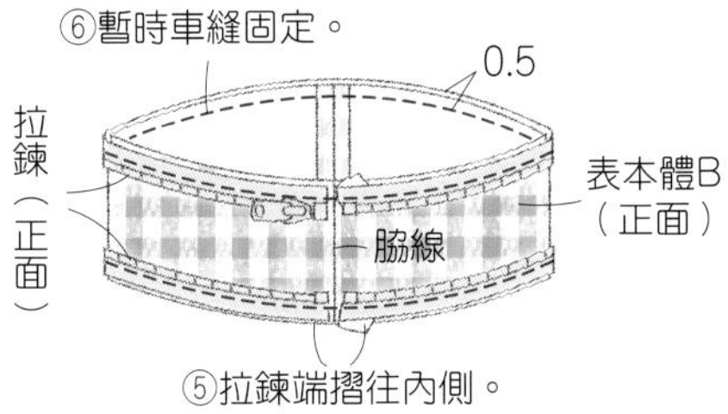

⑥暫時車縫固定。
0.5
拉鍊（正面）
脇線
表本體B（正面）
⑤拉鍊端摺往內側。

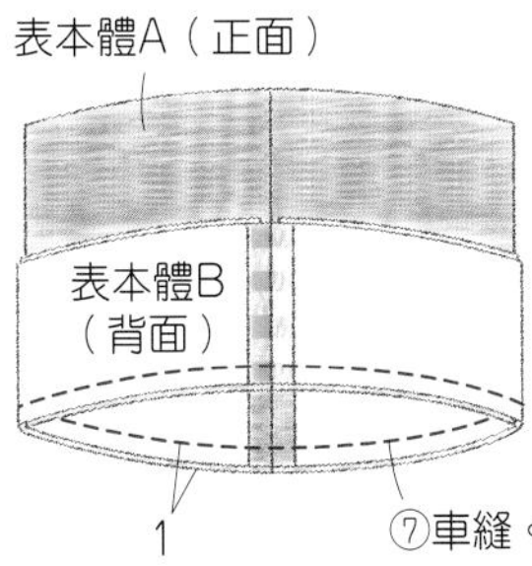

表本體A（正面）
表本體B（背面）
1
⑦車縫。

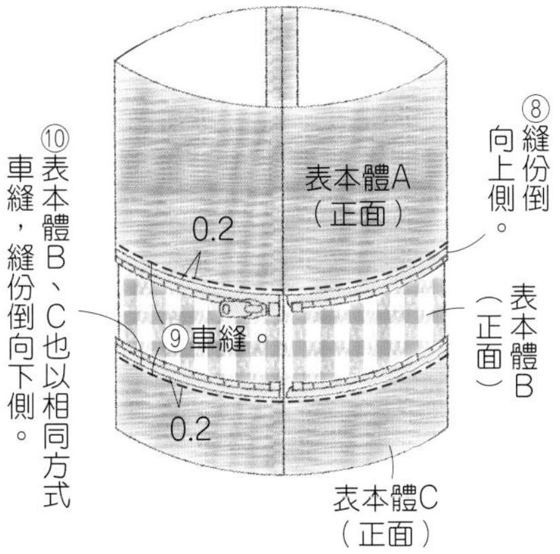

⑩表本體B、C也以相同方式車縫，縫份倒向下側。
表本體A（正面）
⑧縫份倒向上側。
0.2
⑨車縫。
0.2
表本體B（正面）
表本體C（正面）

3.接縫底部

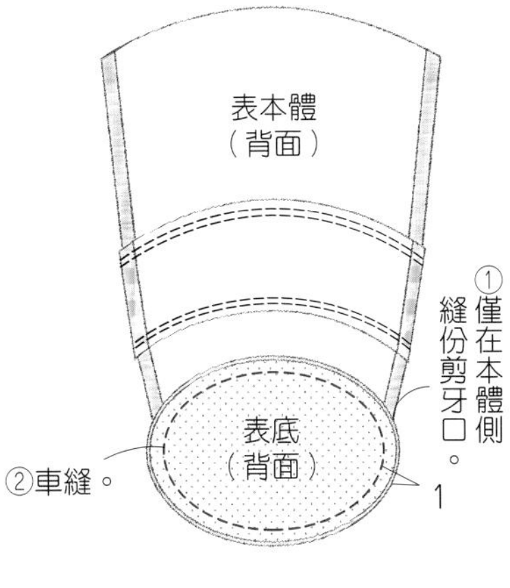

表本體（背面）
①僅在本體側縫份剪牙口。
表底（背面）
②車縫。
1

※裡本體＆裡底作法亦同。

4.套疊表本體＆裡本體

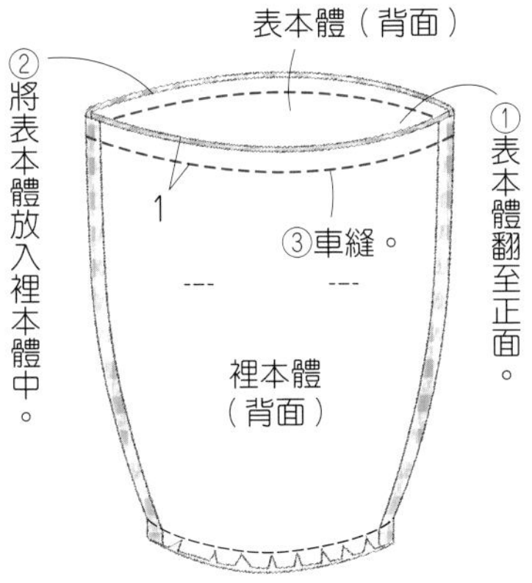

表本體（背面）
②將表本體放入裡本體中。
①表本體翻至正面。
1
③車縫。
裡本體（背面）

束口繩穿法

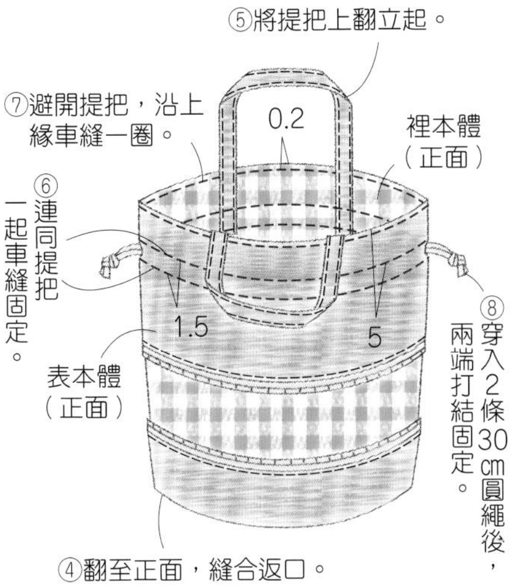

⑤將提把上翻立起。
⑦避開提把，沿上緣車縫一圈。
0.2
裡本體（正面）
⑥連同提把一起車縫固定。
1.5
5
⑧穿入2條30cm圓繩後，兩端打結固定。
表本體（正面）
④翻至正面，縫合返口。

完成尺寸

寬12×高16×側身2cm

原寸紙型

無

材料

表布（防水布））65cm×30cm

裡布（棉布）35cm×25cm／**附吊環彈片口金** 11cm 1個

FLATKNIT拉鍊 14cm 1條

含問號勾皮革提把 1條／**濕紙巾蓋** 1個

P.13_ No.16

萬用波奇包

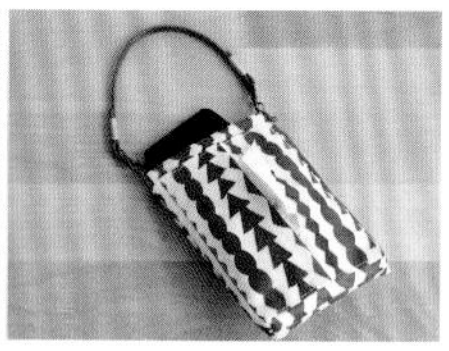

裁布圖

※標示尺寸已含縫份。

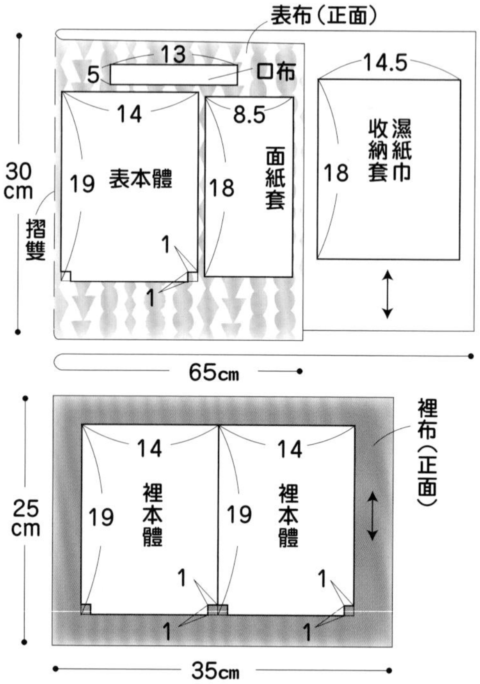

表布（正面）
13
5
口布
14.5
14
8.5
30cm
19
表本體
18
面紙套
18
收納套
濕紙巾
摺雙
1
1
65cm
裡布（正面）
14
14
25cm
19
裡本體
19
裡本體
1
1
1
1
35cm

1.接縫面紙套

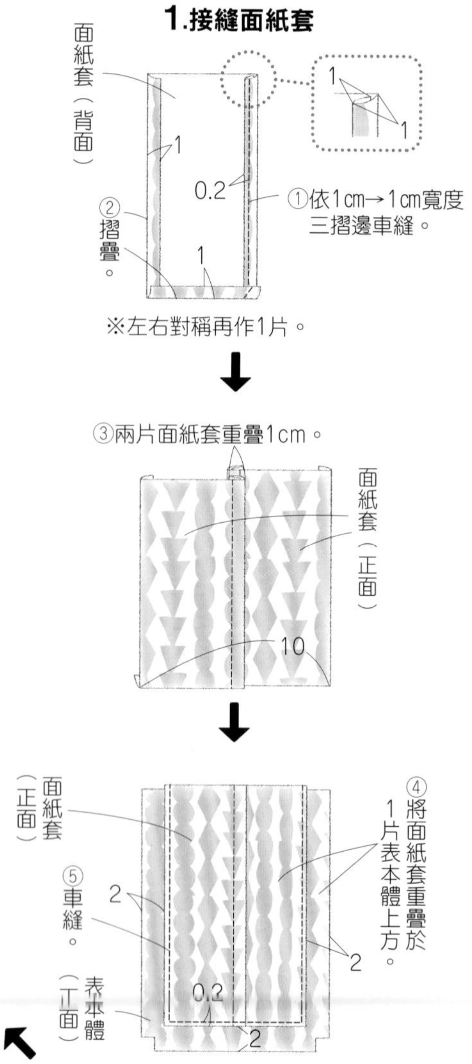

面紙套（背面）
1
1
1
0.2
①依1cm→1cm寬度三摺邊車縫。
②摺疊。
1
※左右對稱再作1片。
③兩片面紙套重疊1cm。
面紙套（正面）
10
面紙套（正面）
④將面紙套重疊於1片表本體上方。
⑤車縫。
2
2
表本體（正面）
0.2
2

2.接縫濕紙巾收納套

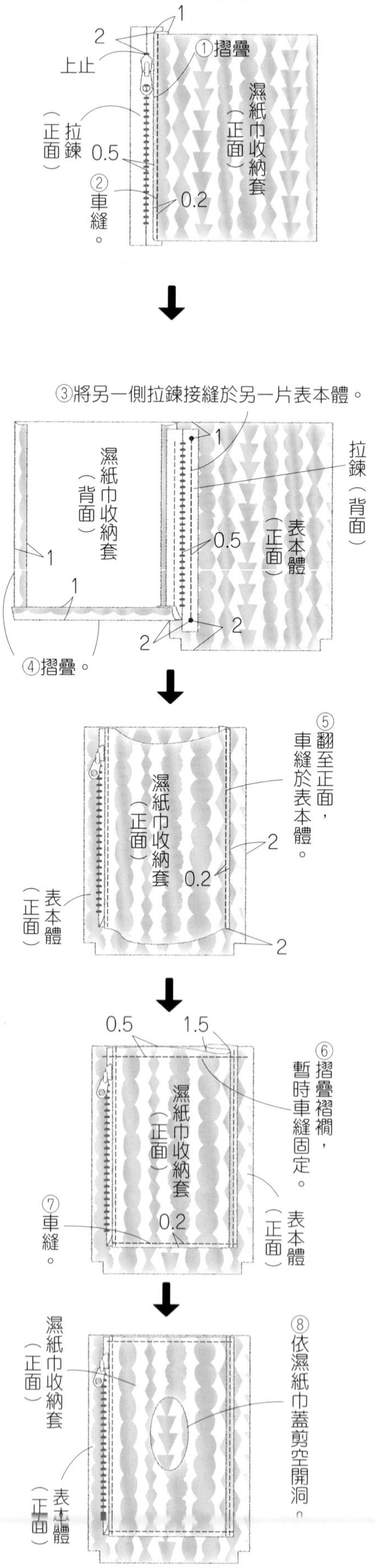

1
2
上止
①摺疊
拉鍊（正面）
0.5
濕紙巾收納套（正面）
②車縫。
0.2
③將另一側拉鍊接縫於另一片表本體。
1
拉鍊（背面）
濕紙巾收納套（背面）
表本體（正面）
0.5
1
1
2
2
④摺疊。
⑤翻至正面，車縫於表本體。
濕紙巾收納套（正面）
2
0.2
表本體（正面）
2
0.5
1.5
⑥摺疊褶襉，暫時車縫固定。
濕紙巾收納套（正面）
0.2
⑦車縫。
表本體（正面）
⑧依濕紙巾蓋剪空開洞。
濕紙巾收納套（正面）
表本體（正面）

3.製作表本體＆裡本體

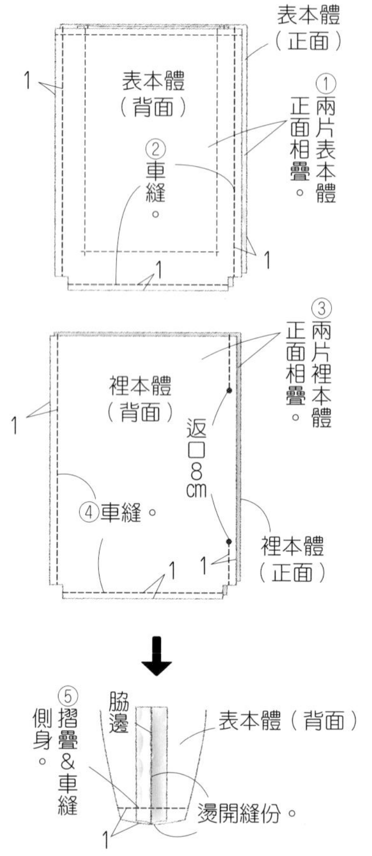

表本體（正面）
1
表本體（背面）
①兩片表本體正面相疊。
②車縫。
1
1
③兩片裡本體正面相疊。
裡本體（背面）
1
返口8cm
④車縫。
裡本體（正面）
1
1
⑤摺疊＆車縫側身。
脇邊
表本體（背面）
燙開縫份。
1

※另一側＆裡本體作法亦同。

4.套疊表本體＆裡本體

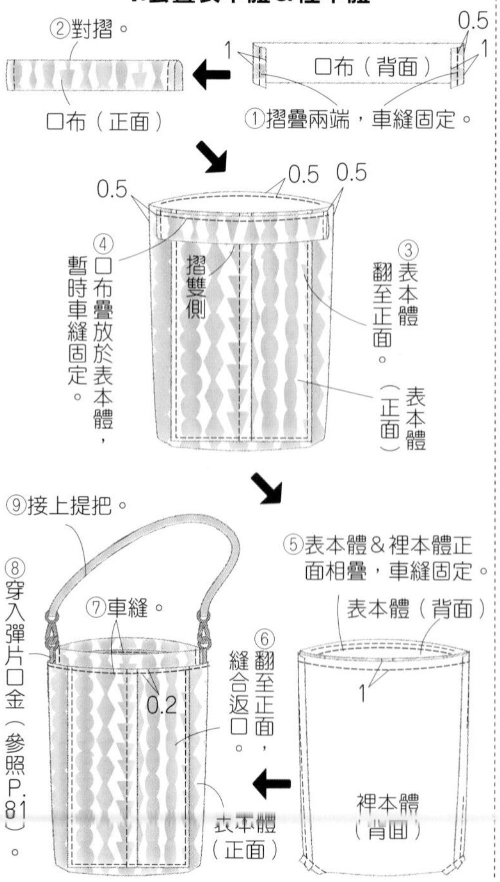

②對摺。
0.5
1
口布（背面）
1
口布（正面）
①摺疊兩端，車縫固定。
0.5
0.5
0.5
④口布疊放於表本體，暫時車縫固定。
摺雙側
③表本體翻至正面。
表本體（正面）
⑨接上提把。
⑤表本體＆裡本體正面相疊，車縫固定。
⑧穿入彈片口金（參照P.81）。
⑦車縫。
0.2
⑥翻至正面，縫合返口。
表本體（正面）
表本體（背面）
1
裡本體（背面）

完成尺寸

寬37cm×高 39.5cm
（不含提把）

原寸紙型

無

材料

表布（尼龍布）110cm×90cm
魔鬼氈 寬2cm 10cm

P.14_ No. 17 摺疊環保袋

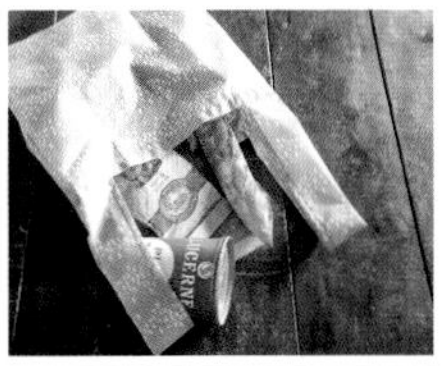

裁布圖

※標示尺寸已含縫份。

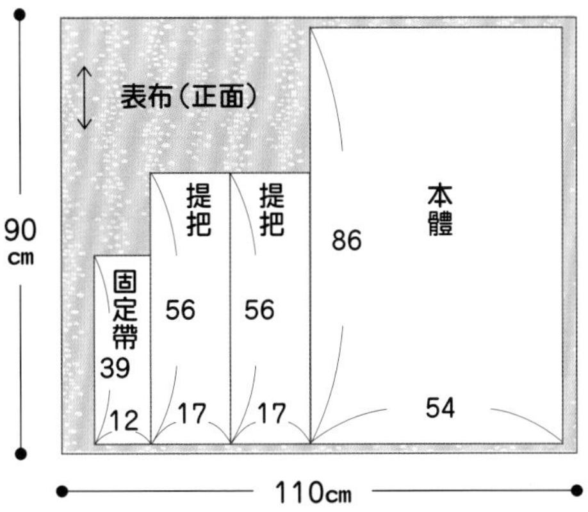

表布（正面）
90cm
110cm
固定帶
39
12
提把
56
17
提把
56
17
本體
86
54

1.製作提把＆固定帶

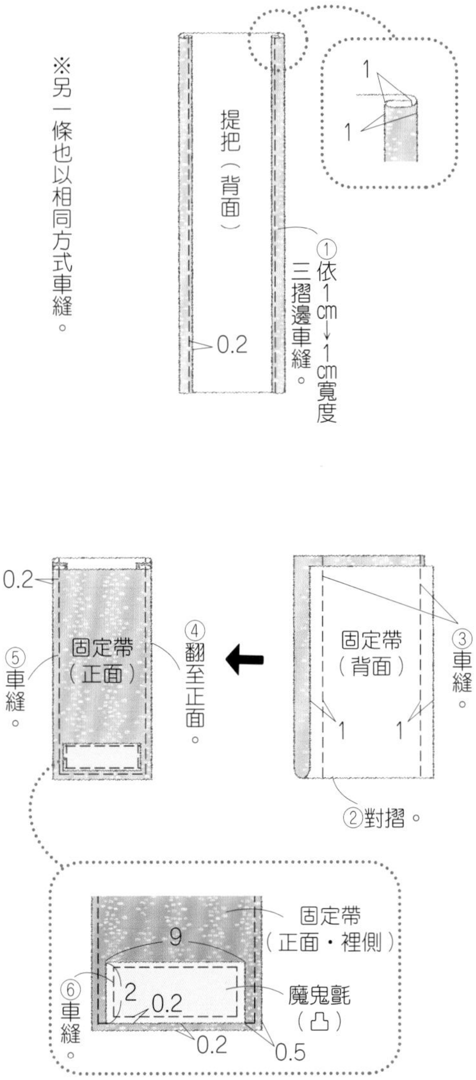

※另一條也以相同方式車縫。
提把（背面）
①依1cm→1cm寬度三摺邊車縫。
0.2
1
1
固定帶（背面）
②對摺。
③車縫。
固定帶（正面）
④翻至正面。
⑤車縫。
0.2
固定帶（正面・裡側）
9
2
0.2
魔鬼氈（凸）
⑥車縫。
0.5

2.接縫提把＆固定帶

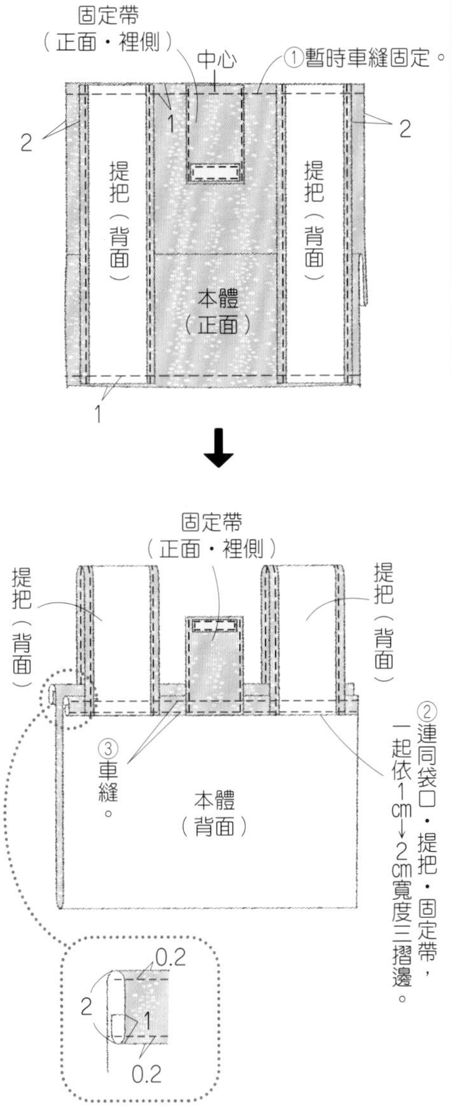

固定帶（正面・裡側）
中心
①暫時車縫固定。
2
1
提把（背面）
本體（正面）
1
固定帶（正面・裡側）
提把（背面）
③車縫。
本體（背面）
②連同袋口・提把・固定帶，一起依1cm→2cm寬度三摺邊。
0.2
2
1
0.2

3.車縫本體

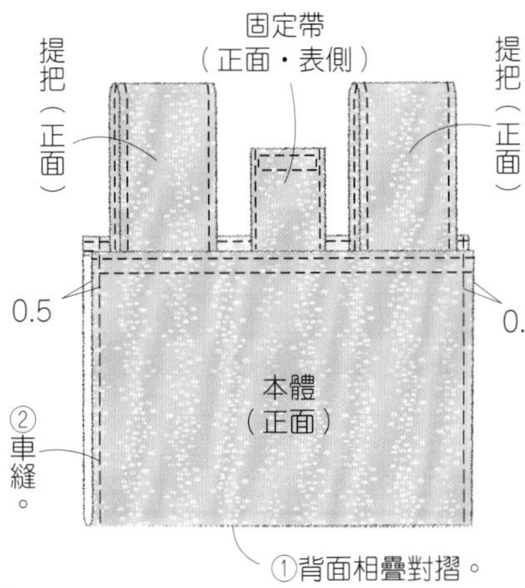

固定帶（正面・表側）
提把（正面）
0.5
本體（正面）
②車縫。
①背面相疊對摺。

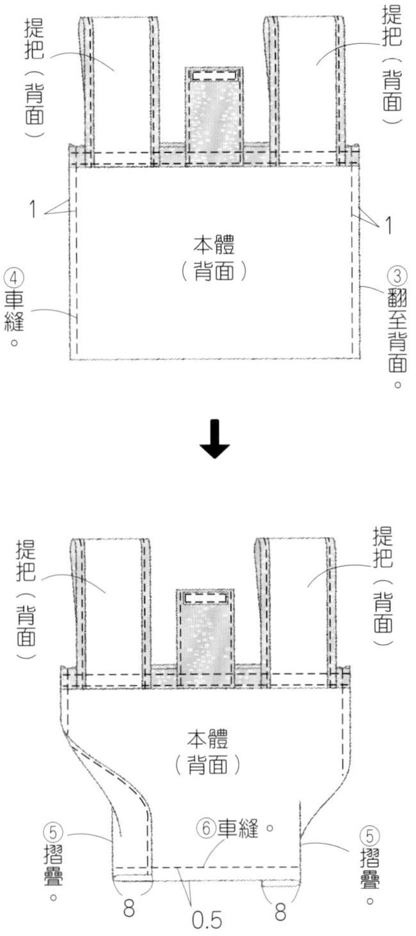

提把（背面）
1
本體（背面）
④車縫。
③翻至背面。
⑤摺疊。
⑥車縫。
8
0.5

4.完成！

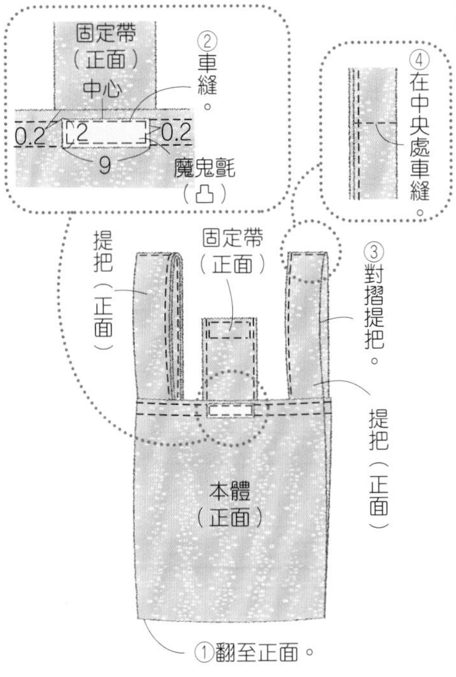

固定帶（正面）
中心
②車縫。
0.2
2
9
魔鬼氈（凸）
④在中央處車縫。
提把（正面）
固定帶（正面）
③對摺提把。
本體（正面）
①翻至正面。

完成尺寸

寬39×高26×側身15cm
（不含提把）

原寸紙型

無

材料

表布（尼龍布）110cm×50cm
鋪棉 25cm×15cm
鬆緊帶 寬1cm 15cm
棉織帶 寬2.5cm 150cm

P.14_ No.18

摺疊環保托特包

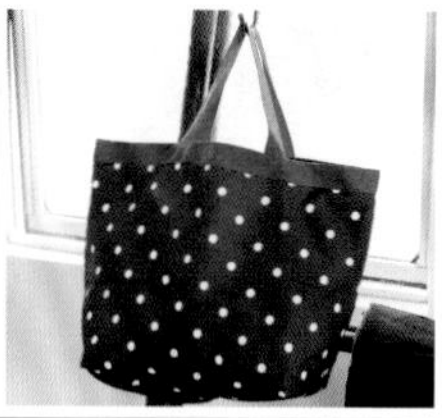

裁布圖

※標示尺寸已含縫份。

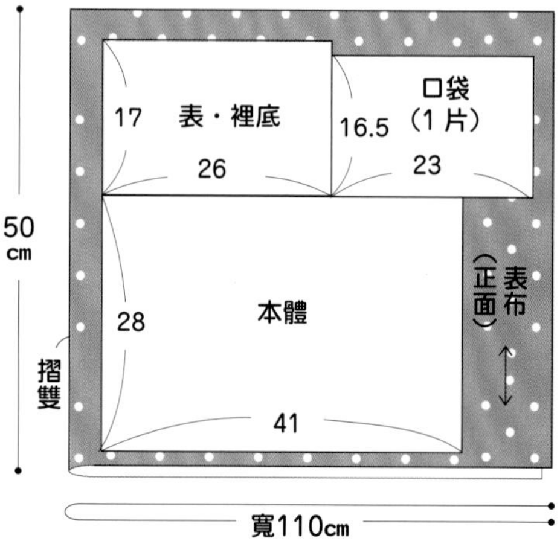

17
表・裡底
26
口袋
（1片）
16.5
23
50cm
28
本體
表布
（正面）
41
摺雙
寬110cm

1.製作包底

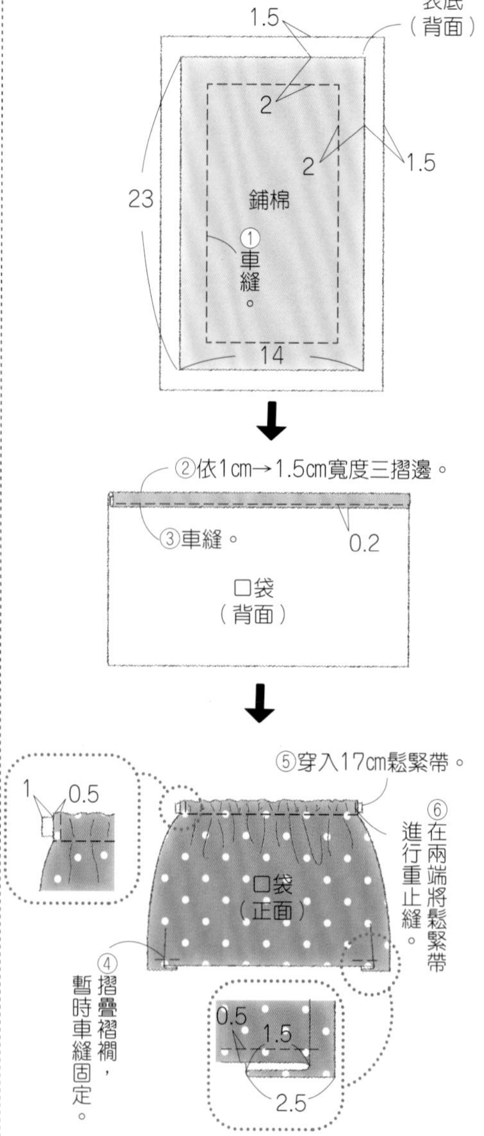

表底
（背面）
1.5
2
2
1.5
23
鋪棉
①車縫。
14
②依1cm→1.5cm寬度三摺邊。
③車縫。
0.2
口袋
（背面）
⑤穿入17cm鬆緊帶。
1
0.5
⑥在兩端將鬆緊帶進行重止縫。
口袋
（正面）
④摺疊褶襇，暫時車縫固定。
0.5
1.5
2.5

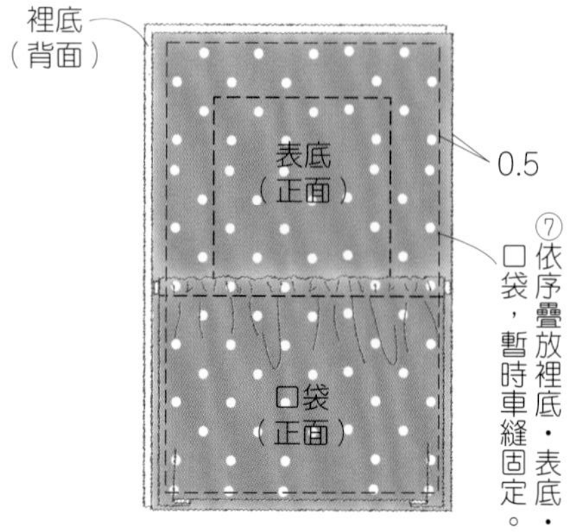

裡底
（背面）
表底
（正面）
0.5
⑦依序疊放裡底・表底・口袋，暫時車縫固定。
口袋
（正面）

2.製作本體

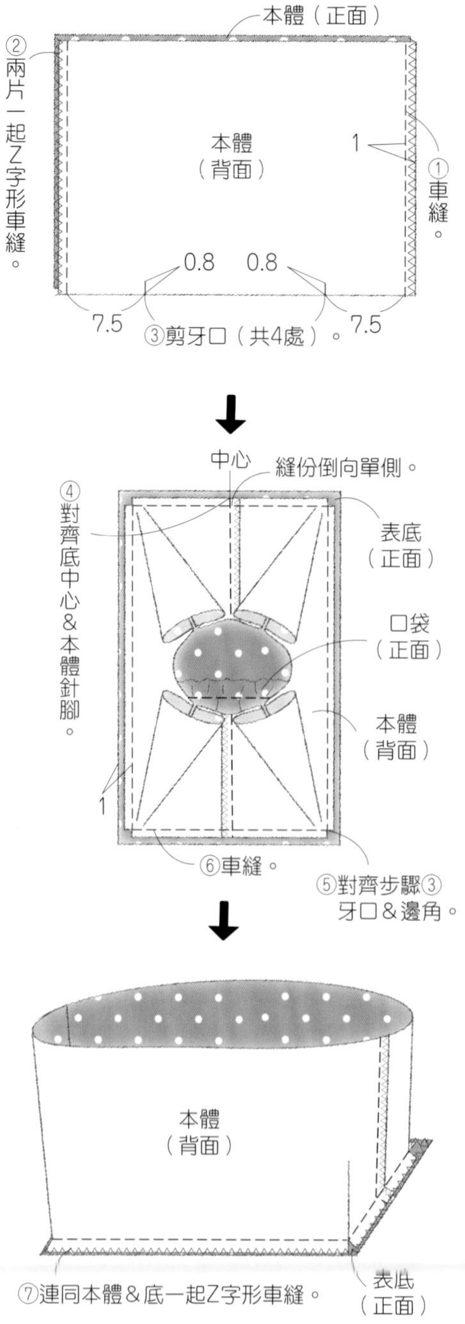

本體（正面）
②兩片一起Z字形車縫。
本體
（背面）
1
①車縫。
0.8
0.8
7.5
③剪牙口（共4處）。
7.5
中心
縫份倒向單側。
④對齊底中心&本體針腳。
表底
（正面）
口袋
（正面）
本體
（背面）
1
⑥車縫。
⑤對齊步驟③牙口&邊角。
本體
（背面）
⑦連同本體&底一起Z字形車縫。
表底
（正面）

3.接縫織帶

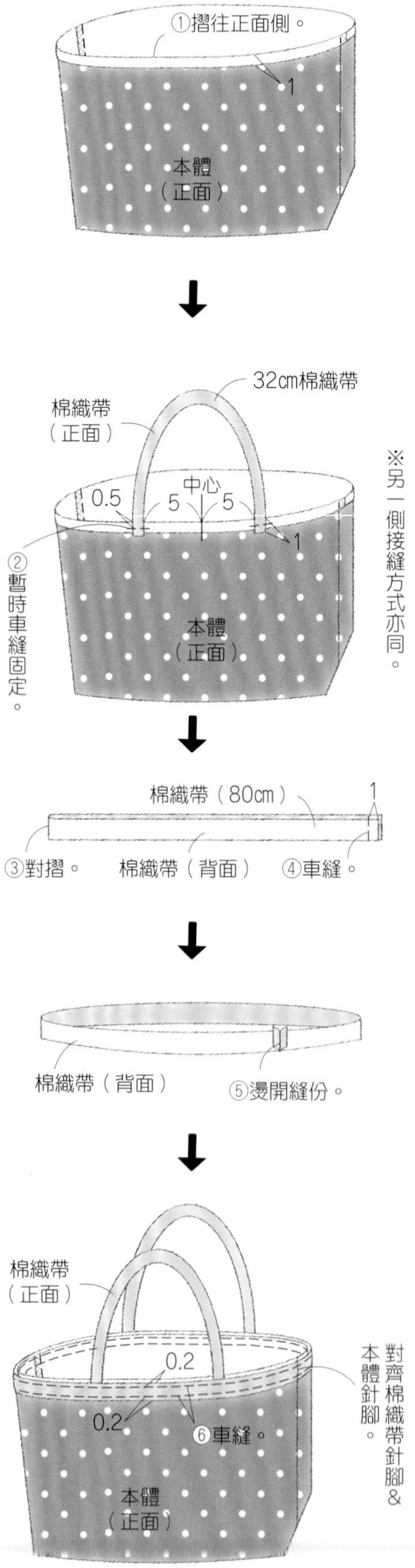

①摺往正面側。
1
本體
（正面）
32cm棉織帶
棉織帶
（正面）
0.5
中心
5
5
1
②暫時車縫固定。
本體
（正面）
※另一側接縫方式亦同。
棉織帶（80cm）
1
③對摺。
棉織帶（背面）
④車縫。
棉織帶（背面）
⑤燙開縫份。
棉織帶
（正面）
0.2
0.2
⑥車縫。
對齊棉織帶針腳&本體針腳。
本體
（正面）

完成尺寸

寬15×高20×側身14cm

原寸紙型

無

材料

表布（棉牛津布）40cm×65cm
裡布（棉牛津布）40cm×80cm
接著襯（厚）40cm×65cm／**厚紙** 20cm×20cm
磁釦（手縫式）14mm 1組
雙腳式腳釘 10mm 4組／**壓紋皮片** 1片
壓紋加工提把 40cm 1組／**螺絲鉚釘** 8mm 8組

P.15_ No. 20

手提鞦韆包

裁布圖

※標示尺寸已含縫份。
※▭處於背面燙貼接著襯。

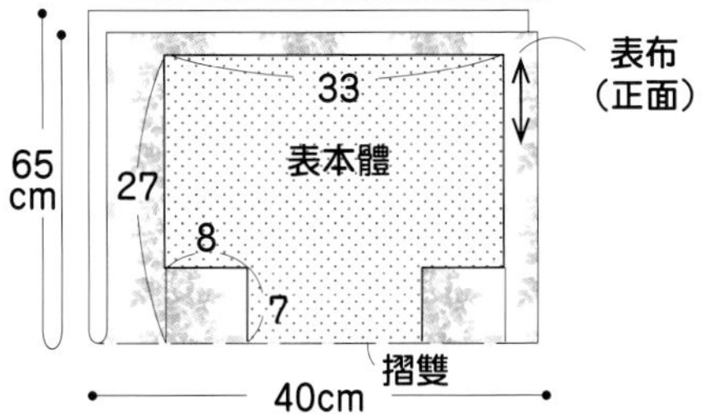

表布
（正面）
33
表本體
65
cm
27
8
7
摺雙
40cm

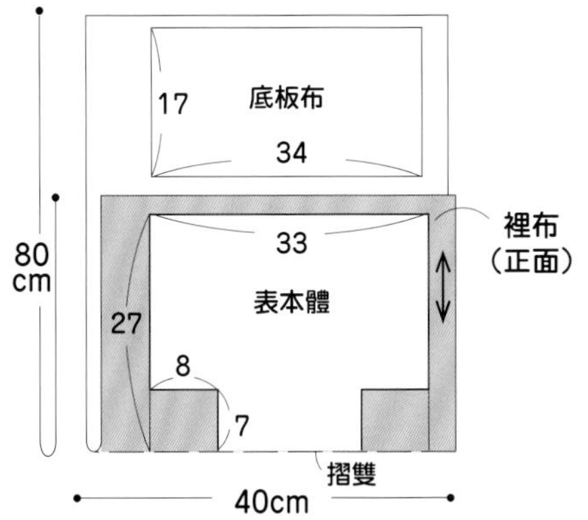

17
底板布
34
裡布
（正面）
33
表本體
80
cm
27
8
7
摺雙
40cm

1.製作本體

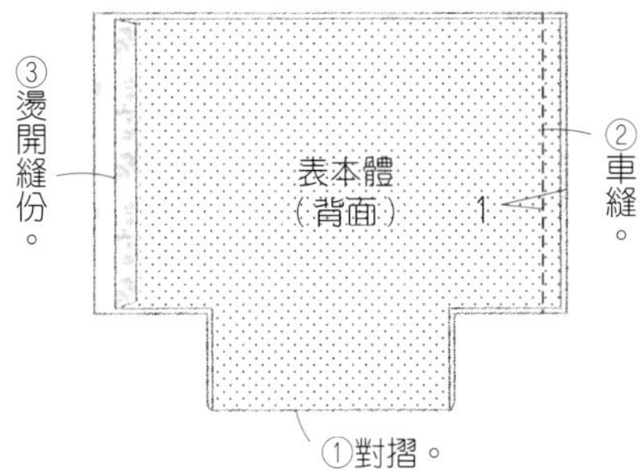

③燙開縫份。
表本體
（背面）
1
②車縫。
①對摺。

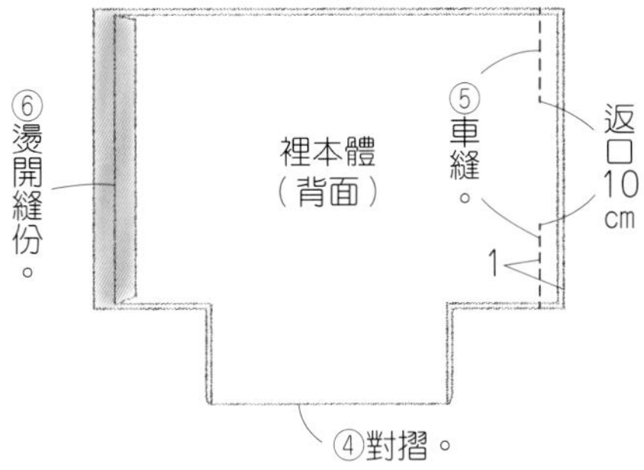

⑥燙開縫份。
裡本體
（背面）
⑤車縫。
返口10cm
1
④對摺。

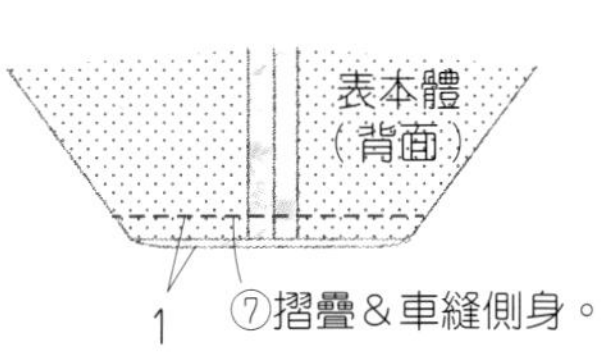

表本體
（背面）
1
⑦摺疊＆車縫側身。

※另一邊側身＆裡本體側身作法亦同。

2.套疊表本體＆裡本體

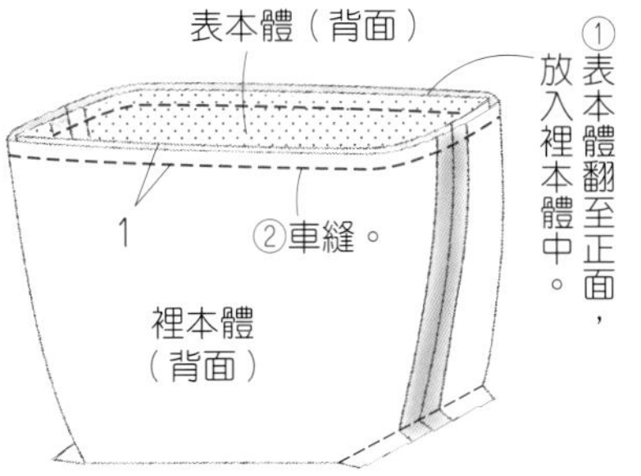

表本體（背面）
①表本體翻至正面，放入裡本體中。
1
②車縫。
裡本體
（背面）

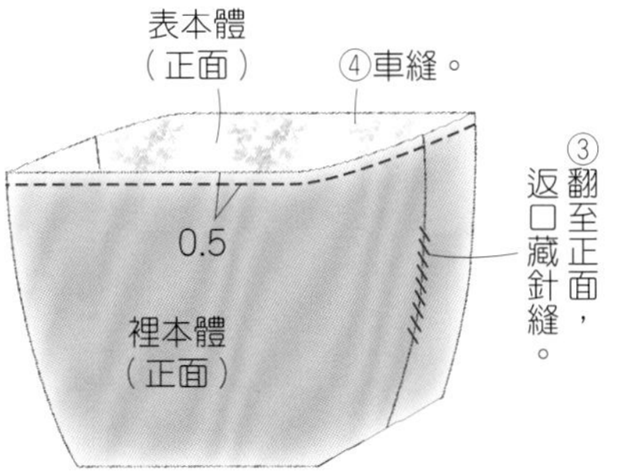

表本體
（正面）
④車縫。
③翻至正面，返口藏針縫。
0.5
裡本體
（正面）

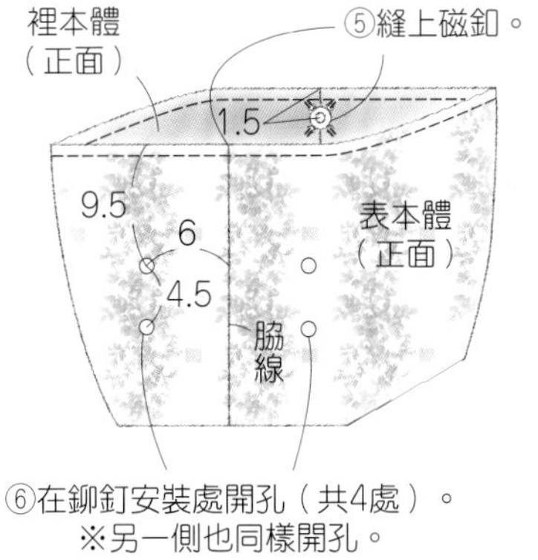

裡本體
（正面）
⑤縫上磁釦。
1.5
9.5
6
4.5
表本體
（正面）
脇線
⑥在鉚釘安裝處開孔（共4處）。
※另一側也同樣開孔。

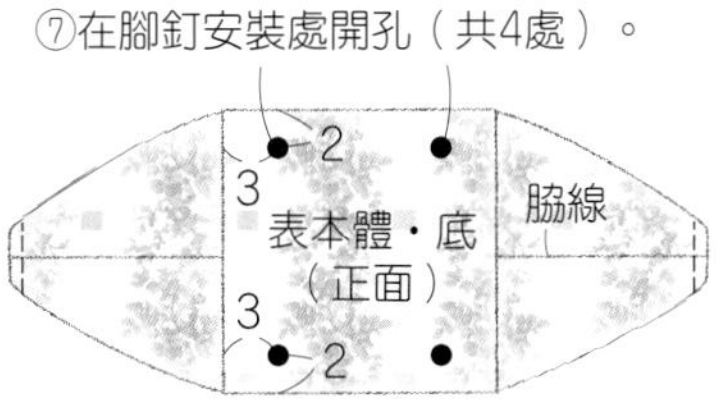

⑦在腳釘安裝處開孔（共4處）。
2
3
表本體・底
（正面）
脇線
3
2

3.製作底板

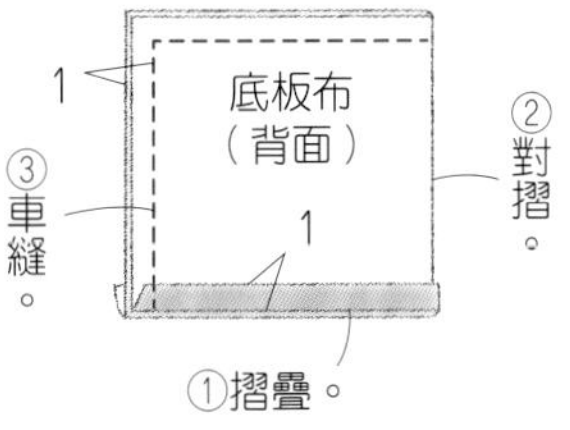

1
底板布
（背面）
②對摺。
③車縫。
1
①摺疊。

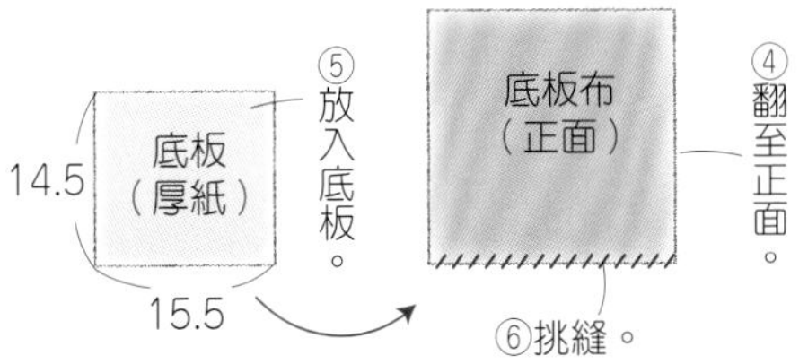

14.5
底板
（厚紙）
15.5
⑤放入底板。
底板布
（正面）
④翻至正面。
⑥挑縫。

4.接縫皮片

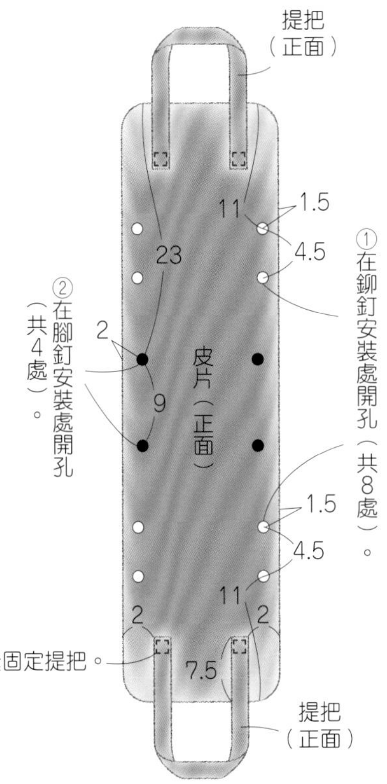

提把
（正面）
11
1.5
4.5
23
①在鉚釘安裝處開孔（共8處）。
②在腳釘安裝處開孔（共4處）。
2
9
皮片
（正面）
1.5
4.5
11
2
2
7.5
③手縫固定提把。
提把
（正面）

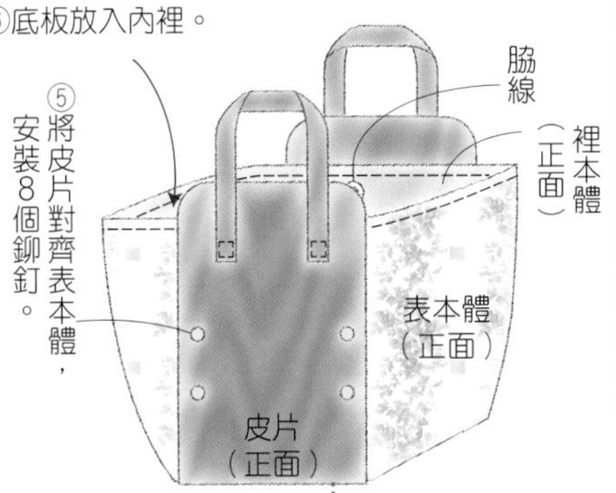

⑥底板放入內裡。
⑤將皮片對齊表本體，安裝8個鉚釘。
脇線
裡本體
（正面）
表本體
（正面）
皮片
（正面）

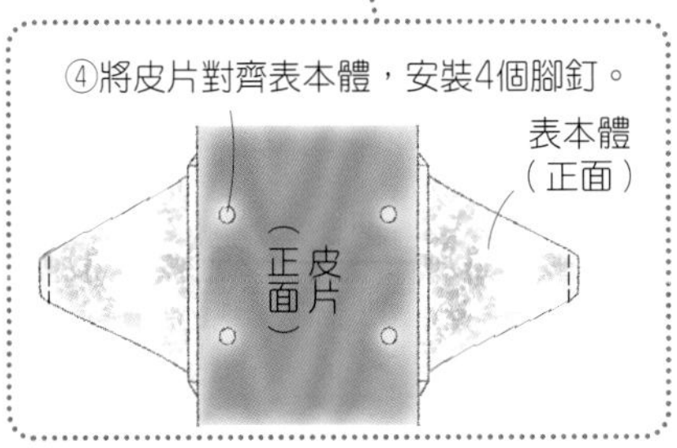

④將皮片對齊表本體，安裝4個腳釘。
表本體
（正面）
皮片
（正面）

完成尺寸

寬28×高13×側身10cm

原寸紙型

無

材料

表布（棉牛津布）65cm×45cm

裡布（棉牛津布）50cm×45cm

配布（棉牛津布）35cm×30cm

接著襯（薄）25cm×30cm／**接著襯**（厚）65×45cm

P.15_ No. 21

工具收納包

裁布圖

※標示尺寸已含縫份。

※▭處於背面燙貼厚接著襯。

▭處於背面燙貼薄接著襯。

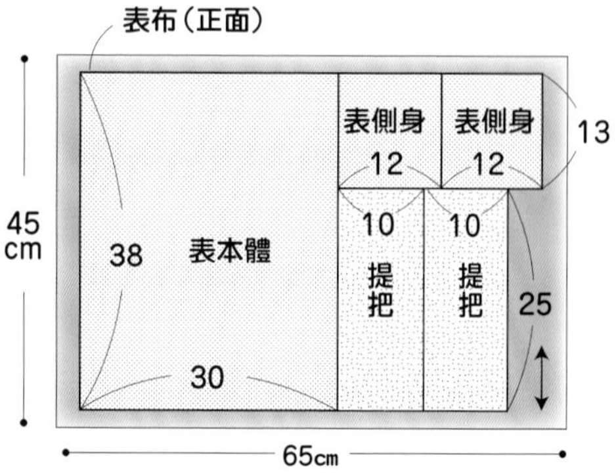

表布（正面）
表側身
表側身
13
12
12
45cm
38
表本體
10
10
提把
提把
25
30
65cm

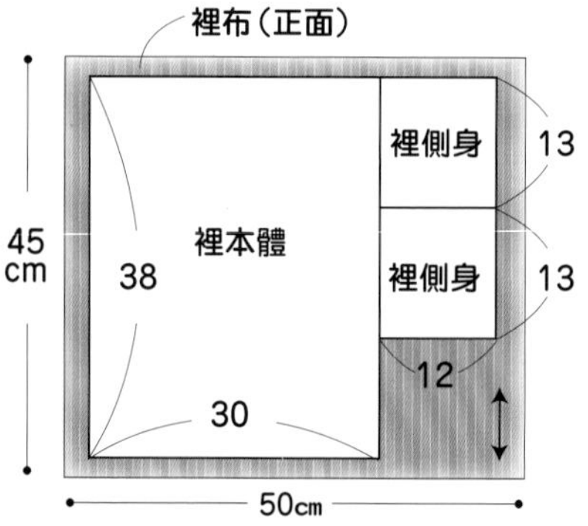

裡布（正面）
裡側身
13
45cm
38
裡本體
裡側身
13
12
30
50cm

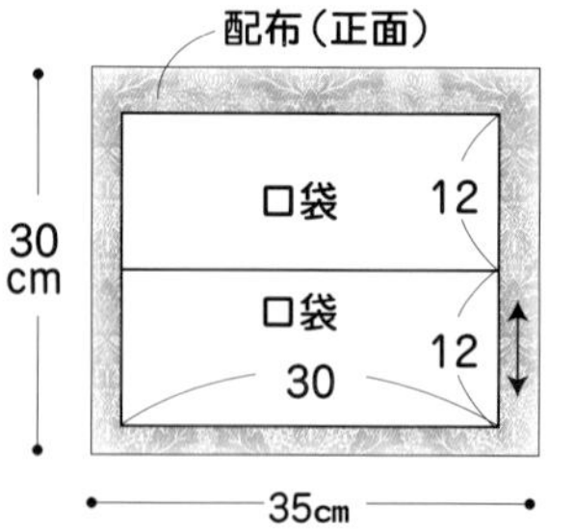

配布（正面）
口袋
12
30cm
口袋
12
30
35cm

1.製作提把

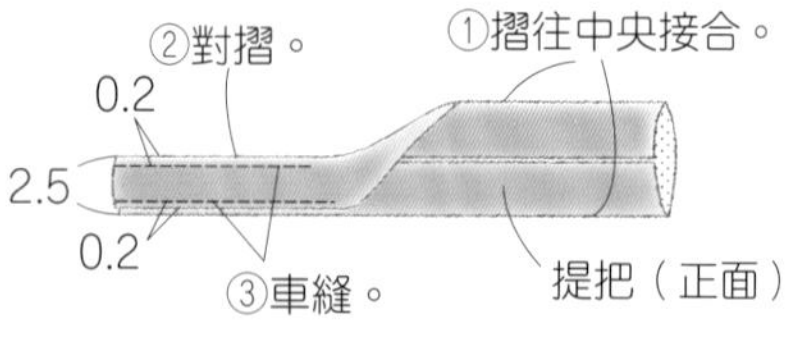

②對摺。
①摺往中央接合。
0.2
2.5
0.2
③車縫。
提把（正面）

※另一條作法亦同。

2.製作本體

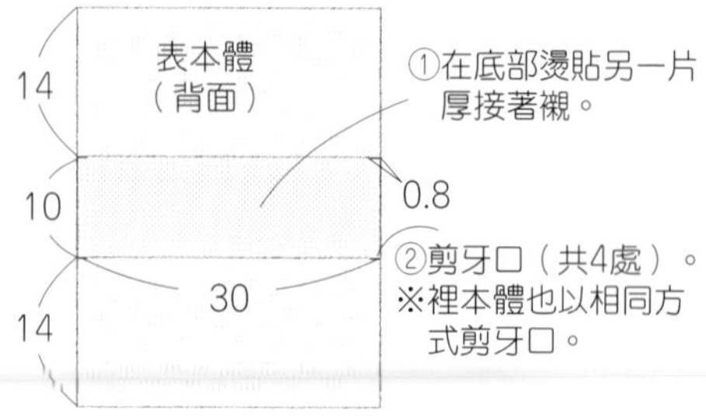

表本體（背面）
①在底部燙貼另一片厚接著襯。
14
10
0.8
②剪牙口（共4處）。
30
※裡本體也以相同方式剪牙口。
14

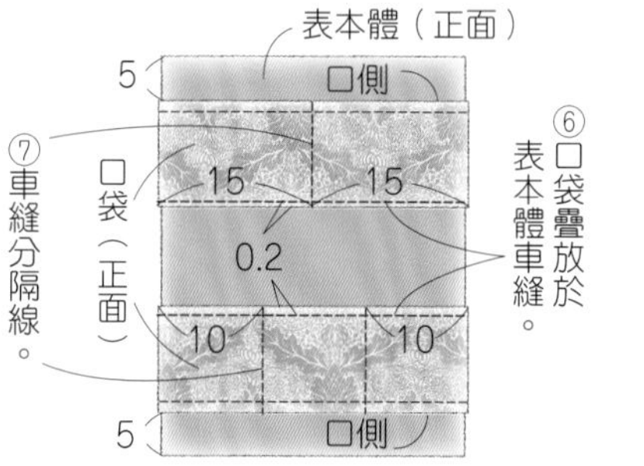

表本體（正面）
5
口側
⑦車縫分隔線。
口袋（正面）
15
15
0.2
10
10
⑥口袋疊放於表本體車縫。
5
口側

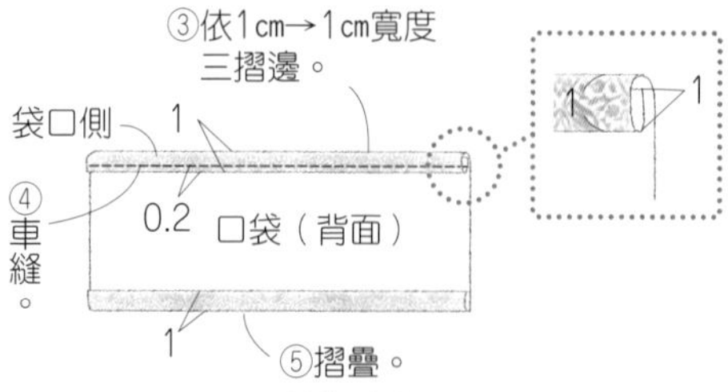

③依1cm→1cm寬度三摺邊。
袋口側
1
④車縫。
0.2
口袋（背面）
1
⑤摺疊。
1
1

※另一片作法亦同。

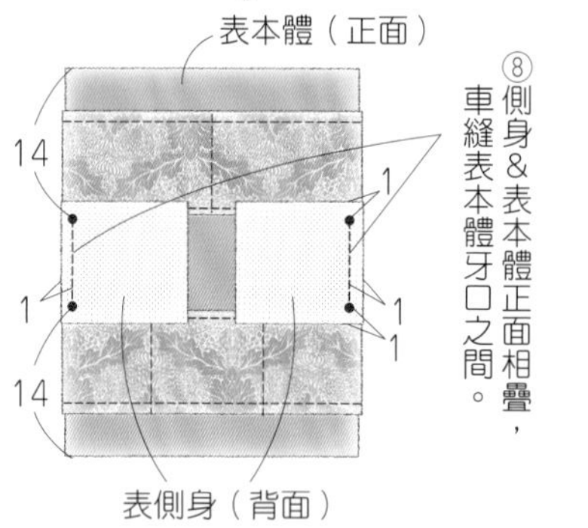

表本體（正面）
⑧側身&表本體正面相疊，車縫表本體牙口之間。
14
1
1
1
1
14
表側身（背面）

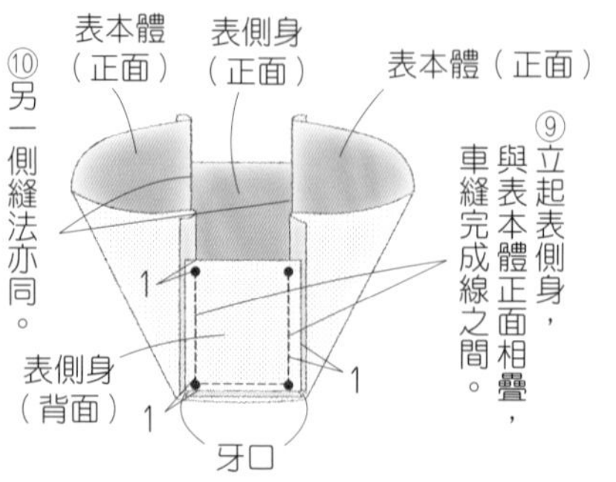

表本體（正面）
表側身（正面）
表本體（正面）
⑩另一側縫法亦同。
⑨立起表側身，與表本體正面相疊，車縫完成線之間。
1
表側身（背面）
1
1
牙口

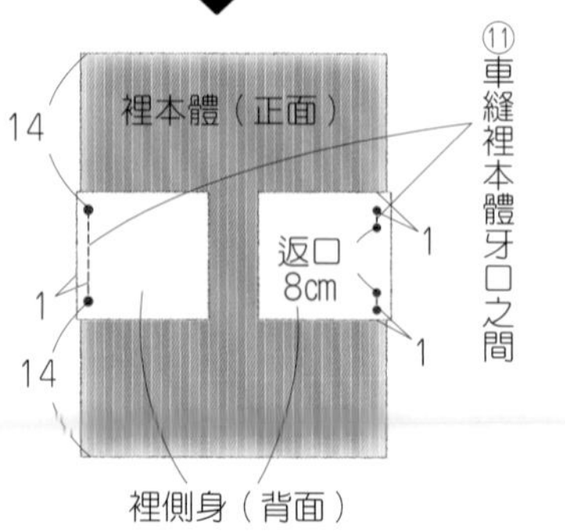

裡本體（正面）
14
⑪車縫裡本體牙口之間
返口8cm
1
1
1
14
裡側身（背面）

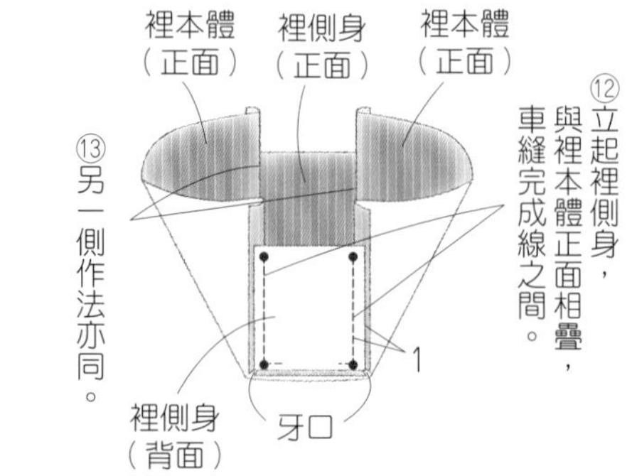

裡本體（正面）
裡側身（正面）
裡本體（正面）
⑫立起裡側身，與裡本體正面相疊，車縫完成線之間。
⑬另一側作法亦同。
1
裡側身（背面）
牙口

3.套疊表本體&裡本體

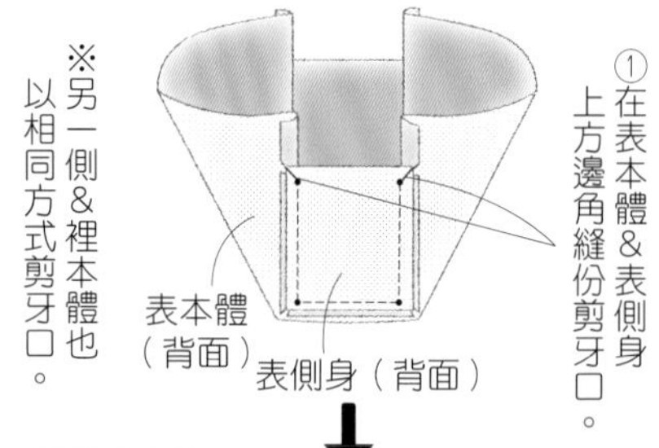

※另一側&裡本體也以相同方式剪牙口。
①在表本體上方邊角縫份&表側身剪牙口。
表本體（背面）
表側身（背面）

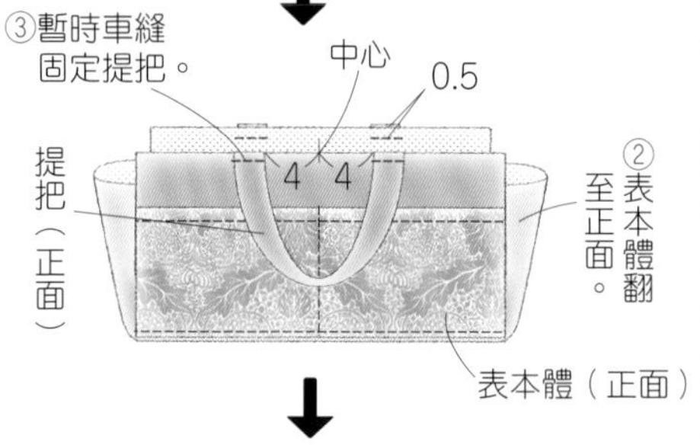

③暫時車縫固定提把。
中心
0.5
4
4
提把（正面）
②表本體翻至正面。
表本體（正面）

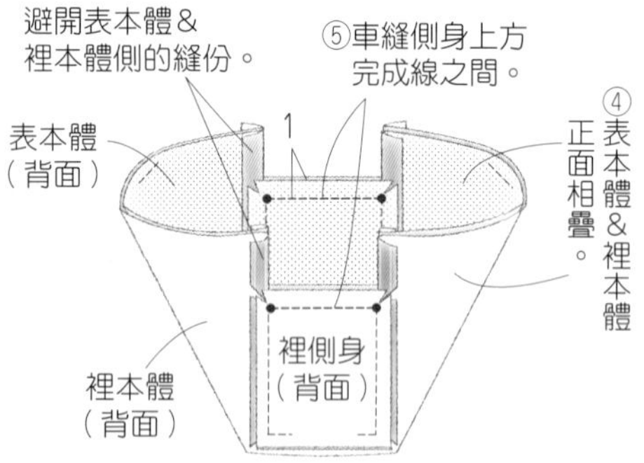

避開表本體&裡本體側的縫份。
⑤車縫側身上方完成線之間。
1
表本體（背面）
④表本體&裡本體正面相疊。
裡側身（背面）
裡本體（背面）

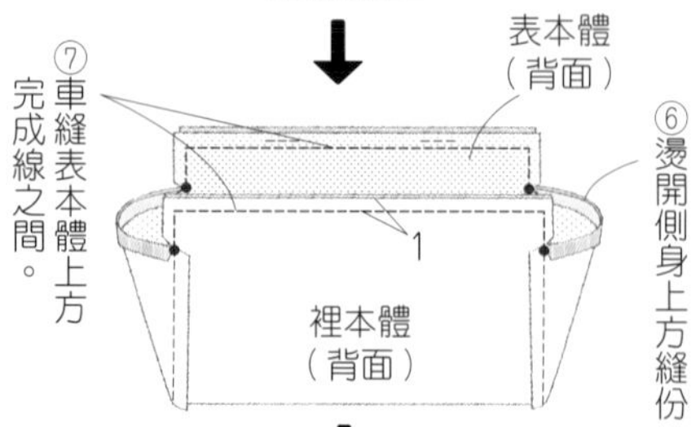

表本體（背面）
⑦車縫表本體上方完成線之間。
⑥燙開側身上方縫份。
1
裡本體（背面）

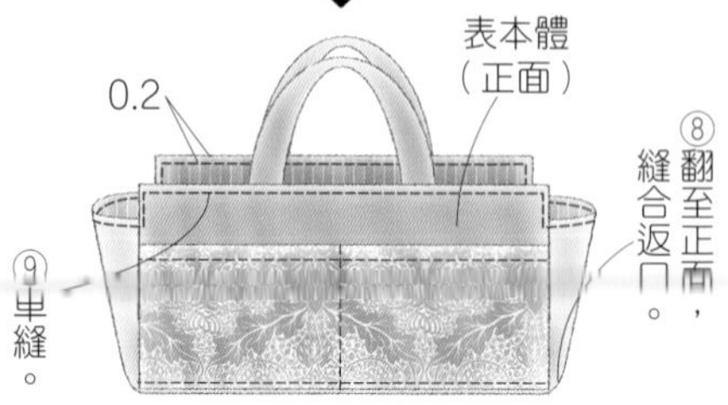

0.2
表本體（正面）
⑧翻至正面，縫合返口。
⑨車縫。

完成尺寸	材料
寬約27×高約22㎝	**表布**（平紋精梳棉布）75㎝×35㎝
原寸紙型	**裡布**（棉布）75㎝×35㎝
C面	**單膠鋪棉** 75㎝×35㎝
	D型環 20㎜ 2個／**金屬拉鍊** 25㎝ 1條

P.17_ No. 24 橄欖球造型小肩包

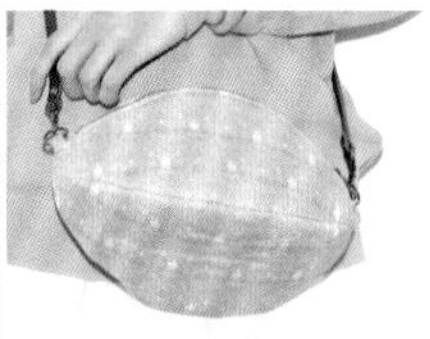

彈片口金安裝方法

P.76 No.16 萬用波奇包

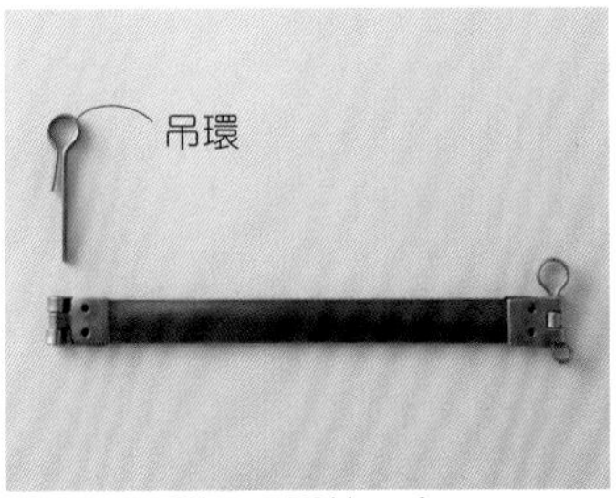

吊環

附吊環彈片口金

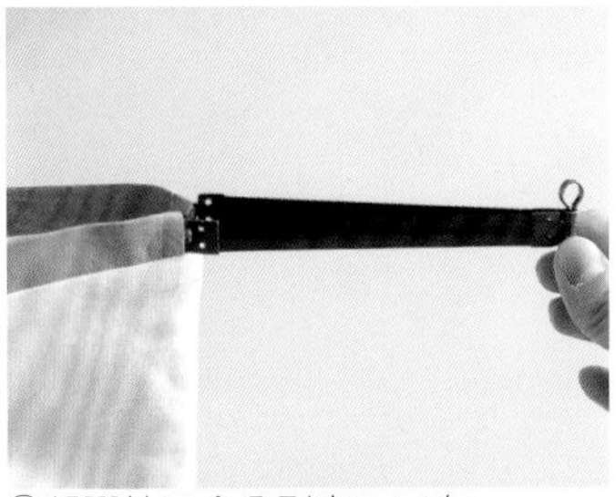

①將彈片口金分別穿入口布。

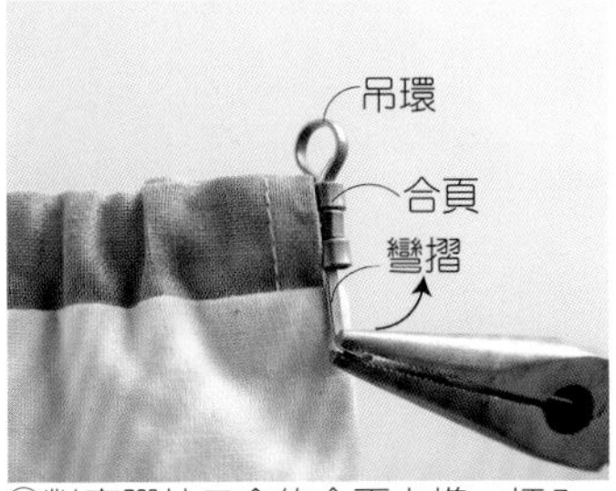

吊環
合頁
彎摺

②對齊彈片口金的合頁卡榫，插入吊環。再以鉗子彎摺吊環下端。

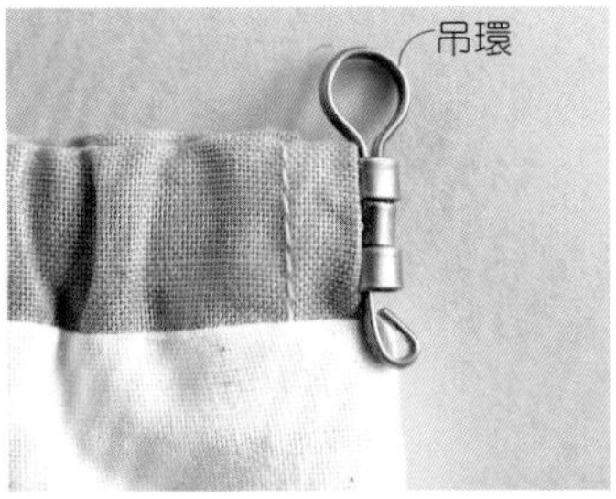

吊環

③將吊環下方彎摺成圓形，完成！

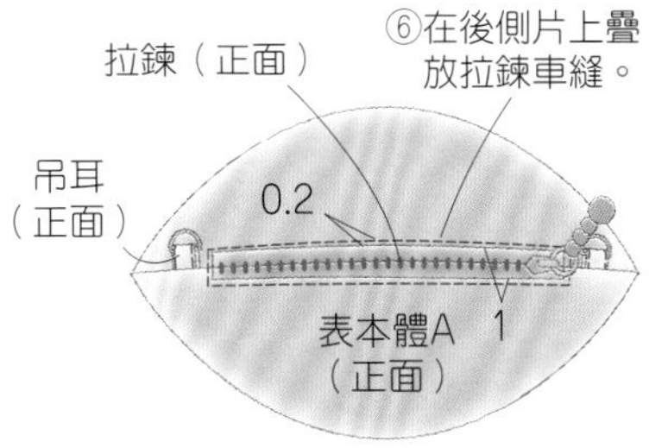

拉鍊（正面）
⑥在後側片上疊放拉鍊車縫。
吊耳（正面）
0.2
1
表本體A（正面）

3.製作本體

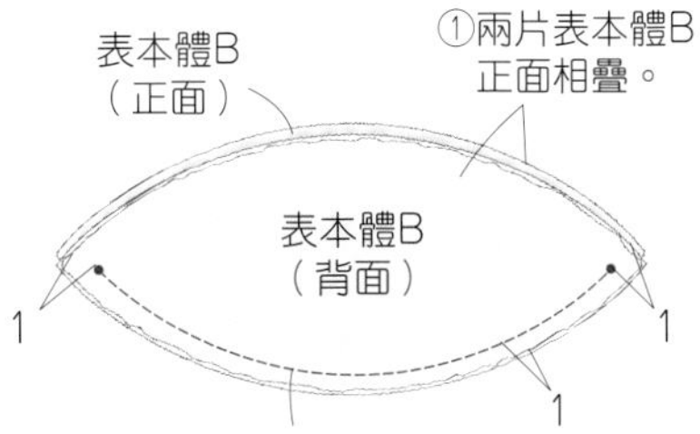

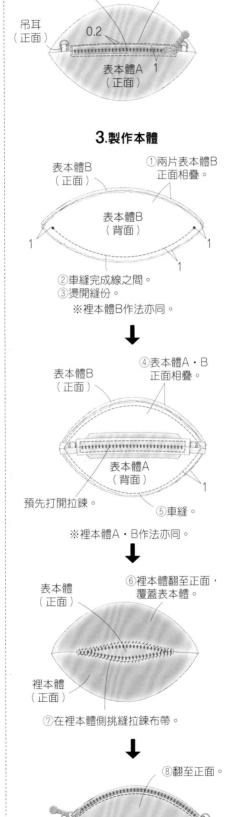

表本體B（正面）
①兩片表本體B正面相疊。
表本體B（背面）
1
1
1
②車縫完成線之間。
③燙開縫份。

※裡本體B作法亦同。

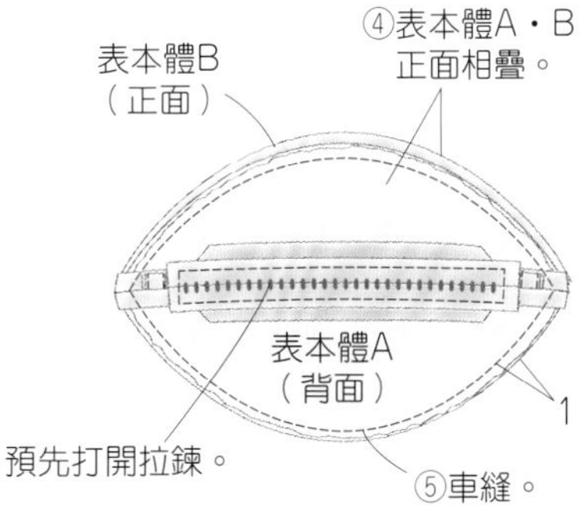

表本體B（正面）
④表本體A・B正面相疊。
表本體A（背面）
1
預先打開拉鍊。
⑤車縫。

※裡本體A・B作法亦同。

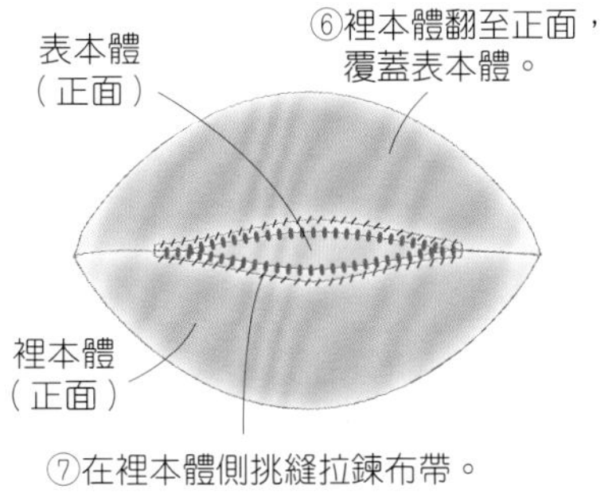

表本體（正面）
⑥裡本體翻至正面，覆蓋表本體。
裡本體（正面）
⑦在裡本體側挑縫拉鍊布帶。

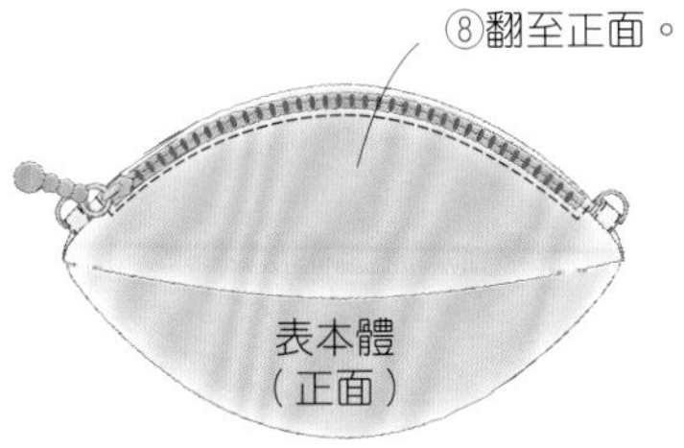

⑧翻至正面。
表本體（正面）

裁布圖

※吊耳無紙型，請依標示尺寸（已含縫份）直接裁剪。
※▭處於背面燙貼單膠鋪棉（僅表布）。

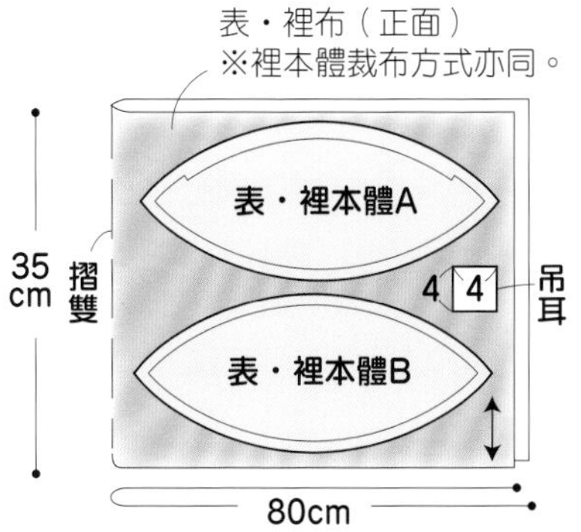

表・裡布（正面）
※裡本體裁布方式亦同。
表・裡本體A
表・裡本體B
35cm
摺雙
4
4
吊耳
80cm

1.接縫吊耳

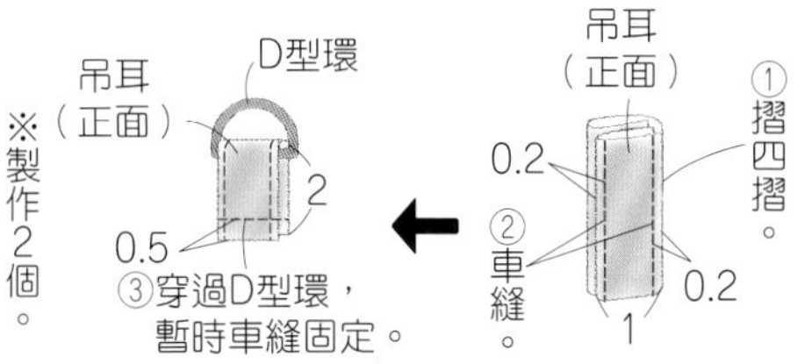

吊耳（正面）
D型環
※製作2個。
2
0.5
③穿過D型環，暫時車縫固定。
吊耳（正面）
①摺四摺。
0.2
②車縫。
0.2
1

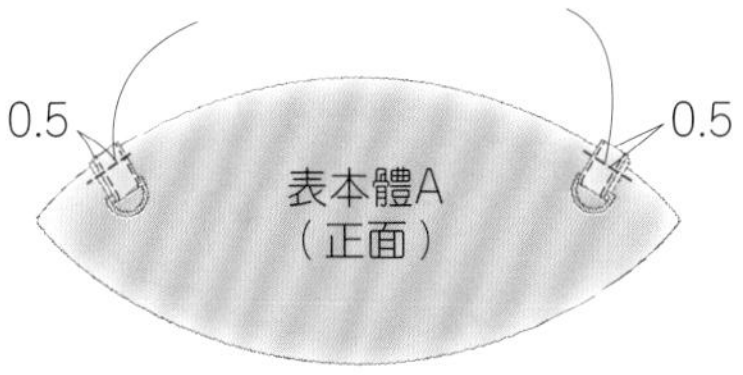

④吊耳暫時車縫固定於單側表本體A。
0.5
0.5
表本體A（正面）

2.接縫拉鍊

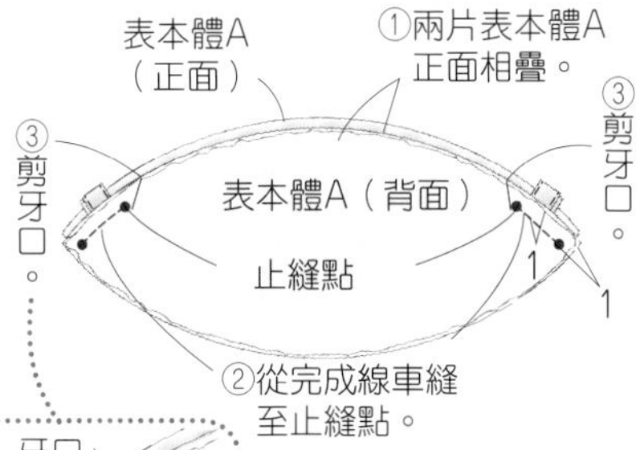

表本體A（正面）
①兩片表本體A正面相疊。
③剪牙口。
③剪牙口。
表本體A（背面）
止縫點
1
1
②從完成線車縫至止縫點。

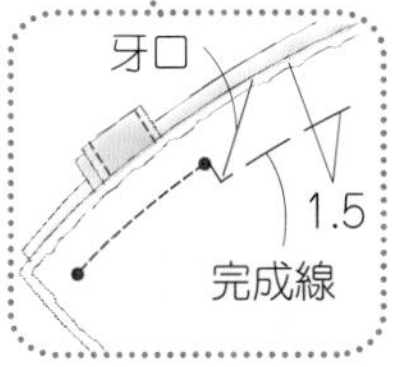

牙口
1.5
完成線

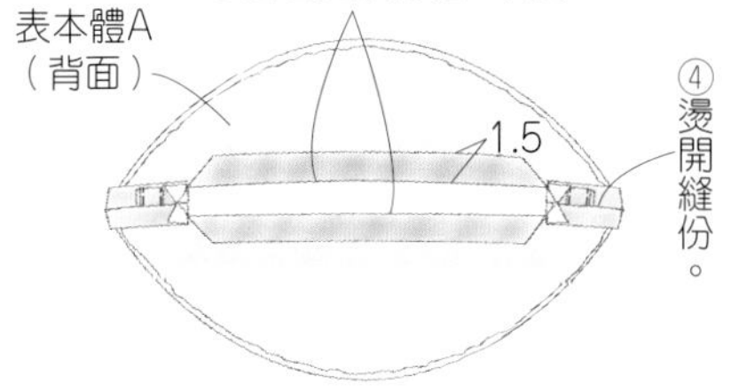

⑤沿著完成線摺四角形。
表本體A（背面）
1.5
④燙開縫份。

※裡本體A作法亦同。

完成尺寸	材料
寬35×高40×側身18cm	**表布**（平紋精梳棉布）10cm×150cm **裡布**（棉布）110cm×150cm **接著襯**（SWANY soft）80cm×50cm **單膠鋪棉** 90cm×120cm／**雙開拉鍊** 50cm 1條 **包用織帶** 寬3.8cm 270cm

原寸紙型

C面

P.16_ No. 23

運動包

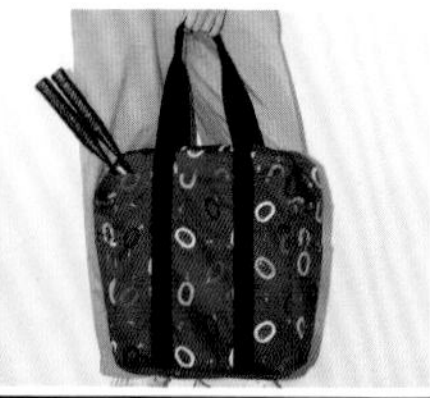

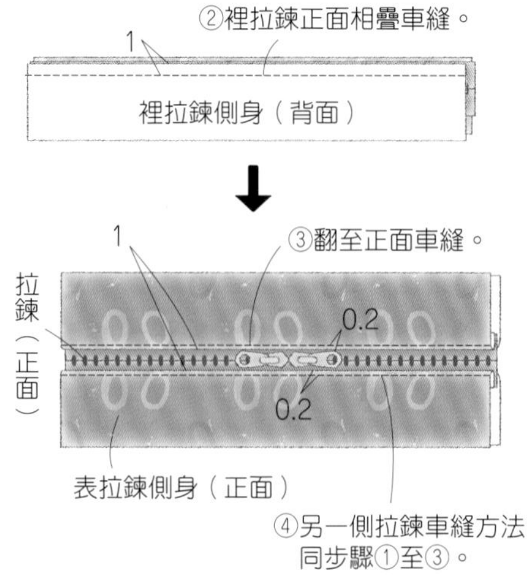

②裡拉鍊正面相疊車縫。
1
裡拉鍊側身（背面）
1
③翻至正面車縫。
拉鍊（正面）
0.2
0.2
表拉鍊側身（正面）
④另一側拉鍊車縫方法同步驟①至③。

4.車縫側身

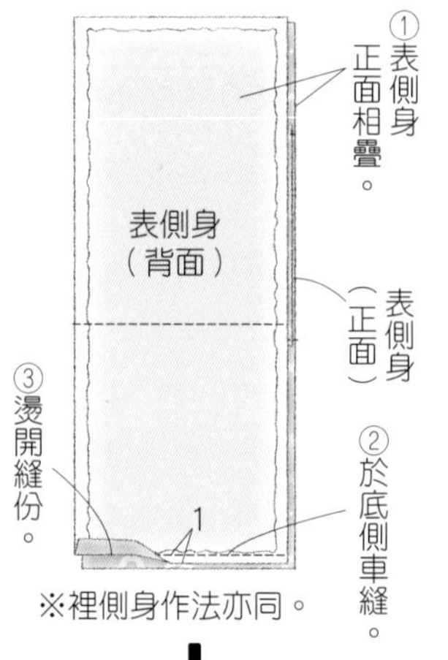

①表側身正面相疊。
表側身（背面）
表側身（正面）
③燙開縫份。
②於底側車縫。
1
※裡側身作法亦同。

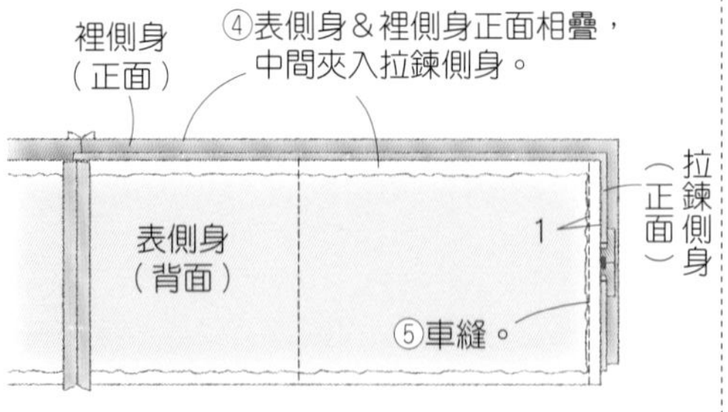

裡側身（正面）
④表側身＆裡側身正面相疊，中間夾入拉鍊側身。
表側身（背面）
1
拉鍊側身（正面）
⑤車縫。
※另一側作法亦同。

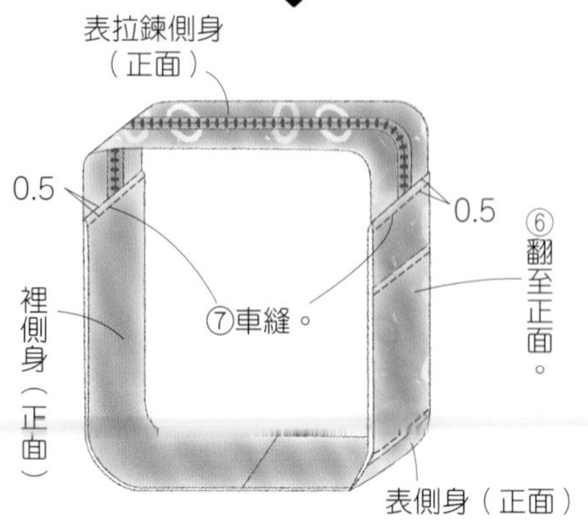

表拉鍊側身（正面）
0.5
0.5
⑥翻至正面。
裡側身（正面）
⑦車縫。
表側身（正面）

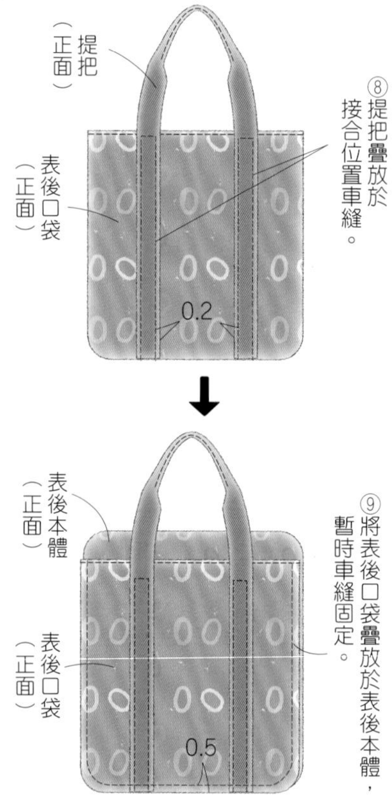

提把（正面）
⑧提把疊放於接合位置車縫。
表後口袋（正面）
0.2
表後本體（正面）
⑨將表後口袋疊放於表後本體，暫時車縫固定。
表後口袋（正面）
0.5

2.接縫脇邊口袋

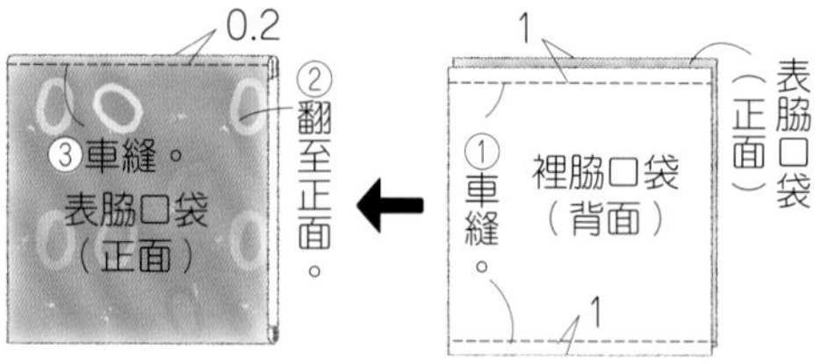

0.2
③車縫。
表脇口袋（正面）
②翻至正面。
1
①車縫。
裡脇口袋（背面）
表脇口袋（正面）
1

※另一片作法亦同。

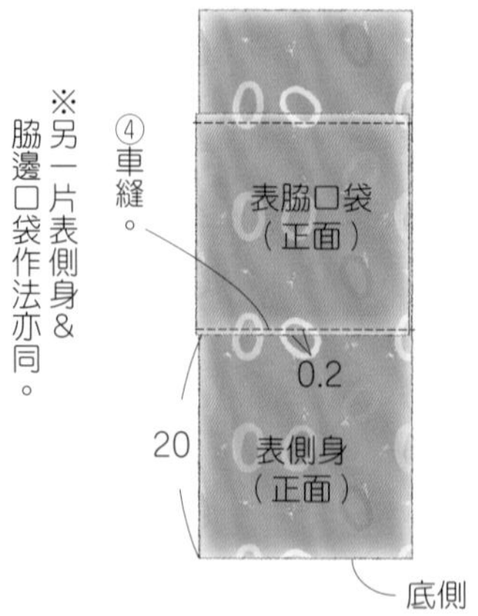

※另一片表側身＆脇邊口袋作法亦同。
④車縫。
表脇口袋（正面）
0.2
20
表側身（正面）
底側

3.車縫拉鍊側身

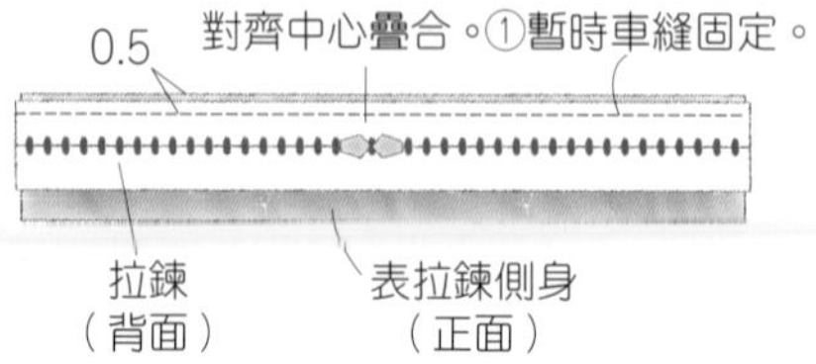

0.5
對齊中心疊合。①暫時車縫固定。
拉鍊（背面）
表拉鍊側身（正面）

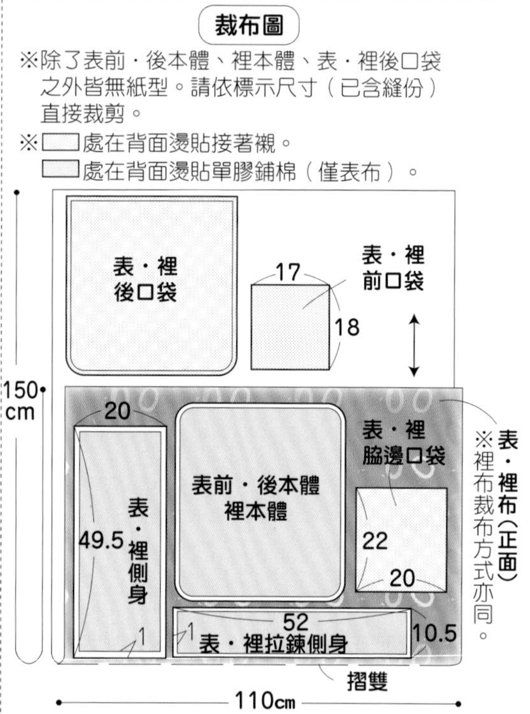

裁布圖
※除了表前・後本體、裡本體、表・裡後口袋之外皆無紙型。請依標示尺寸（已含縫份）直接裁剪。
※處在背面燙貼接著襯。
處在背面燙貼單膠鋪棉（僅表布）。
表・裡後口袋
17
18
表・裡前口袋
150cm
20
表・裡脇邊口袋
表前・後本體
裡本體
表・裡側身
49.5
22
20
52
10.5
1
1
表・裡拉鍊側身
摺雙
110cm
※表・裡布裁布方式亦同。

1.接縫前・後口袋

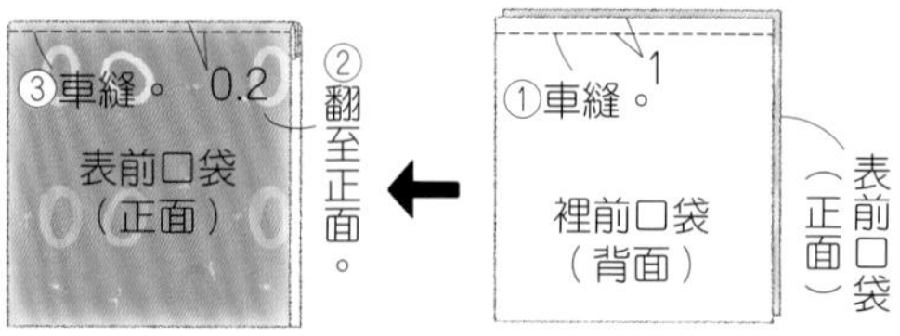

③車縫。
0.2
②翻至正面。
表前口袋（正面）
①車縫。
1
裡前口袋（背面）
表前口袋（正面）

※後口袋作法亦同。

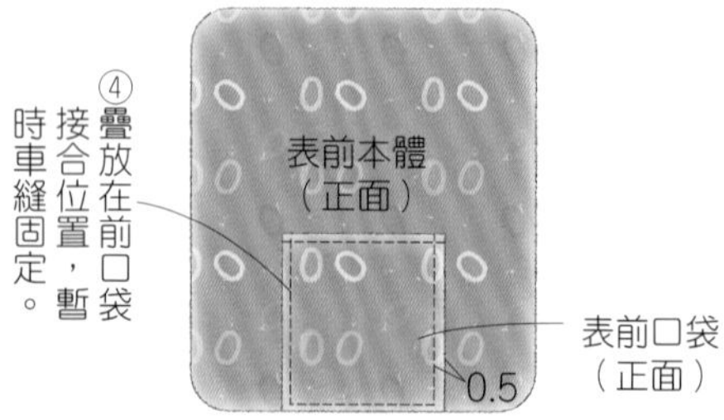

④疊放在前口袋接合位置，暫時車縫固定。
表前本體（正面）
表前口袋（正面）
0.5

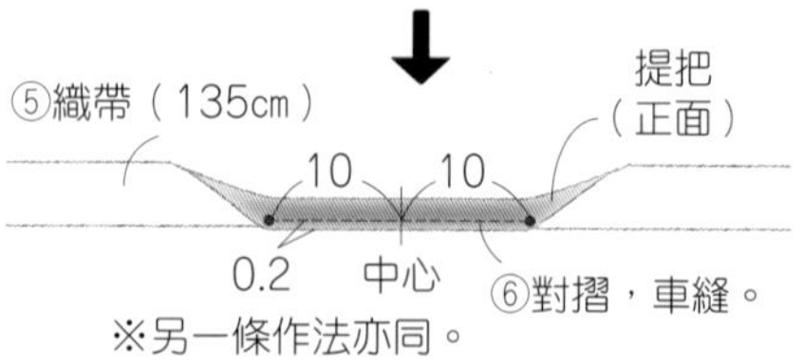

⑤織帶（135cm）
提把（正面）
10
10
0.2
中心
⑥對摺，車縫。

※另一條作法亦同。

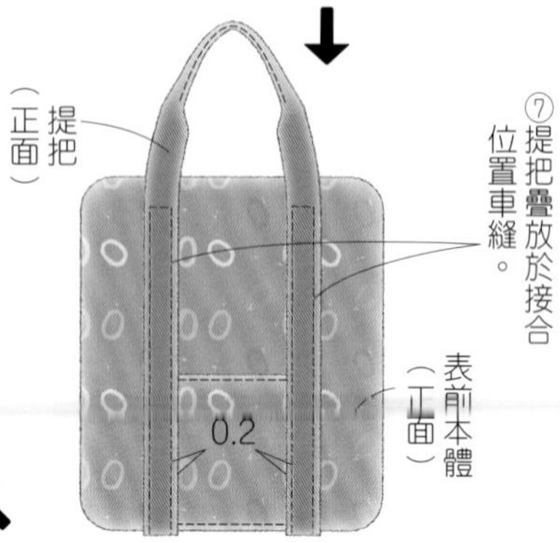

提把（正面）
⑦提把疊放於接合位置車縫。
表前本體（正面）
0.2

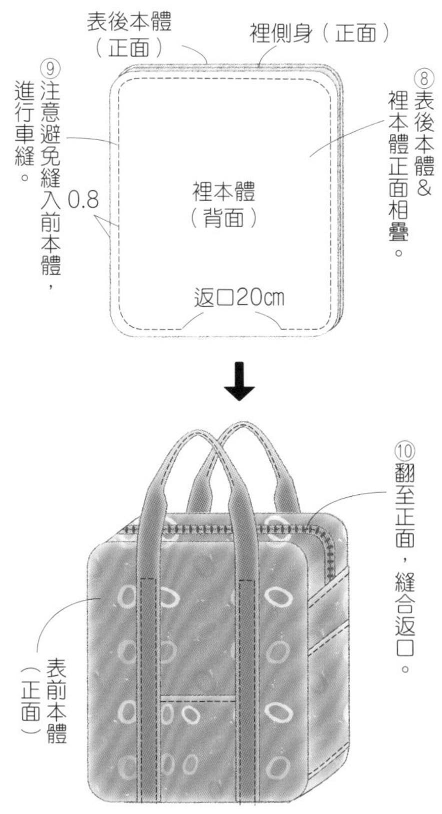

表後本體
（正面）
裡側身（正面）
⑨注意避免縫入前本體，進行車縫。
⑧表後本體&裡本體正面相疊。
0.8
裡本體
（背面）
返口20cm
⑩翻至正面，縫合返口。
表前本體（正面）

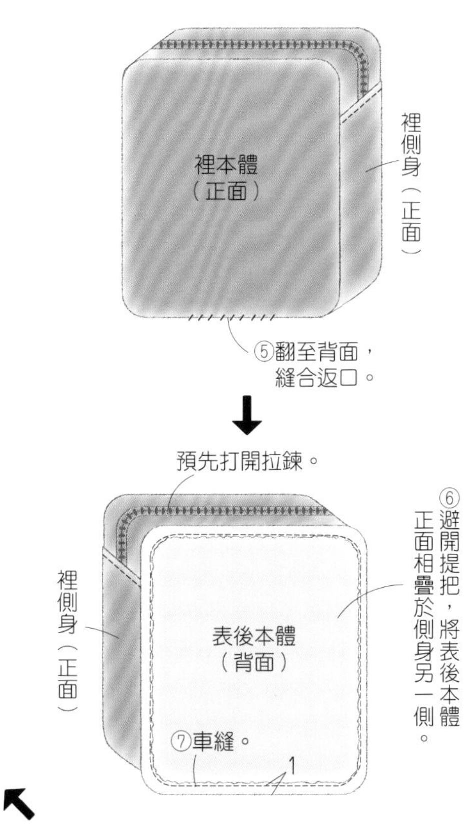

裡本體
（正面）
裡側身（正面）
⑤翻至背面，
縫合返口。
預先打開拉鍊。
⑥避開提把，將表後本體正面相疊於側身另一側。
裡側身（正面）
表後本體
（背面）
⑦車縫。
1

5.車縫本體

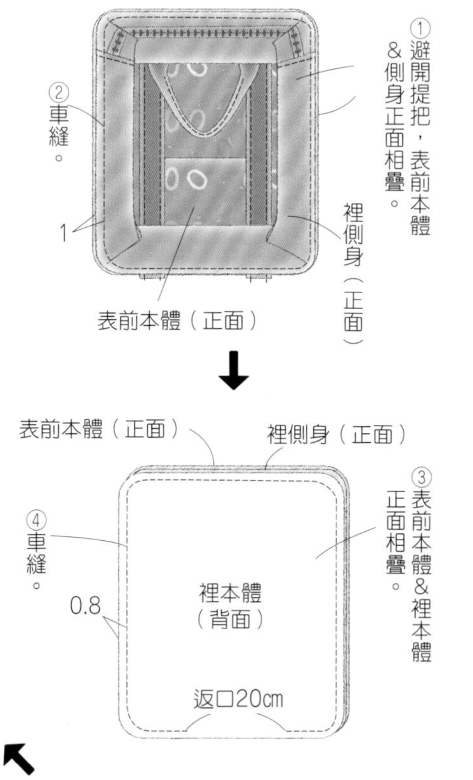

①避開提把，表前本體&側身正面相疊。
②車縫。
1
裡側身（正面）
表前本體（正面）
表前本體（正面）
裡側身（正面）
③表前本體&裡本體正面相疊。
④車縫。
0.8
裡本體
（背面）
返口20cm

完成尺寸	材料（1個）
寬19.5 X高18cm	**表布**（進口圖案布）140cm×約60cm
原寸紙型	**裡布**（棉布）90cm×20cm／**接著襯**（soft）92cm×30cm
無	**金屬拉鍊** 18cm 1條／**皮標籤** 1片
	含問號鉤吊繩 1組／**緞帶** 寬1cm 5cm

P.30_No.35

方形波奇包

2.製作本體

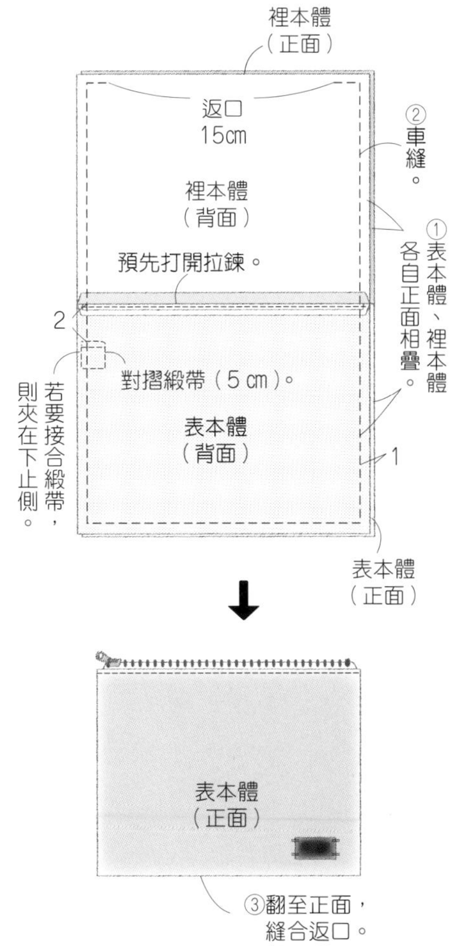

裡本體
（正面）
返口
15cm
②車縫。
裡本體
（背面）
①表本體、裡本體各自正面相疊。
預先打開拉鍊。
2
對摺緞帶（5cm）。
若要接合緞帶，則夾在下止側。
表本體
（背面）
1
表本體
（正面）
表本體
（正面）
③翻至正面，
縫合返口。

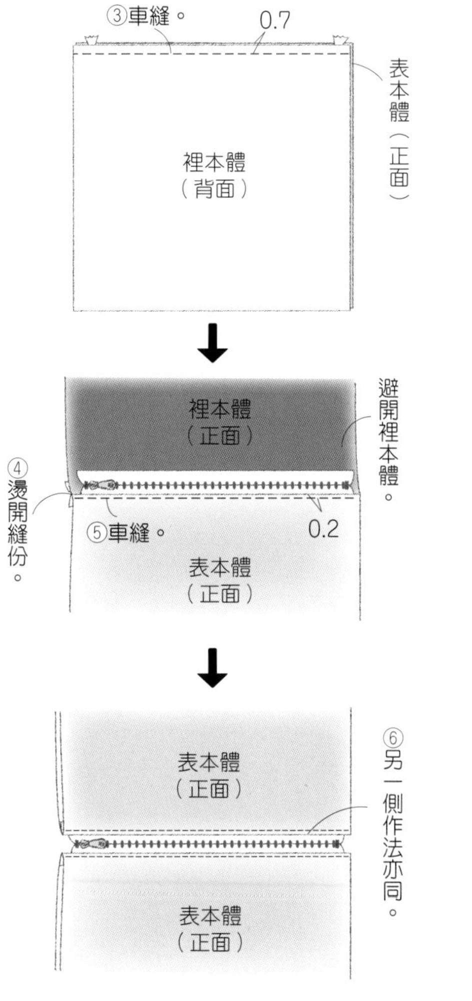

③車縫。
0.7
表本體（正面）
裡本體
（背面）
裡本體
（正面）
避開裡本體。
④燙開縫份。
⑤車縫。
0.2
表本體
（正面）
表本體
（正面）
⑥另一側作法亦同。
表本體
（正面）

裁布圖

※表布剪下圖案布的花樣使用。
裡本體則將裡布依標示尺寸裁剪。
※標示尺寸已含縫份。

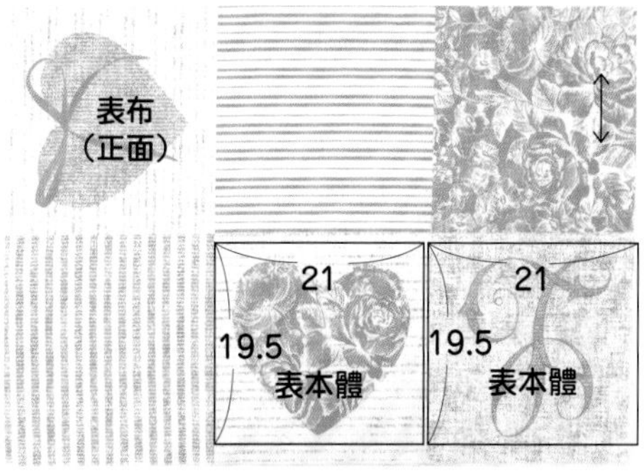

表布
（正面）
21
19.5
表本體
21
19.5
表本體

1.接縫拉鍊

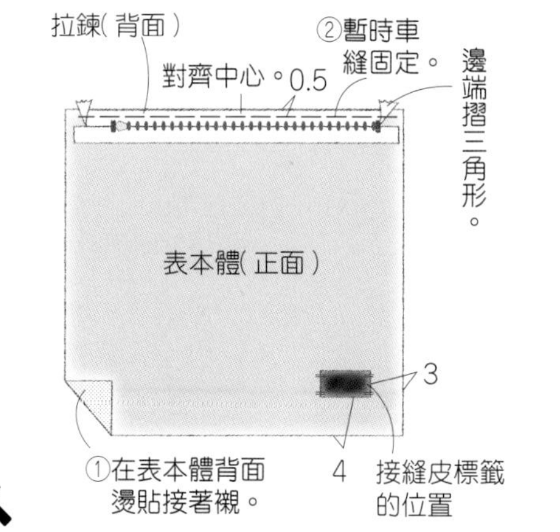

拉鍊（背面）
②暫時車
縫固定。
對齊中心。0.5
邊端摺三角形。
表本體（正面）
3
4
①在表本體背面
燙貼接著襯。
接縫皮標籤
的位置

完成尺寸

寬23.5×高7cm

原寸紙型

C面

材料

表布（平紋精梳棉布）30cm×20cm
裡布（棉布）30cm×20cm／**配布** 30cm×15cm
接著襯（中薄）45cm×20cm
彈簧釦10mm 1組／**魔鬼氈** 5cm×10cm

P.17_ No. 25 附口袋護腕

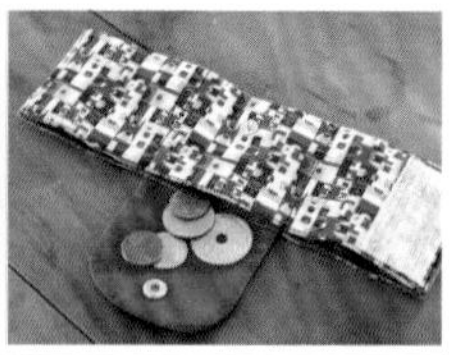

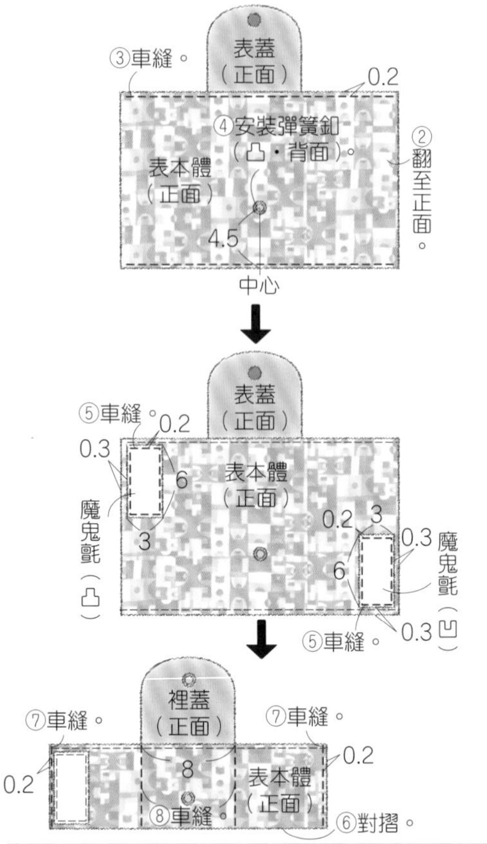

③車縫。
表蓋（正面）
0.2
④安裝彈簧釦（凸・背面）。
②翻至正面。
表本體（正面）
4.5
中心
⑤車縫。
0.2
0.3
表蓋（正面）
6
表本體（正面）
魔鬼氈（凸）
3
0.2
3
0.3
6
魔鬼氈（凹）
⑤車縫。
0.3
裡蓋（正面）
⑦車縫。
⑦車縫。
0.2
0.2
8
表本體（正面）
⑧車縫。
⑥對摺。

1.製作上蓋

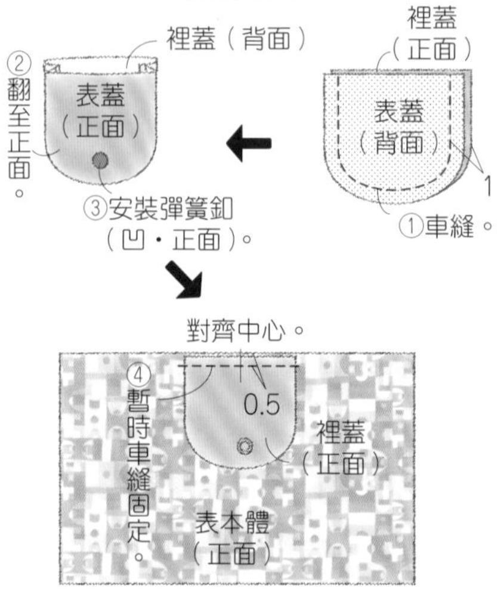

裡蓋（背面）
②翻至正面。
表蓋（正面）
③安裝彈簧釦（凹・正面）。
裡蓋（正面）
表蓋（背面）
1
①車縫。
對齊中心。
④暫時車縫固定。
0.5
裡蓋（正面）
表本體（正面）

2.製作本體

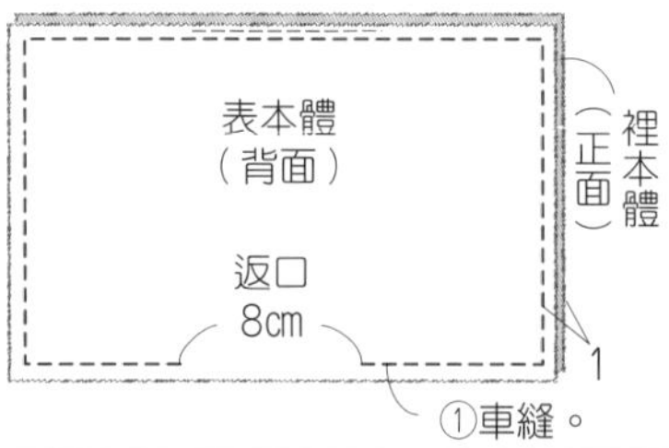

表本體（背面）
返口 8cm
裡本體（正面）
1
①車縫。

裁布圖

※表・裡本體無紙型，請依標示尺寸（已含縫份）直接裁剪。
※▭處於背面燙貼單接著襯（僅表本體・表蓋）。

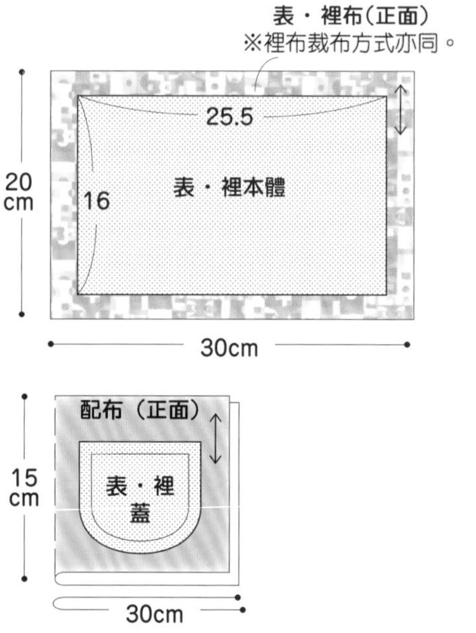

表・裡布（正面）
※裡布裁布方式亦同。
25.5
20cm
16
表・裡本體
30cm
配布（正面）
15cm
表・裡蓋
30cm

完成尺寸

寬45×高27cm

原寸紙型

無

材料

表布（平紋精梳棉布））100cm×35cm
PU泡綿（厚1cm）40cm×25cm
鬆緊帶 寬2.2cm 25cm

P.17_ No. 26 摺疊緩衝墊

2.塞入PU泡綿

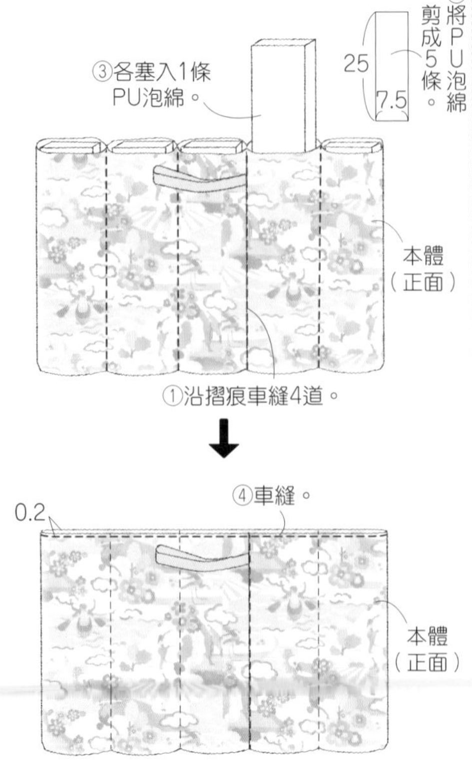

②將PU泡綿剪成5條。
25
7.5
③各塞入1條PU泡綿。
本體（正面）
①沿摺痕車縫4道。
0.2
④車縫。
本體（正面）

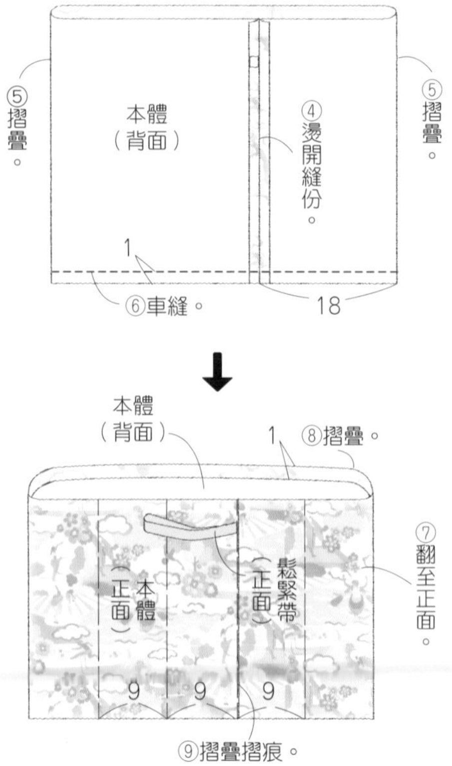

⑤摺疊。
本體（背面）
④燙開縫份。
⑤摺疊。
1
⑥車縫。
18
本體（背面）
1
⑧摺疊。
⑦翻至正面。
本體（正面）
鬆緊帶（正面）
9
9
9
⑨摺疊摺痕。

裁布圖

※標示尺寸已含縫份。

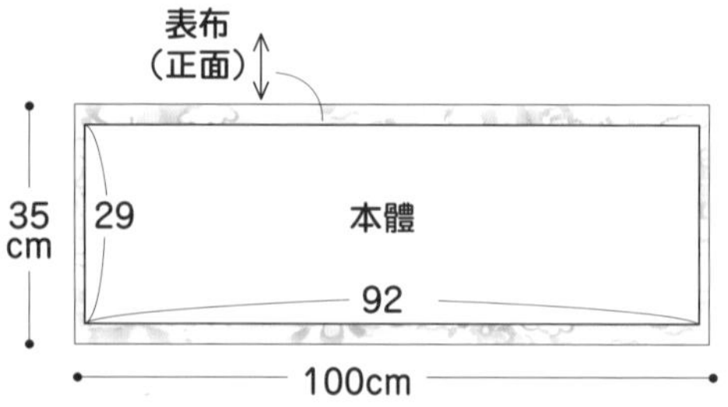

表布（正面）
35cm
29
本體
92
100cm

1.製作本體

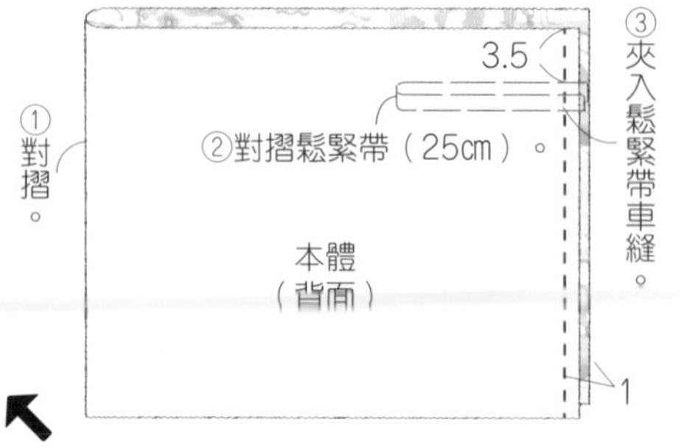

③夾入鬆緊帶車縫。
3.5
①對摺。
②對摺鬆緊帶（25cm）。
本體（背面）
1

完成尺寸

寬22.5×高26cm

原寸紙型

C面

材料

表布（平紋精梳棉布）50cm×30cm／**配布**（棉布）50cm×65cm

單膠鋪棉 25cm×30cm／**D型環** 12mm 2個

接著襯（中薄）25cm×20cm／**拉鍊** 20cm 1條

磁釦（手縫式）1.3cm 1組

已燙縫份的皮革滾邊斜布條（手縫式）1.3cm 1組

P.18_ No. 27

多夾層小肩包

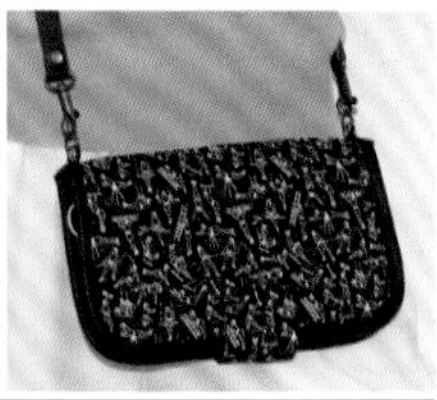

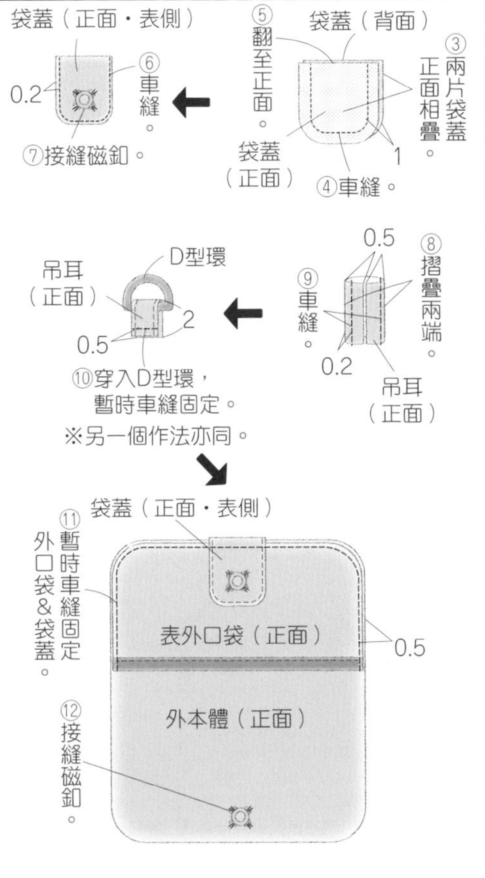

袋蓋（正面・表側）
0.2
⑥車縫。
⑦接縫磁釦。
⑤翻至正面。
袋蓋（背面）
③兩片袋蓋正面相疊。
袋蓋（正面）
④車縫。
1
吊耳（正面）
D型環
2
0.5
⑩穿入D型環，暫時車縫固定。
※另一個作法亦同。
0.5
⑧摺疊兩端。
⑨車縫。
0.2
吊耳（正面）
袋蓋（正面・表側）
⑪暫時車縫固定外口袋&袋蓋。
表外口袋（正面）
0.5
外本體（正面）
⑫接縫磁釦。

4.縫合內本體&外本體

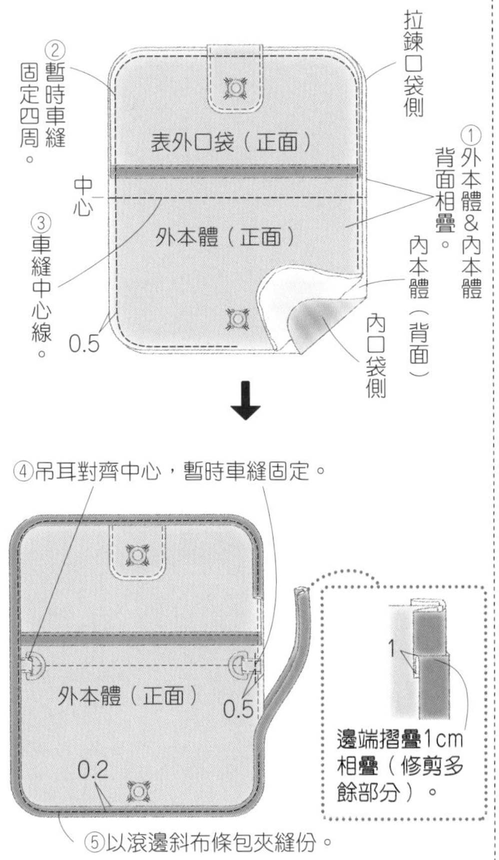

②暫時車縫固定四周。
拉鍊口袋側
①外本體&內本體背面相疊。
表外口袋（正面）
中心
外本體（正面）
③車縫中心線。
0.5
內本體（背面）
內口袋側
④吊耳對齊中心，暫時車縫固定。
外本體（正面）
0.5
0.2
1
邊端摺疊1cm相疊（修剪多餘部分）。
⑤以滾邊斜布條包夾縫份。

2.製作內本體

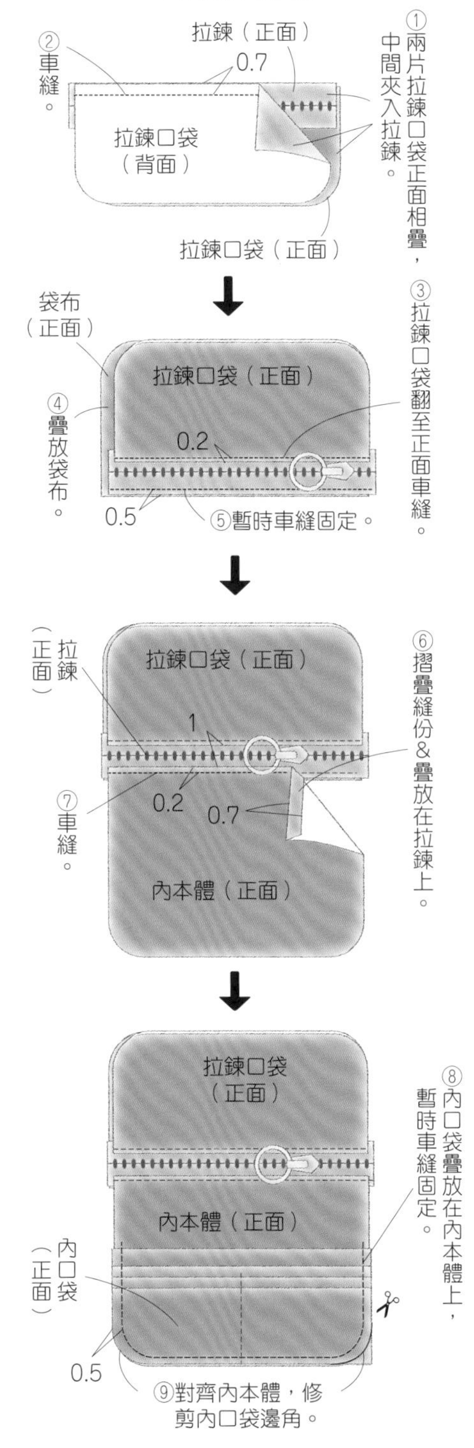

②車縫。
拉鍊（正面）
0.7
①兩片拉鍊口袋正面相疊，中間夾入拉鍊。
拉鍊口袋（背面）
拉鍊口袋（正面）
袋布（正面）
拉鍊口袋（正面）
③拉鍊口袋翻至正面車縫。
④疊放袋布。
0.2
0.5
⑤暫時車縫固定。
拉鍊（正面）
拉鍊口袋（正面）
⑥摺疊縫份&疊放在拉鍊上。
1
0.2
0.7
⑦車縫。
內本體（正面）
拉鍊口袋（正面）
⑧內口袋疊放在內本體上，暫時車縫固定。
內本體（正面）
內口袋（正面）
0.5
⑨對齊內本體，修剪內口袋邊角。

3.製作外本體

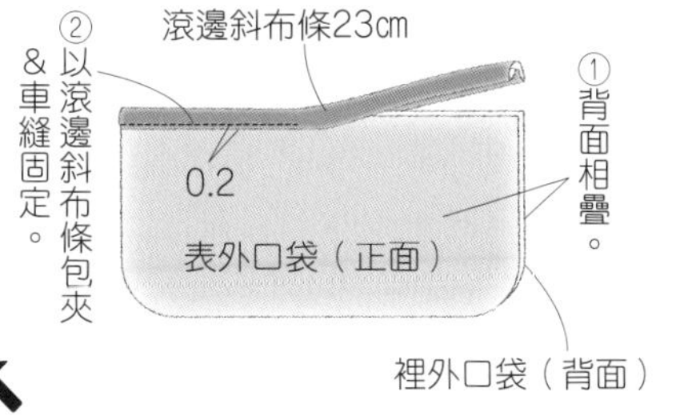

滾邊斜布條23cm
②以滾邊斜布條包夾&車縫固定。
①背面相疊。
0.2
表外口袋（正面）
裡外口袋（背面）

裁布圖

※吊耳&內口袋無紙型，請依標示尺寸（已含縫份）直接裁剪。

※▭處在背面燙貼接著襯。

▭處在背面燙貼單膠鋪棉。

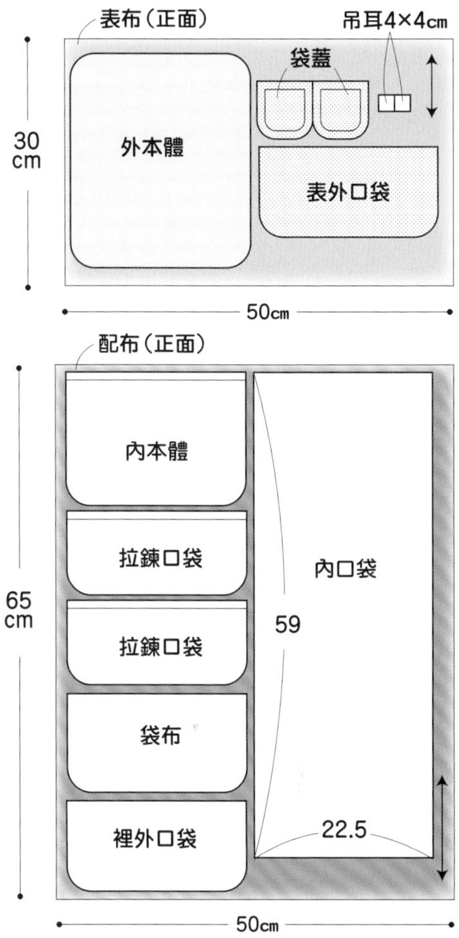

表布（正面）
吊耳4×4cm
袋蓋
30cm
外本體
表外口袋
50cm
配布（正面）
內本體
拉鍊口袋
內口袋
65cm
59
拉鍊口袋
袋布
裡外口袋
22.5
50cm

1.製作內口袋

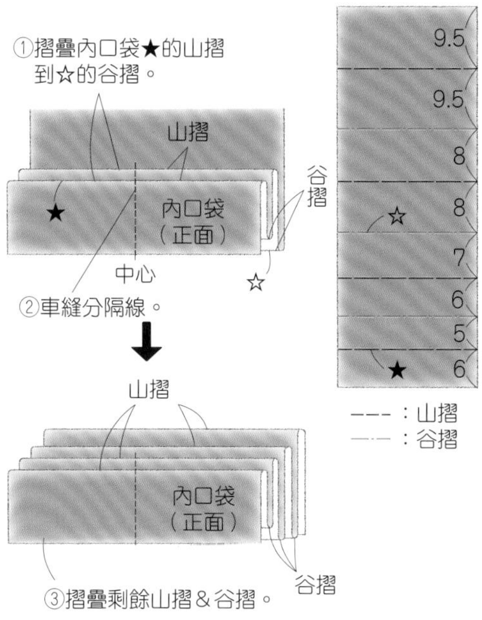

①摺疊內口袋★的山摺到☆的谷摺。
山摺
內口袋（正面）
谷摺
中心
②車縫分隔線。
9.5
9.5
8
8
7
6
5
6
---：山摺
-·-：谷摺
山摺
內口袋（正面）
③摺疊剩餘山摺&谷摺。
谷摺

完成尺寸

寬31×高13×側身16cm

原寸紙型

無

材料

表布（平紋精梳棉布）80cm×50cm
裡布（棉牛津布）90cm×50cm
接著襯（厚））75cm×50cm
尼龍拉鍊 30cm 1條／**包用織帶** 寬2.5cm 35cm

P.18_ No.28

鞋子收納袋

裁布圖

※標示尺寸已含縫份。
※▒處於背面燙貼接著襯。

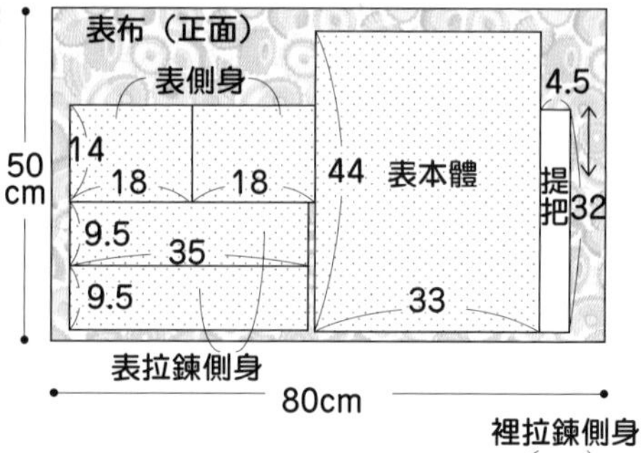

表布（正面）
表側身
14
18
18
44
表本體
4.5
提把
32
9.5
35
9.5
33
表拉鍊側身
50cm
80cm

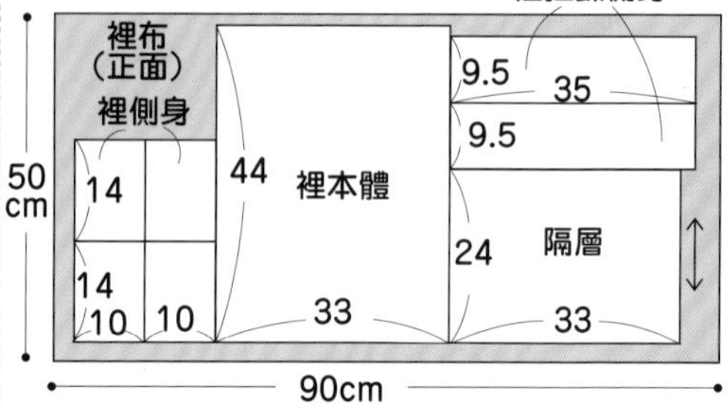

裡拉鍊側身
裡布（正面）
裡側身
9.5
35
9.5
44
裡本體
14
14
10
10
33
24
隔層
33
50cm
90cm

1.車縫前的準備

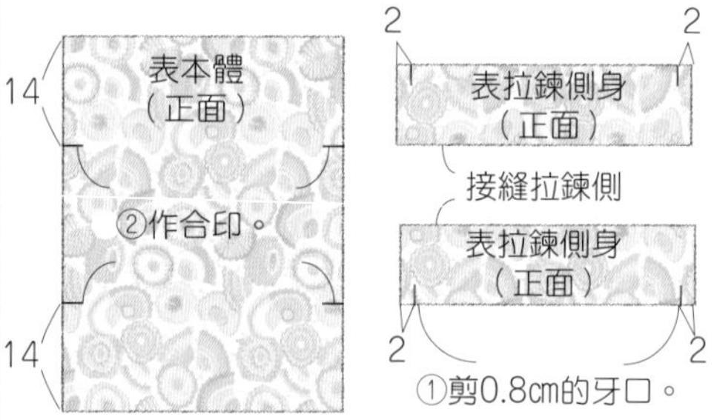

表本體（正面）
14
②作合印。
14
2
2
表拉鍊側身（正面）
接縫拉鍊側
表拉鍊側身（正面）
2
2
①剪0.8cm的牙口。

※裡本體、裡拉鍊側身作法亦同。

2.製作表側身

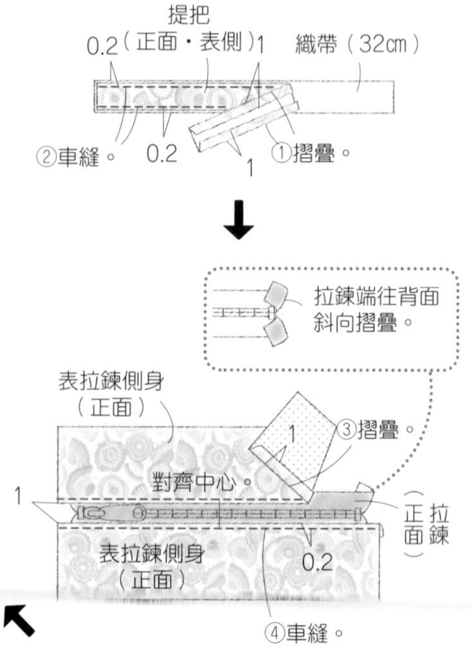

提把
0.2（正面・表側）1
織帶（32cm）
②車縫。
0.2
①摺疊。
1
拉鍊端往背面斜向摺疊。
表拉鍊側身（正面）
③摺疊。
1
對齊中心。
1
拉鍊（正面）
表拉鍊側身（正面）
0.2
④車縫。

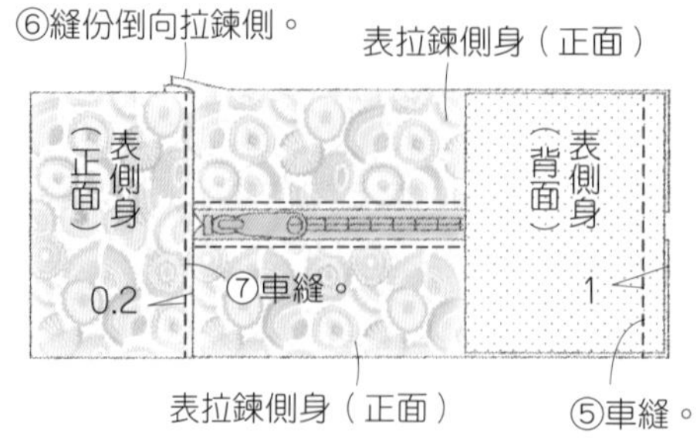

⑥縫份倒向拉鍊側。
表拉鍊側身（正面）
表側身（正面）
表側身（背面）
0.2
⑦車縫。
1
表拉鍊側身（正面）
⑤車縫。

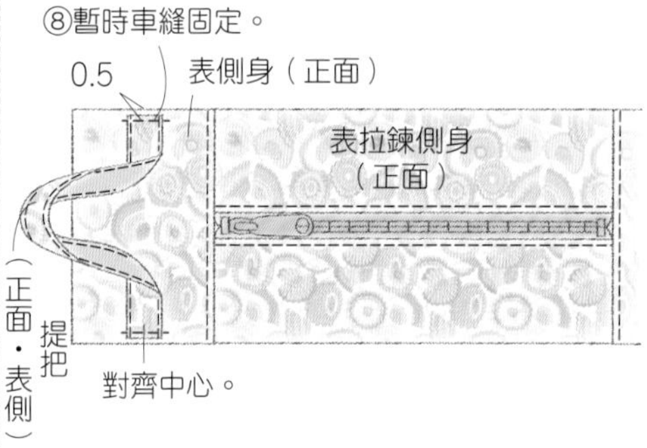

⑧暫時車縫固定。
0.5
表側身（正面）
表拉鍊側身（正面）
提把（正面・表側）
對齊中心。

3.製作裡側身

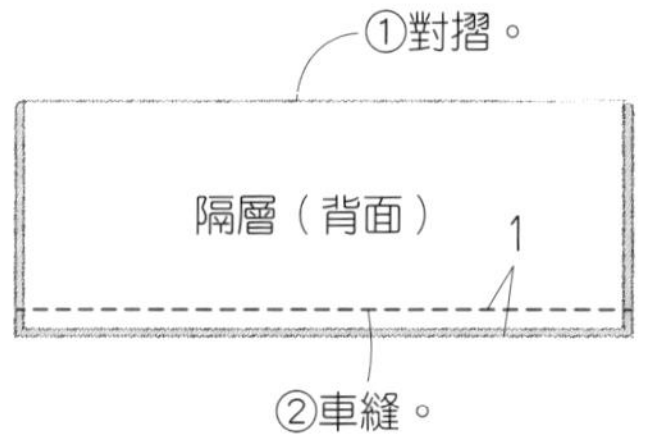

①對摺。
隔層（背面）
1
②車縫。

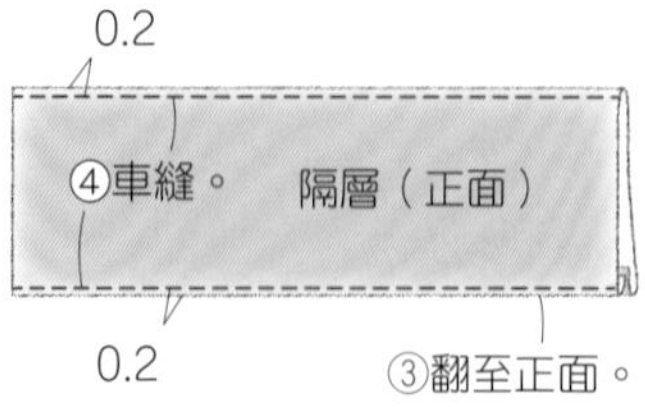

0.2
④車縫。
隔層（正面）
0.2
③翻至正面。

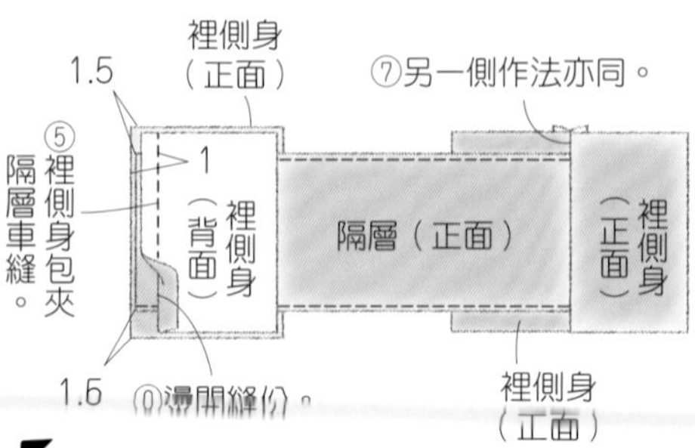

裡側身（正面）
1.5
⑦另一側作法亦同。
⑤裡側身包夾隔層車縫。
1
裡側身（背面）
隔層（正面）
裡側身（正面）
1.5
⑥邊開縫份。
裡側身（正面）

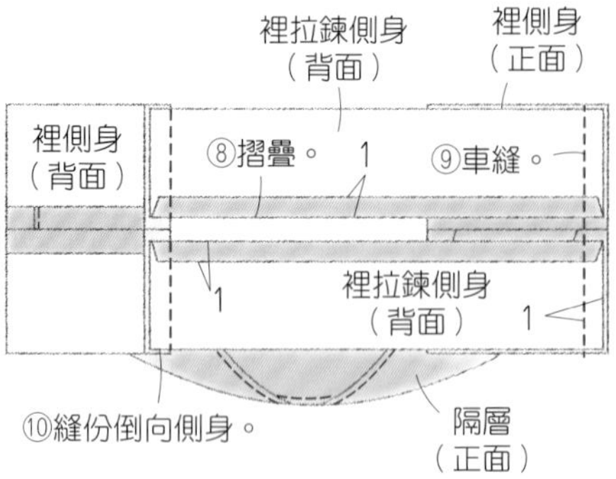

裡拉鍊側身（背面）
裡側身（正面）
裡側身（背面）
⑧摺疊。
1
⑨車縫。
1
裡拉鍊側身（背面）
1
⑩縫份倒向側身。
隔層（正面）

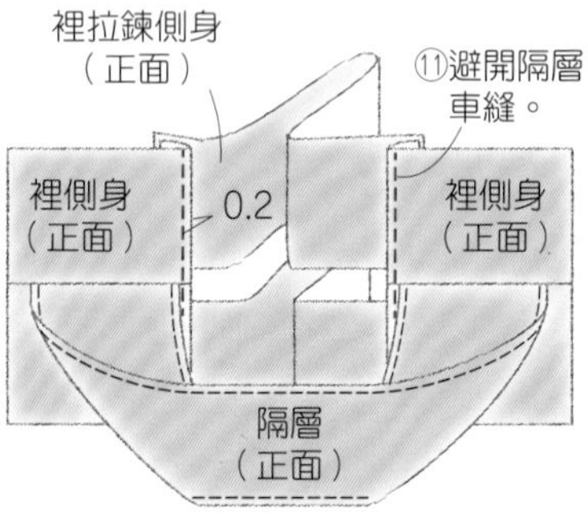

裡拉鍊側身（正面）
⑪避開隔層車縫。
裡側身（正面）
0.2
裡側身（正面）
隔層（正面）

4.製作本體

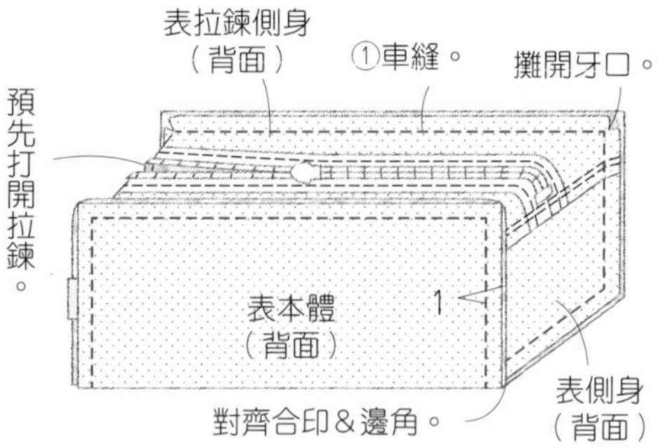

表拉鍊側身（背面）
①車縫。
攤開牙口。
預先打開拉鍊。
表本體（背面）
1
表側身（背面）
對齊合印＆邊角。

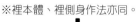

※裡本體、裡側身作法亦同。

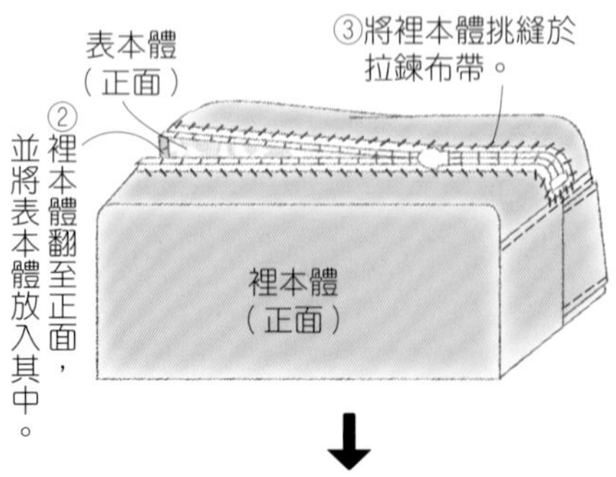

表本體（正面）
③將裡本體挑縫於拉鍊布帶。
②裡本體翻至正面，並將表本體放入其中。
裡本體（正面）

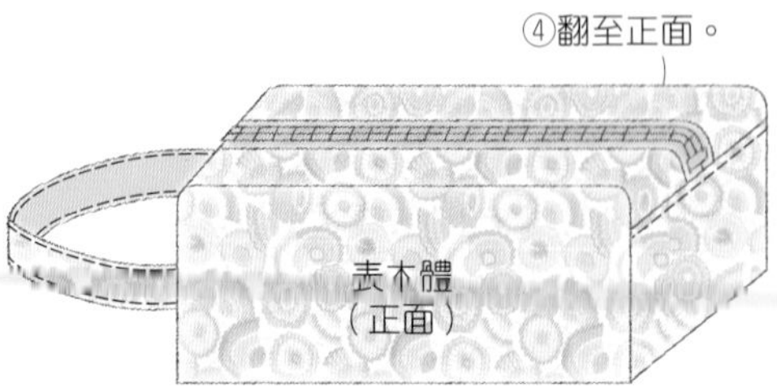

④翻至正面。
表本體（正面）

完成尺寸

寬32×高20㎝

原寸紙型

C面

材料

表布（棉布）100㎝×30㎝／**單膠鋪棉** 35㎝×25㎝
配布A（棉府綢布）40㎝×25㎝／**拉鍊** 18㎝×1條
配布B（保溫鋁箔布）35㎝×20㎝／**圓繩** 粗0.2㎝ 40㎝
包用織帶 寬3㎝ 110㎝／**塑膠插釦** 30㎜ 1組
日型環 寬30㎜ 1個／**繩釦** 1個／**雞眼釦** 內徑1㎝ 1個
已燙縫份的滾邊斜布條 寬2.2㎝ 90㎝

P.18_ No.29

隨身小包

裁布圖

※表・裡寶特瓶袋、口布無紙型，請依標示尺寸（已含縫份）直接裁剪。
※▭處於背面燙貼單膠鋪棉。

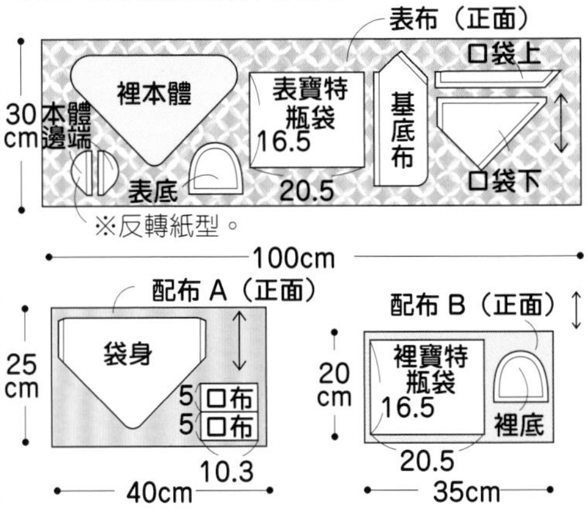

表布（正面）
裡本體
表寶特瓶袋
16.5
20.5
基底布
口袋上
口袋下
30cm
本體邊端
表底
※反轉紙型。
100cm
配布A（正面）
袋身
5 口布
5 口布
10.3
25cm
40cm
配布B（正面）
裡寶特瓶袋
16.5
20.5
裡底
20cm
35cm

1.製作口袋

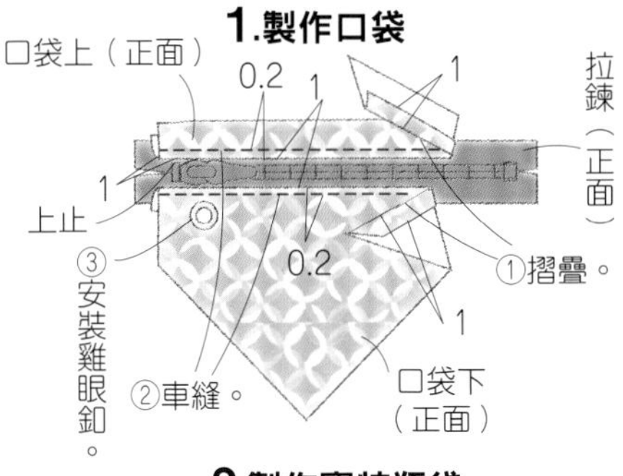

口袋上（正面）
0.2
1
1
拉鍊（正面）
1
上止
0.2
③安裝雞眼釦。
②車縫。
①摺疊。
1
口袋下（正面）

2.製作寶特瓶袋

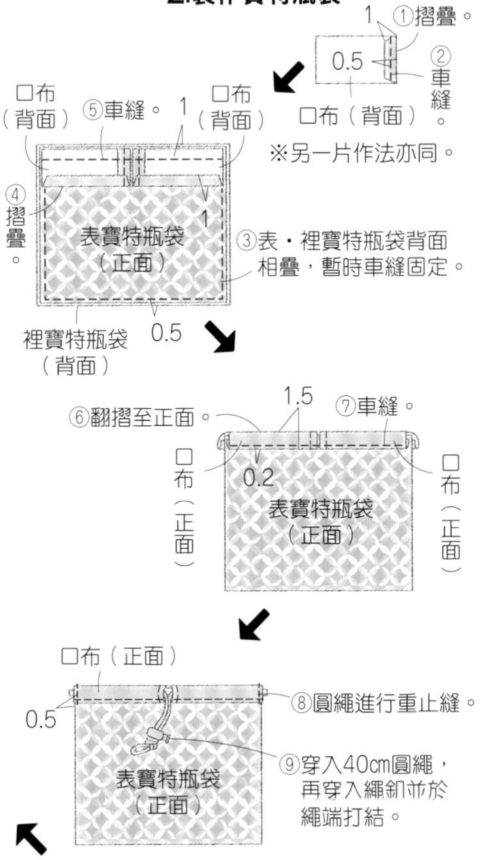

1 ①摺疊。
0.5
②車縫。
口布（背面）
※另一片作法亦同。
口布（背面）
⑤車縫。
1
口布（背面）
④摺疊。
表寶特瓶袋（正面）
③表・裡寶特瓶袋背面相疊，暫時車縫固定。
裡寶特瓶袋（背面）
0.5
1.5
⑥翻摺至正面。
⑦車縫。
0.2
口布（正面）
表寶特瓶袋（正面）
口布（正面）
口布（正面）
0.5
⑧圓繩進行重止縫。
⑨穿入40㎝圓繩，再穿入繩釦並於繩端打結。
表寶特瓶袋（正面）

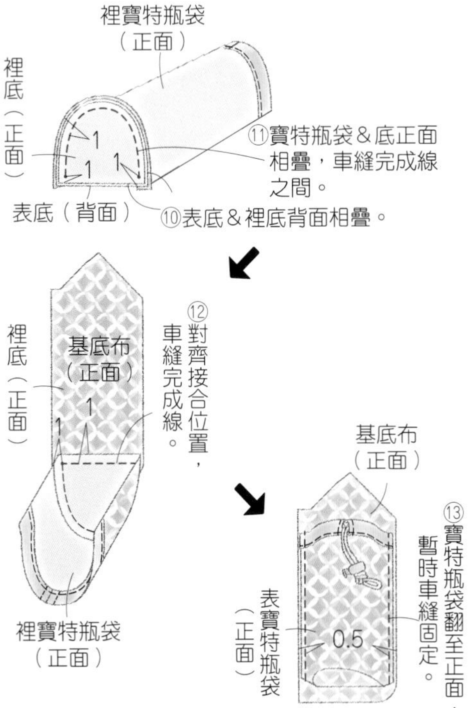

裡寶特瓶袋（正面）
裡底（正面）
1
1
1
⑪寶特瓶袋＆底正面相疊，車縫完成線之間。
表底（背面）
⑩表底＆裡底背面相疊。
裡底（正面）
基底布（正面）
1
1
⑫對齊接合位置，車縫完成線。
裡寶特瓶袋（正面）
基底布（正面）
表寶特瓶袋（正面）
0.5
⑬寶特瓶袋翻至正面，暫時車縫固定。

3.製作本體

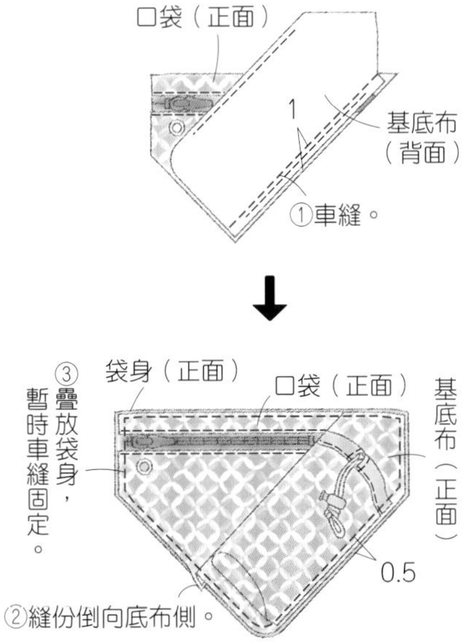

口袋（正面）
1
基底布（背面）
①車縫。
袋身（正面）
口袋（正面）
③疊放袋身，暫時車縫固定。
基底布（正面）
0.5
②縫份倒向底布側。

4.接縫本體邊端

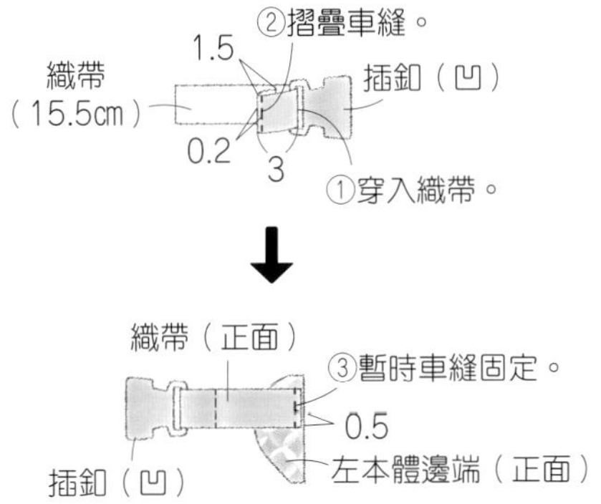

②摺疊車縫。
1.5
織帶（15.5㎝）
插釦（凹）
0.2
3
①穿入織帶。
織帶（正面）
③暫時車縫固定。
0.5
插釦（凹）
左本體邊端（正面）

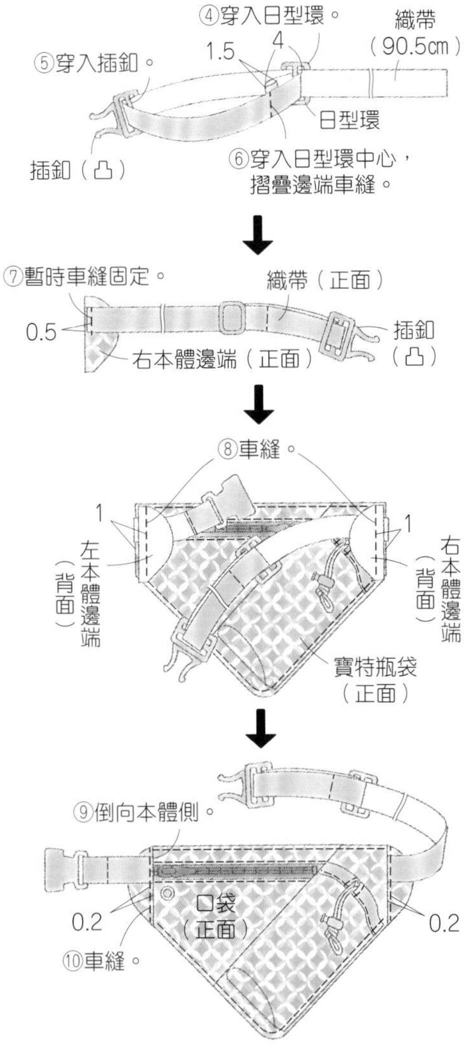

④穿入日型環。
織帶（90.5㎝）
1.5
4
⑤穿入插釦。
日型環
插釦（凸）
⑥穿入日型環中心，摺疊邊端車縫。
⑦暫時車縫固定。
織帶（正面）
0.5
插釦（凸）
右本體邊端（正面）
⑧車縫。
1
左本體邊端（背面）
1
右本體邊端（背面）
寶特瓶袋（正面）
⑨倒向本體側。
0.2
口袋（正面）
0.2
⑩車縫。

5.進行滾邊

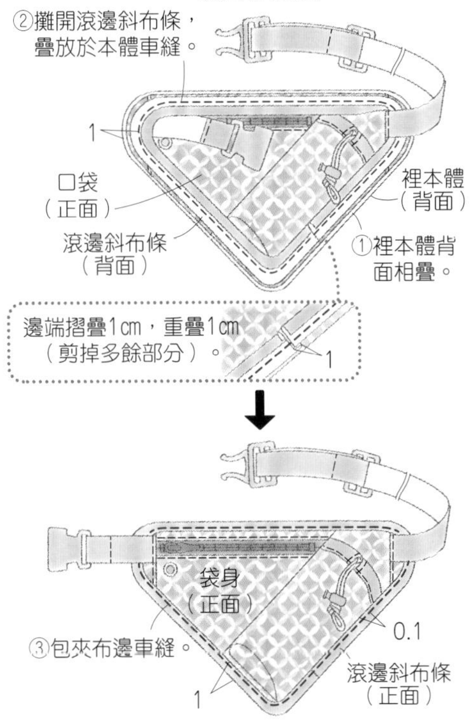

②攤開滾邊斜布條，疊放於本體車縫。
1
口袋（正面）
裡本體（背面）
滾邊斜布條（背面）
①裡本體背面相疊。
邊端摺疊1㎝，重疊1㎝（剪掉多餘部分）。
1
袋身（正面）
0.1
③包夾布邊車縫。
滾邊斜布條（正面）
1

完成尺寸

寬35×高80cm

原寸紙型

C面

材料

表布（亞麻布）80cm×85cm／**裡布**（棉布）80cm×130cm

配布（平紋精梳棉布）80cm×55cm

FLATKNIT拉鍊 33cm 1條

附雞眼釦包包底角 1個／**圓繩** 粗0.5cm 200cm

P.19_ No. 30

球拍袋

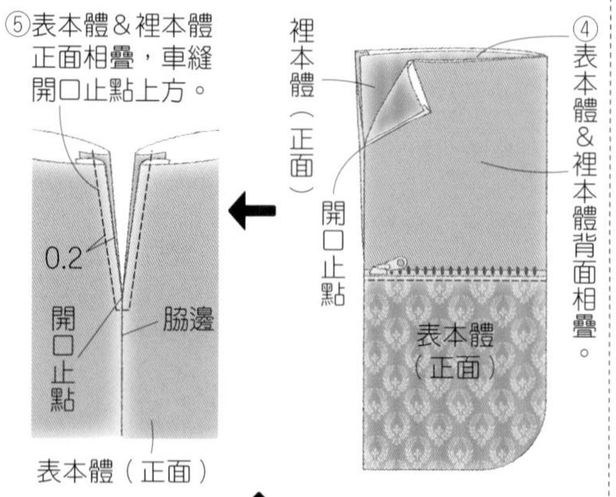

④表本體&裡本體背面相疊。
裡本體（正面）
開口止點
表本體（正面）
⑤表本體&裡本體正面相疊，車縫開口止點上方。
0.2
開口止點
脇邊
表本體（正面）

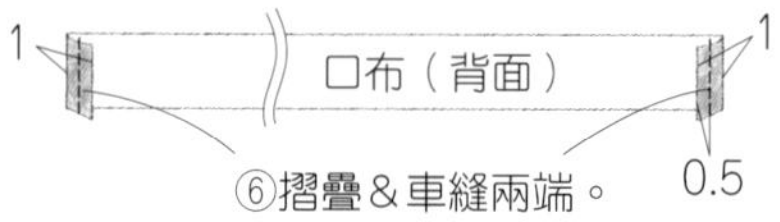

1
口布（背面）
1
⑥摺疊&車縫兩端。
0.5

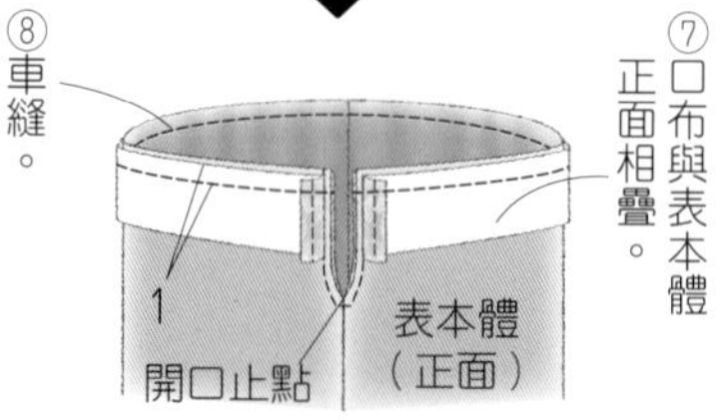

⑧車縫。
⑦口布與表本體正面相疊。
1
開口止點
表本體（正面）

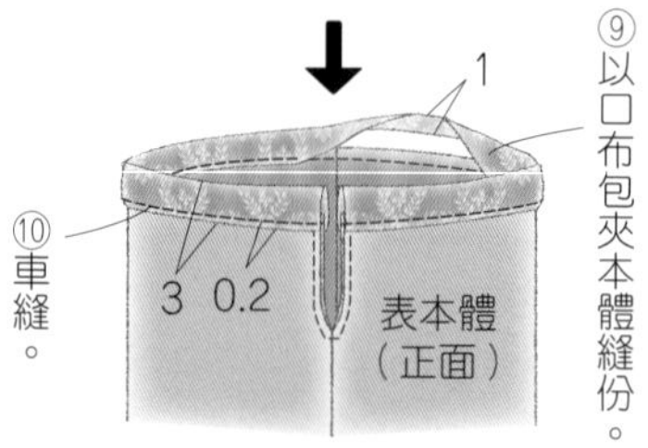

1
⑨以口布包夾本體縫份。
⑩車縫。
3
0.2
表本體（正面）

3.裝上圓繩

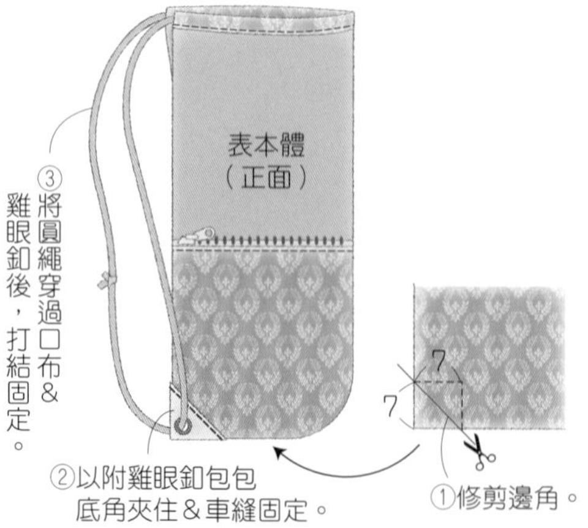

表本體（正面）
③將圓繩穿過口布&雞眼釦後，打結固定。
7
7
②以附雞眼釦包包底角夾住&車縫固定。
①修剪邊角。

附雞眼釦包包底角

1.接縫口袋

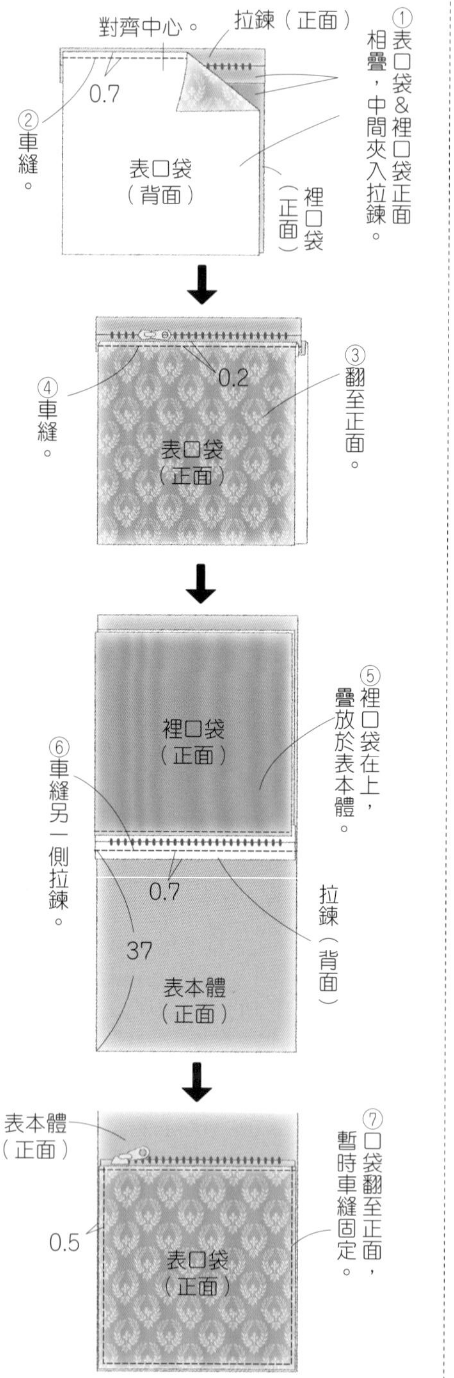

對齊中心。
拉鍊（正面）
①表口袋&裡口袋正面相疊，中間夾入拉鍊。
②車縫。
0.7
表口袋（背面）
裡口袋（正面）
0.2
④車縫。
③翻至正面。
表口袋（正面）
裡口袋（正面）
⑤裡口袋在上，疊放於表本體。
⑥車縫另一側拉鍊。
0.7
37
拉鍊（背面）
表本體（正面）
表本體（正面）
⑦口袋翻至正面，暫時車縫固定。
0.5
表口袋（正面）

2.製作本體

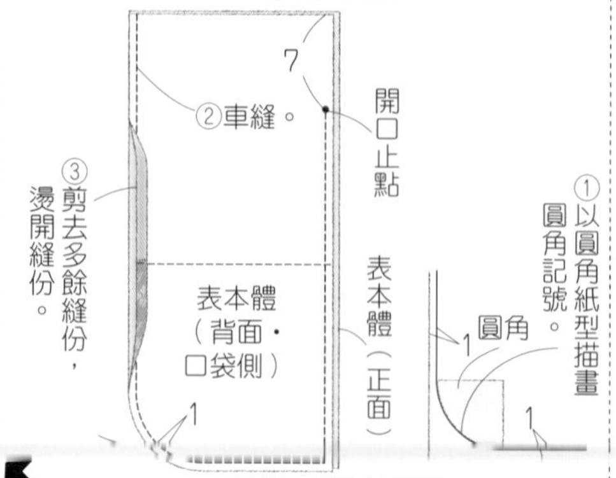

7
②車縫。
開口止點
③剪去多餘縫份，燙開縫份。
表本體（背面・口袋側）
表本體（正面）
①以圓角紙型描畫圓角記號。
圓角
1
1
1

※裡本體作法亦同。

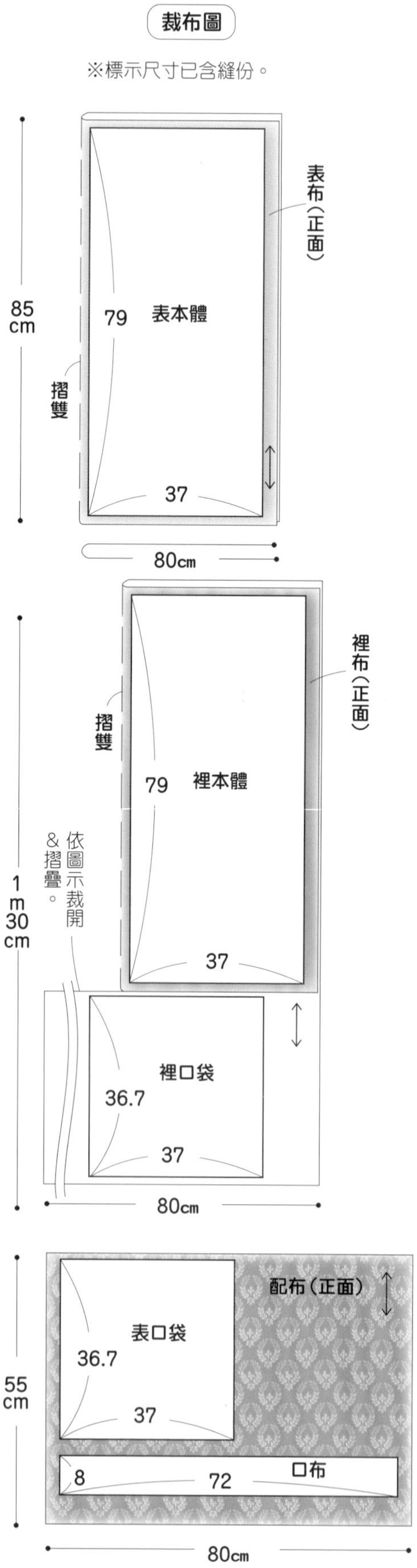

裁布圖
※標示尺寸已含縫份。
表布（正面）
85cm
79
表本體
摺雙
37
80cm
裡布（正面）
摺雙
79
裡本體
依圖示裁開&摺疊。
1m30cm
37
裡口袋
36.7
37
80cm
配布（正面）
表口袋
36.7
55cm
37
8
72
口布
80cm

完成尺寸

寬16×高30×側身8cm

原寸紙型

無

材料

表布（平紋精梳棉布）45cm×40cm

裡布（保溫鋁箔布）45cm×35cm

接著襯（中薄）45cm×40cm

包用織帶 寬2.5cm 65cm／**塑膠插釦** 寬25mm 1組

P.19_ No. 31

寶特瓶提袋

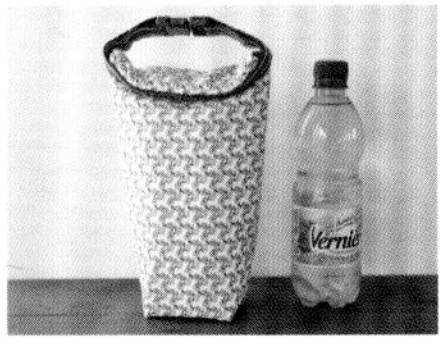

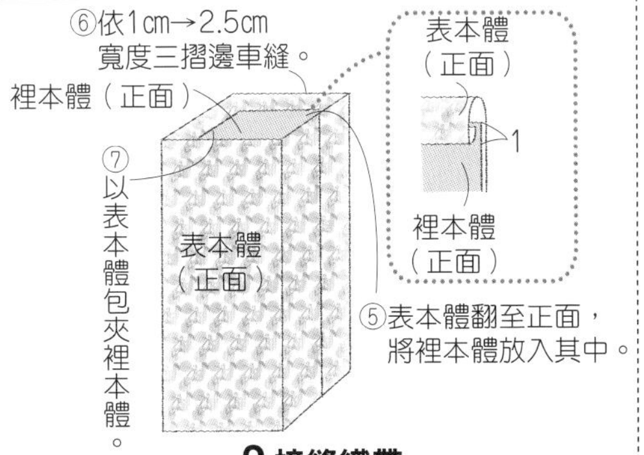

⑥依1cm→2.5cm寬度三摺邊車縫。
裡本體（正面）
⑦以表本體包夾裡本體。
表本體（正面）
表本體（正面）
1
裡本體（正面）
⑤表本體翻至正面，將裡本體放入其中。

2.接縫織帶

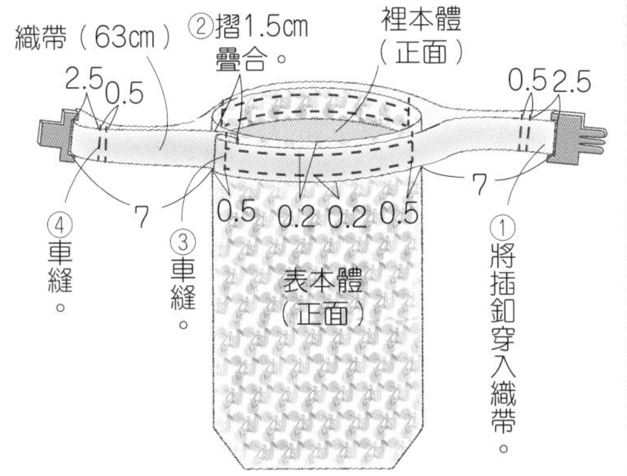

織帶（63cm）
②摺1.5cm疊合。
裡本體（正面）
2.5
0.5
0.5
2.5
④車縫。
7
③車縫。
0.5 0.2 0.2 0.5
7
①將插釦穿入織帶。
表本體（正面）

1.製作本體

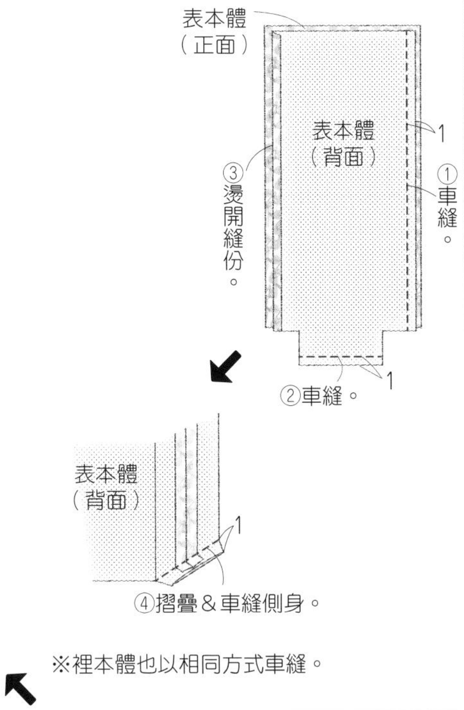

表本體（正面）
表本體（背面）
1
③燙開縫份。
①車縫。
②車縫。
1
表本體（背面）
1
④摺疊＆車縫側身。
※裡本體也以相同方式車縫。

裁布圖

※標示尺寸已含縫份。

※▭處於背面燙貼接著襯。

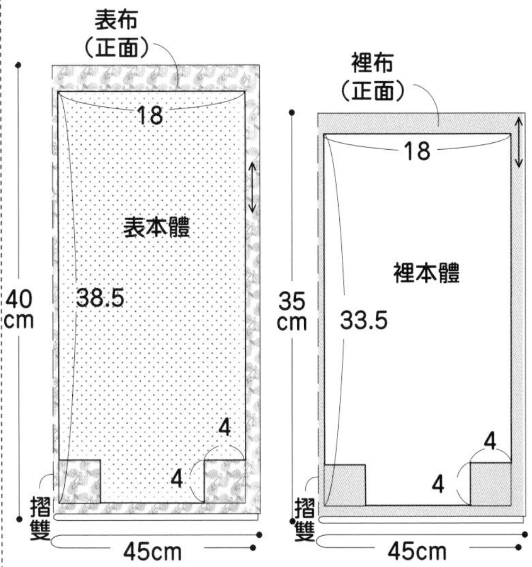

表布（正面）
18
表本體
40cm
38.5
4
4
摺雙
45cm
裡布（正面）
18
裡本體
35cm
33.5
4
4
摺雙
45cm

完成尺寸

寬10×高18cm
（不含吊繩）

原寸紙型

無

材料

表布（平紋精梳棉布）80cm×30cm

配布（塑膠布）10cm×20cm

接著襯（極厚）40cm×25cm

D型環 12mm 1個／**問號鉤** 10mm 1個

P.19_ No. 32

票卡套

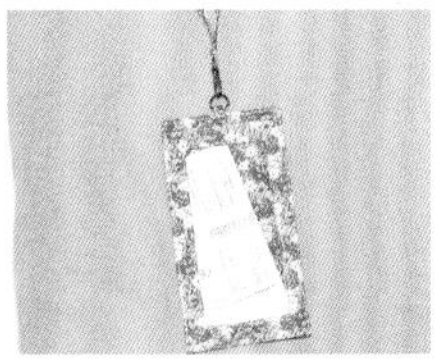

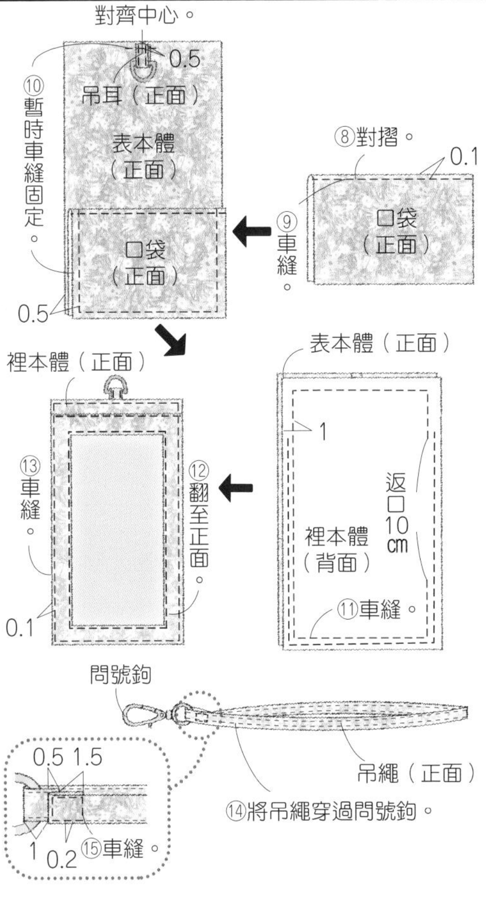

對齊中心。
0.5
吊耳（正面）
⑩暫時車縫固定。
表本體（正面）
口袋（正面）
0.5
⑧對摺。
0.1
⑨車縫。
口袋（正面）
裡本體（正面）
⑬車縫。
0.1
⑫翻至正面。
表本體（正面）
1
返口10cm
裡本體（背面）
⑪車縫。
問號鉤
0.5 1.5
1
0.2
⑮車縫。
吊繩（正面）
⑭將吊繩穿過問號鉤。

2.製作本體

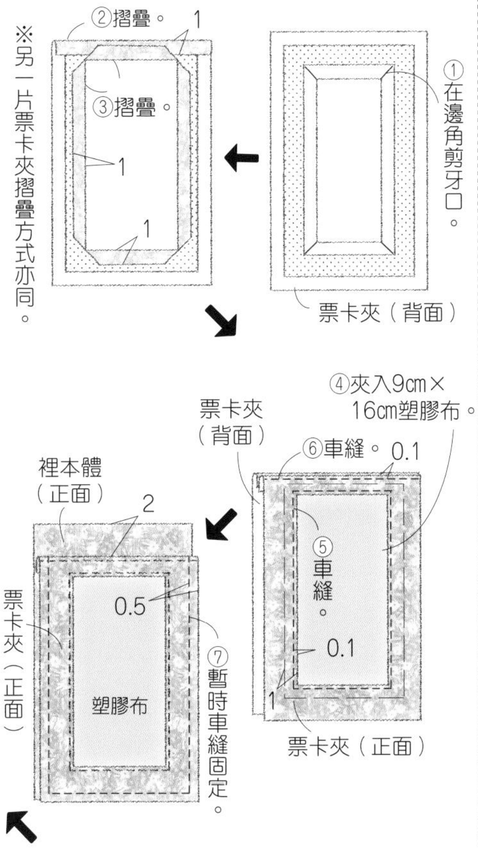

※另一片票卡夾摺疊方式亦同。
②摺疊。
1
③摺疊。
1
1
①在邊角剪牙口。
票卡夾（背面）
④夾入9cm×16cm塑膠布。
票卡夾（背面）
⑥車縫。
0.1
⑤車縫。
0.1
1
票卡夾（正面）
裡本體（正面）
2
0.5
票卡夾（正面）
塑膠布
⑦暫時車縫固定。

裁布圖

※標示尺寸已含縫份。

※▭處於背面燙貼接著襯（裡本體不用貼）。

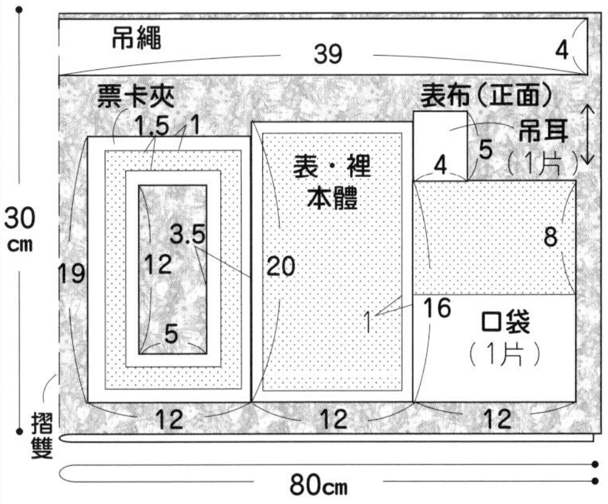

吊繩
39
4
票卡夾
1.5
1
表布（正面）
吊耳（1片）
4
5
表・裡本體
3.5
8
30cm
19
12
20
1
16
口袋（1片）
5
摺雙
12
12
12
80cm

1.製作吊耳＆吊繩

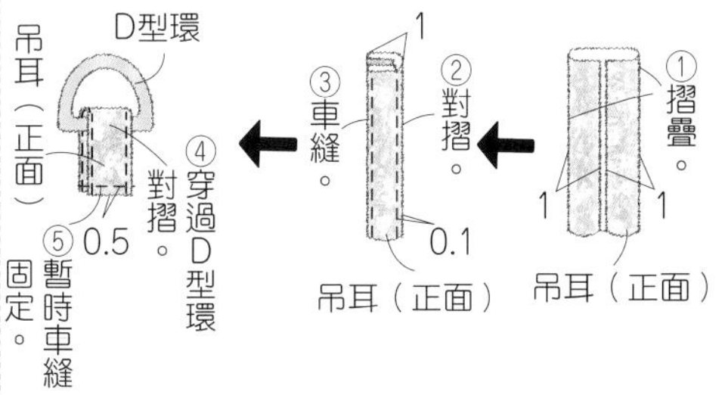

吊耳（正面）
D型環
④穿過D型環對摺。
⑤0.5暫時車縫固定。
③車縫。
1
②對摺。
0.1
吊耳（正面）
①摺疊。
1
1
吊耳（正面）

※吊繩作法亦同步驟①至③。

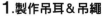

完成尺寸

寬31×高34×側身12㎝

原寸紙型

無

材料

表布（合成皮布）135㎝×65㎝

裡布（尼龍布）135㎝×65㎝

尼龍拉鍊 40㎝ 1條

P.20_ No. 33

合成皮托特包

裁布圖

※標示尺寸已含縫份。

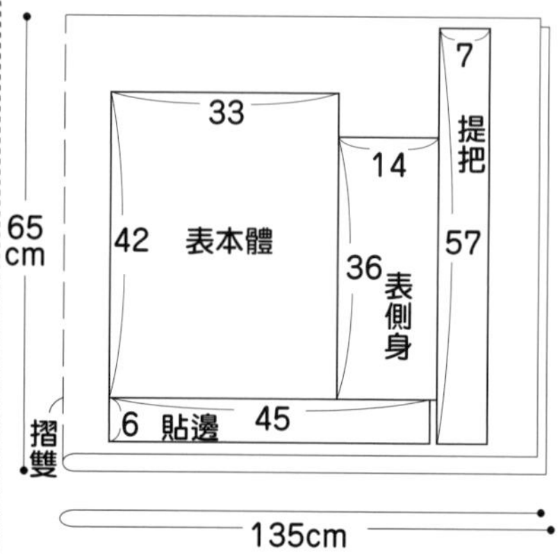
7
33
14
提把
65㎝
42
表本體
57
36
表側身
摺雙
6 貼邊 45
135㎝

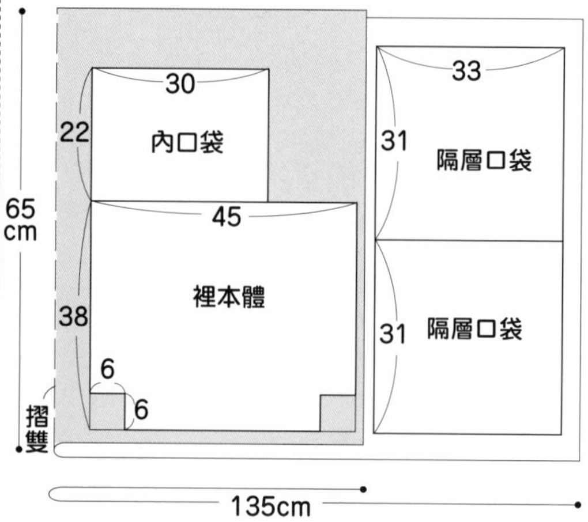
30
33
22
內口袋
31
隔層口袋
65㎝
45
38
裡本體
31
隔層口袋
6
6
摺雙
135㎝

1.製作表本體

①參照P.21「提把作法」製作提把。

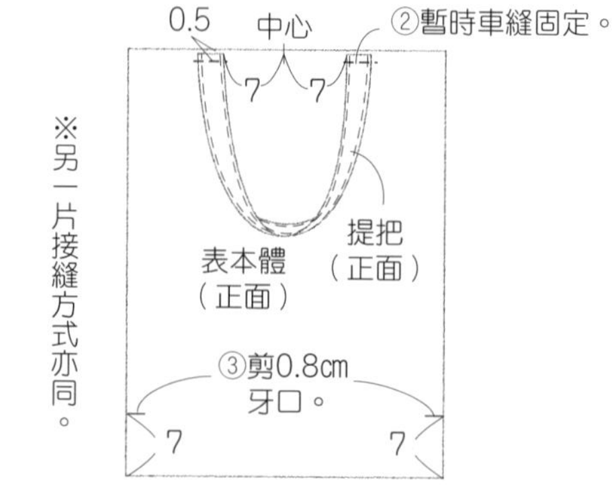
0.5
中心
②暫時車縫固定。
7
7
※另一片接縫方式亦同。
提把（正面）
表本體（正面）
③剪0.8㎝牙口。
7
7

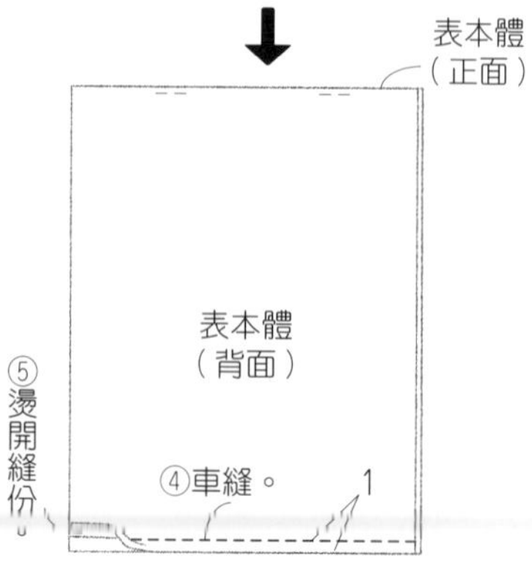
表本體（正面）
表本體（背面）
⑤燙開縫份。
④車縫。
1

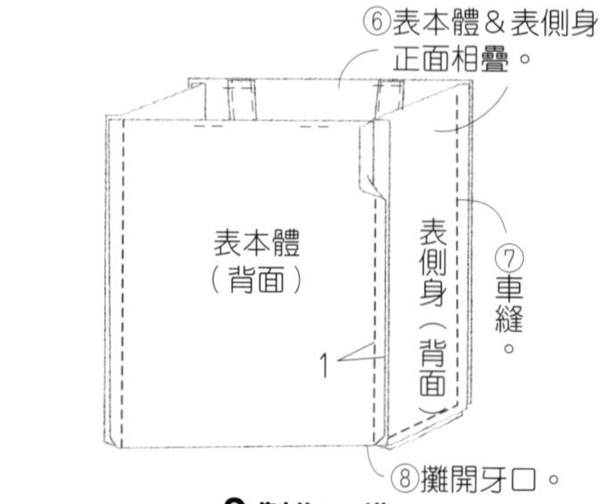
⑥表本體&表側身正面相疊。
表本體（背面）
表側身（背面）
⑦車縫。
1
⑧攤開牙口。

2.製作口袋

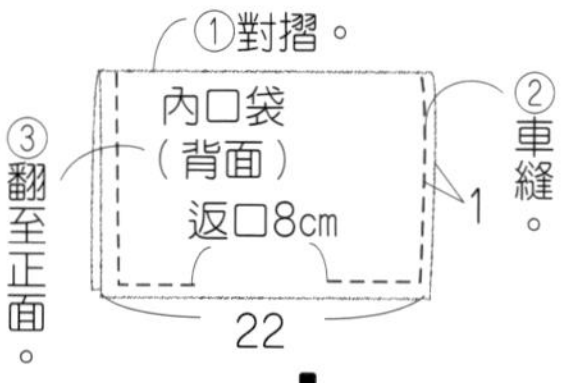
①對摺。
內口袋（背面）
③翻至正面。
②車縫。
返口8㎝
1
22

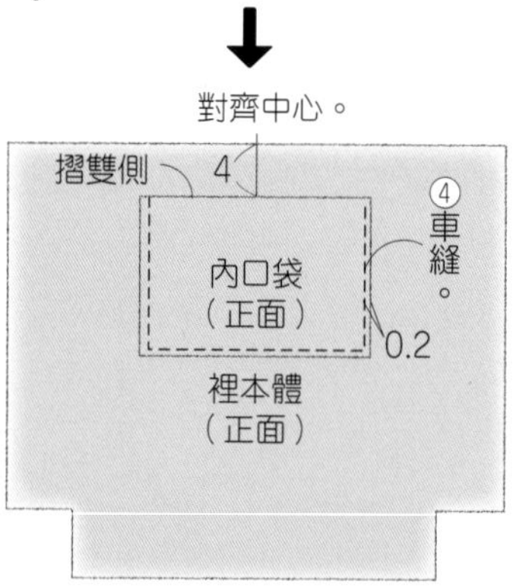
對齊中心。
摺雙側
4
④車縫。
內口袋（正面）
0.2
裡本體（正面）

⑤參照P.21「隔層口袋拉鍊的接縫方式」，在隔層口袋接縫拉鍊。

3.製作裡本體

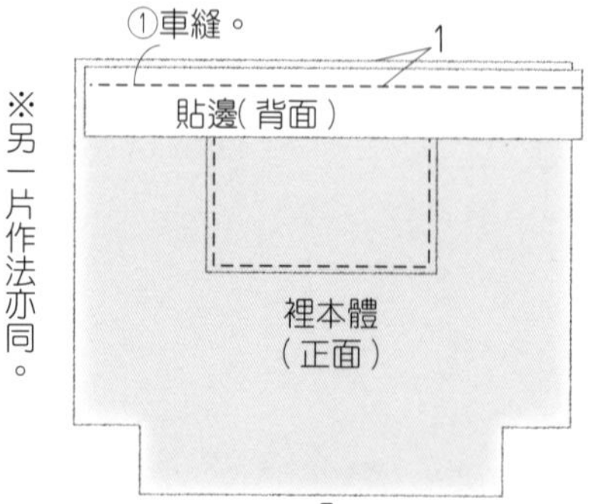
①車縫。
1
貼邊（背面）
※另一片作法亦同。
裡本體（正面）

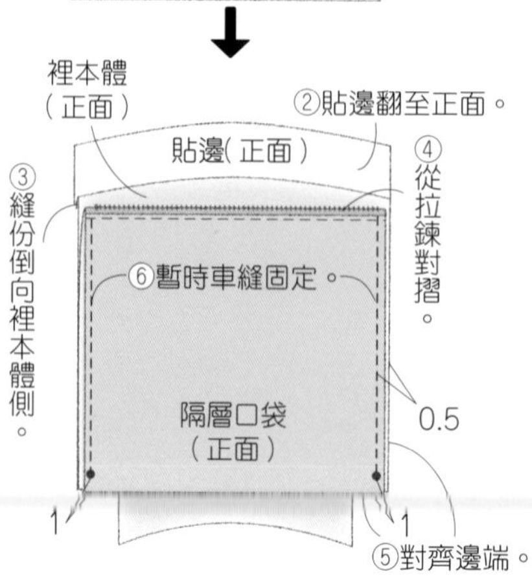
裡本體（正面）
②貼邊翻至正面。
貼邊（正面）
③縫份倒向裡本體側。
④從拉鍊對摺。
⑥暫時車縫固定。
隔層口袋（正面）
0.5
1
1
⑤對齊邊端。

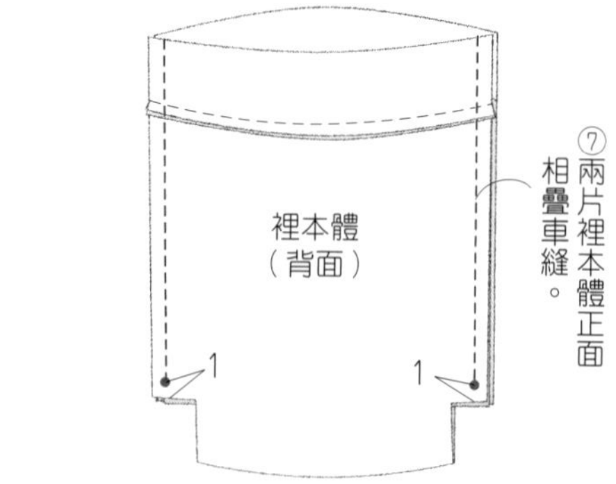
裡本體（背面）
⑦兩片裡本體正面相疊車縫。
1
1

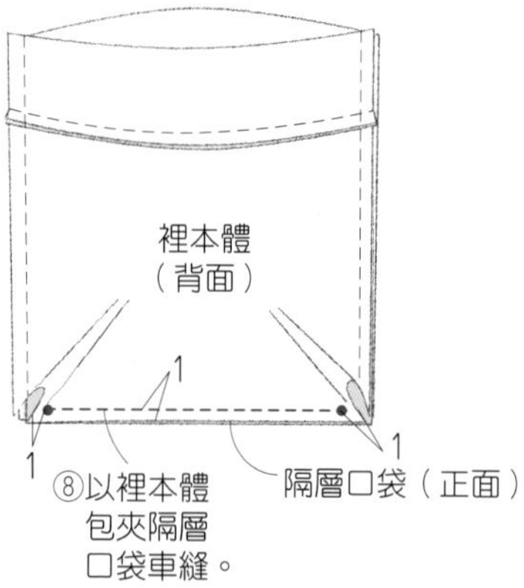
裡本體（背面）
1
1
1
⑧以裡本體包夾隔層口袋車縫。
隔層口袋（正面）

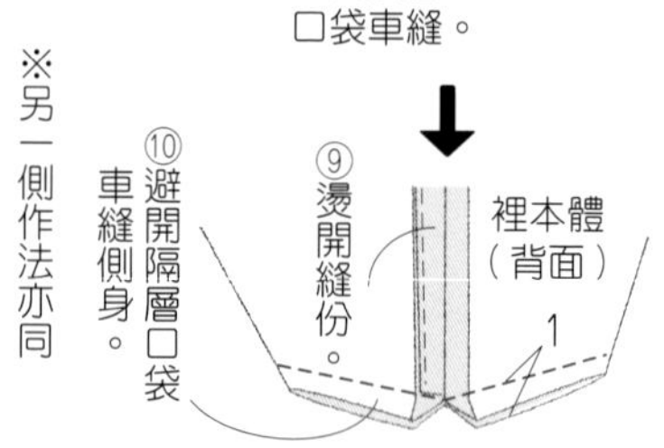
※另一側作法亦同
⑩避開隔層口袋車縫側身。
⑨燙開縫份。
裡本體（背面）
1

4.套疊表本體&裡本體

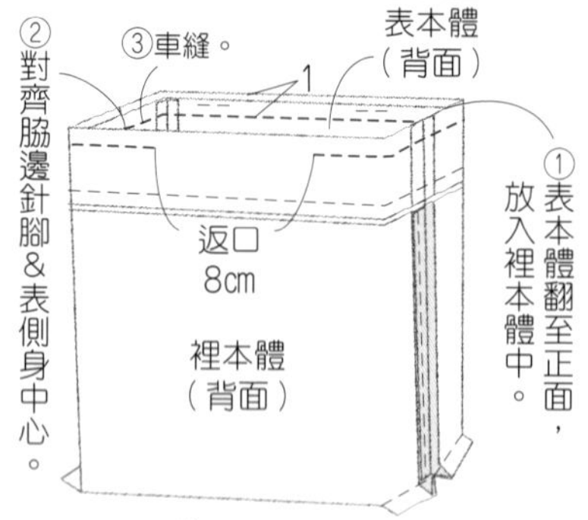
②對齊脇邊針腳&表側身中心。
③車縫。
1
表本體（背面）
①表本體翻至正面，放入裡本體中。
返口8㎝
裡本體（背面）

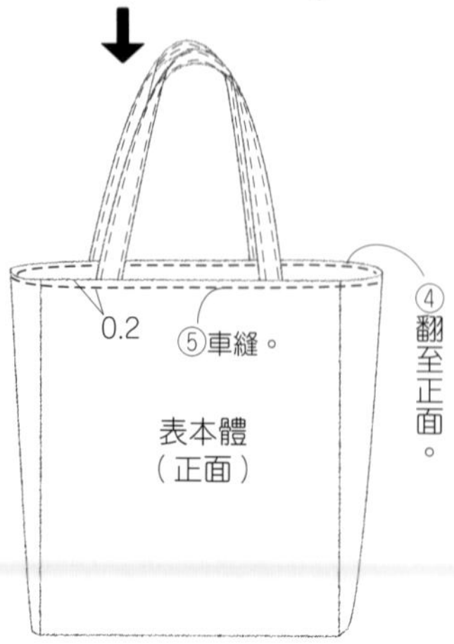
0.2
⑤車縫。
④翻至正面。
表本體（正面）

完成尺寸

寬41×高22 X側身15cm

原寸紙型

A面

材料

表布（進口布）155cm×30cm
裡布（棉麻布）110cm×40cm／**皮標籤** 1片
接著襯（medium）92cm×60cm／**底板** 40cm×15cm
皮帶（soft smooth皮布）寬4cm 50cm 2條
GARA紡繩 粗0.6cm 40cm／**磁釦** 1.8cm 1組

P.30_ No. 34 設計感提把托特包

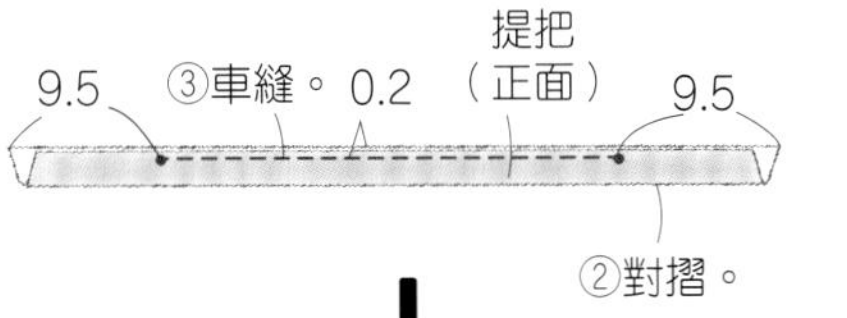

提把
（正面）
9.5
③車縫。
0.2
9.5
②對摺。

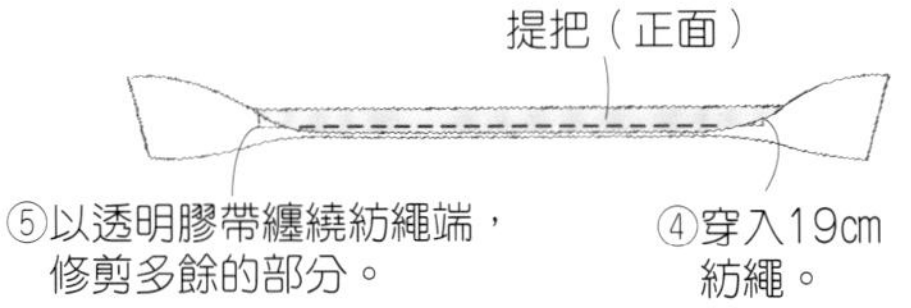

提把（正面）
⑤以透明膠帶纏繞紡繩端，
修剪多餘的部分。
④穿入19cm
紡繩。

※另一條作法亦同。

紡繩穿繩法

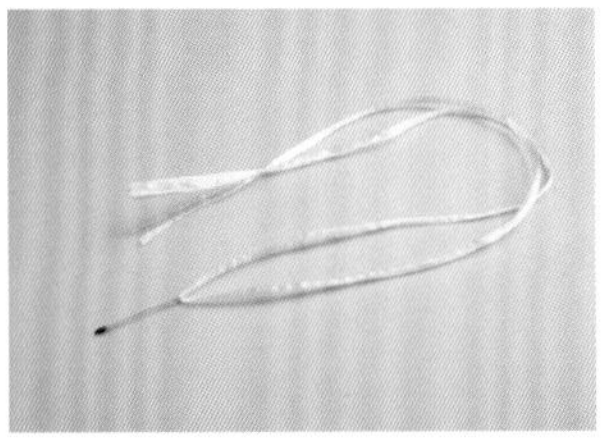

❶將塑膠繩穿過穿繩器後打結。

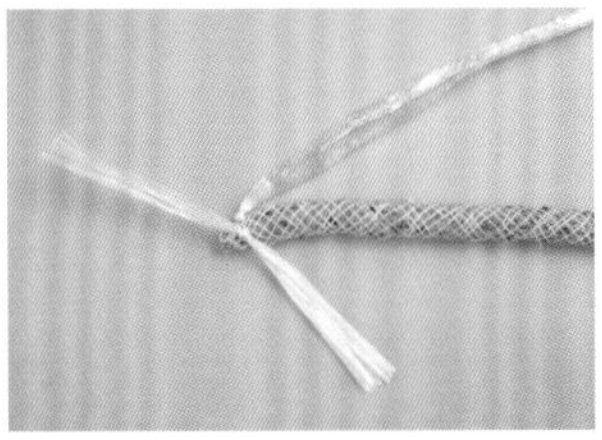

❷避免塑膠繩脫落，牢牢與紡繩端打結。

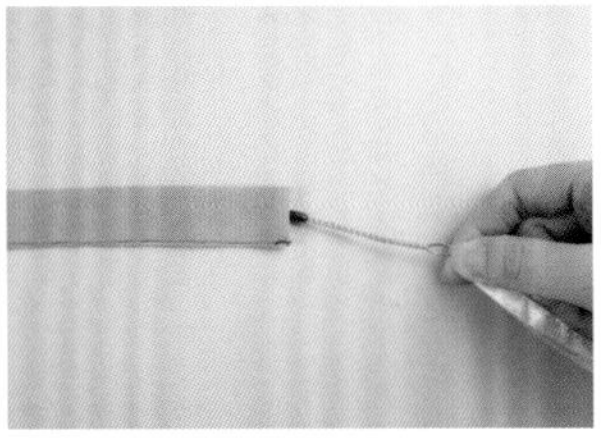

❸將穿繩器伸入提把內，穿入紡繩。

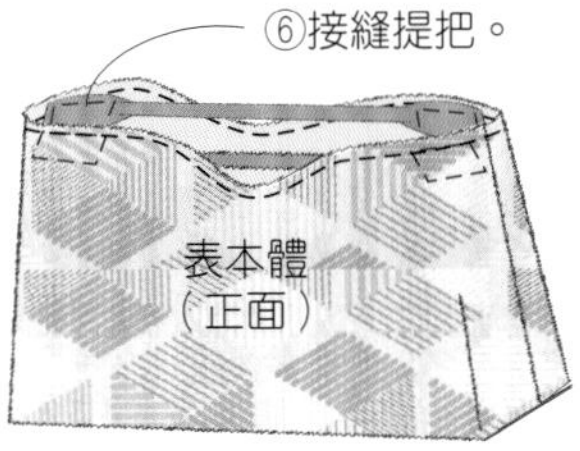

⑥接縫提把。
表本體
（正面）

2.製作裡本體

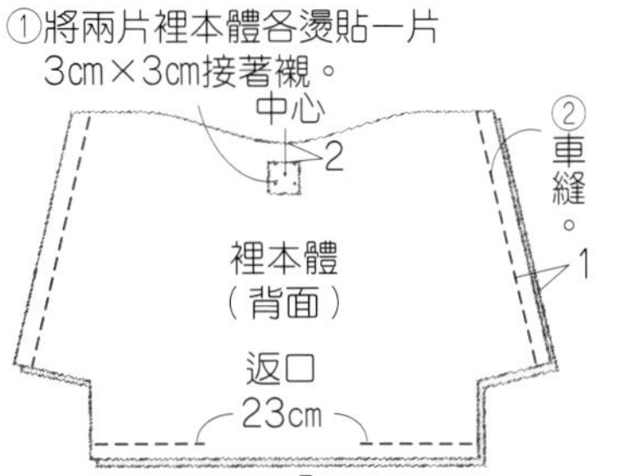

①將兩片裡本體各燙貼一片
3cm×3cm接著襯。
中心
2
②車縫。
1
裡本體
（背面）
返口
23cm

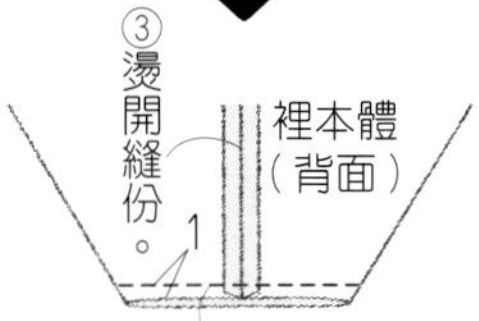

③燙開縫份。
1
裡本體
（背面）
④摺疊＆車縫側身。

※另一側作法亦同。

3.套疊表本體＆裡本體

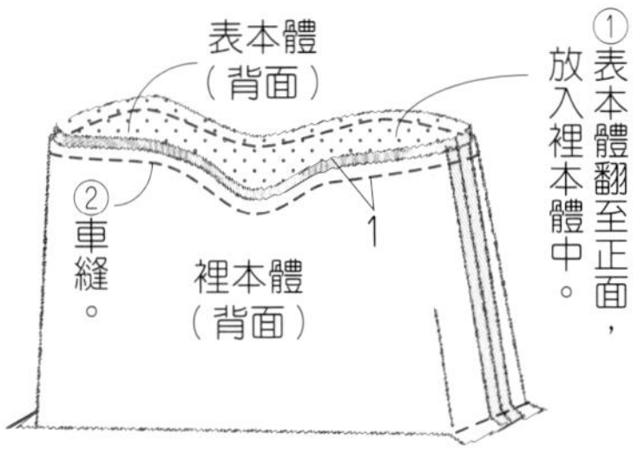

表本體
（背面）
①表本體翻至正面，放入裡本體中。
②車縫。
1
裡本體
（背面）

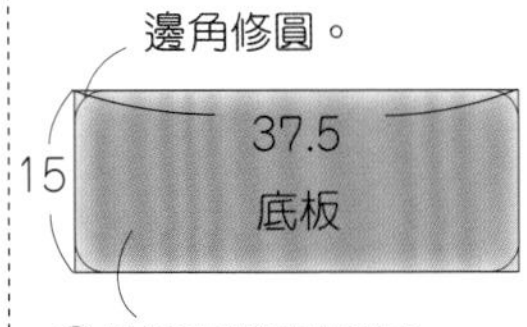

邊角修圓。
37.5
15
底板

⑥從返口將底板放入內裡，縫合返口。

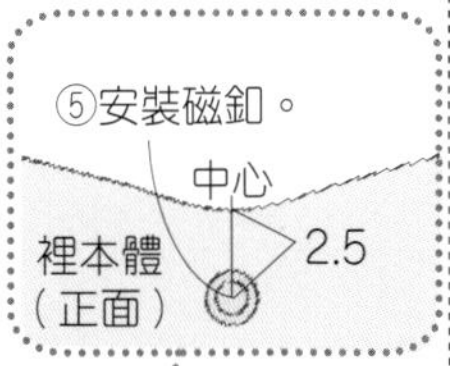

⑤安裝磁釦。
中心
裡本體
（正面）
2.5

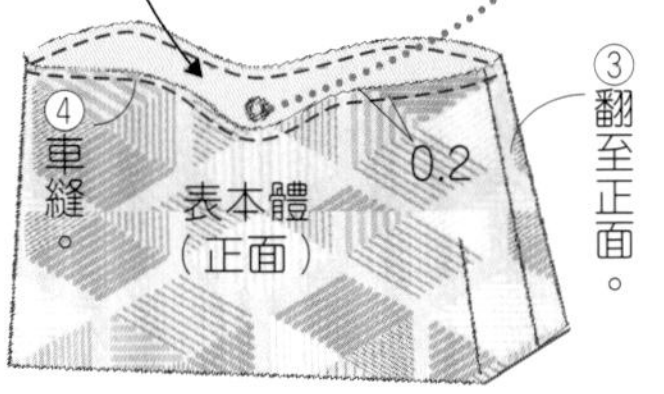

④車縫。
0.2
③翻至正面。
表本體
（正面）

4.接縫提把

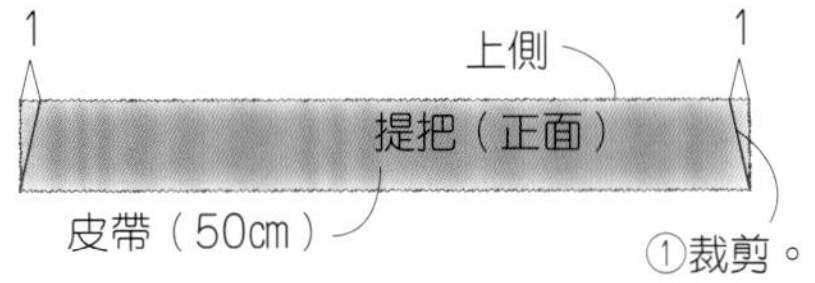

1
上側
1
提把（正面）
皮帶（50cm）
①裁剪。

裁布圖

※底部無紙型，請依標示尺寸（已含縫份）直接裁剪。
※▭處於背面燙貼單膠襯。

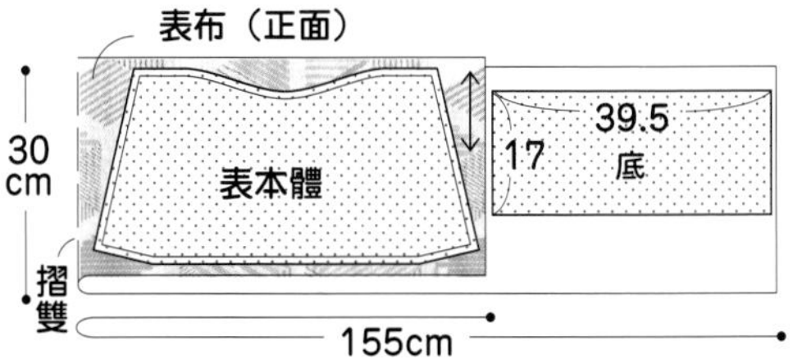

表布（正面）
30cm
表本體
39.5
17
底
摺雙
155cm

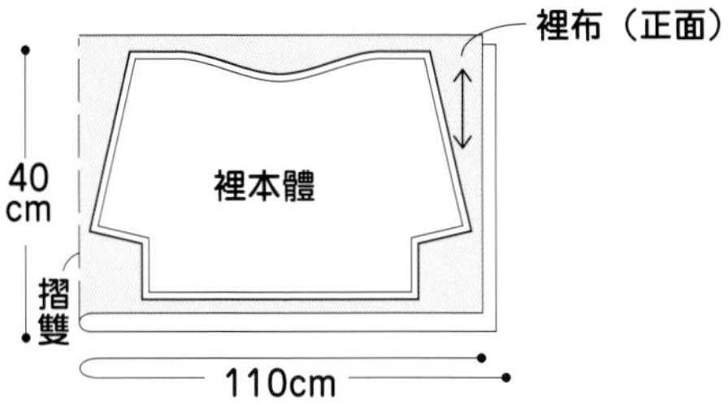

裡布（正面）
40cm
裡本體
摺雙
110cm

1.製作表本體

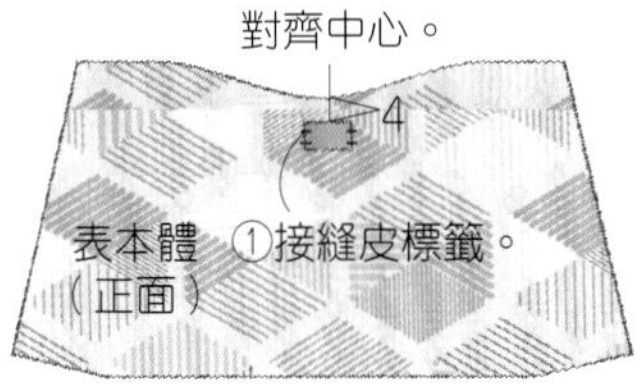

對齊中心。
4
表本體
（正面）
①接縫皮標籤。

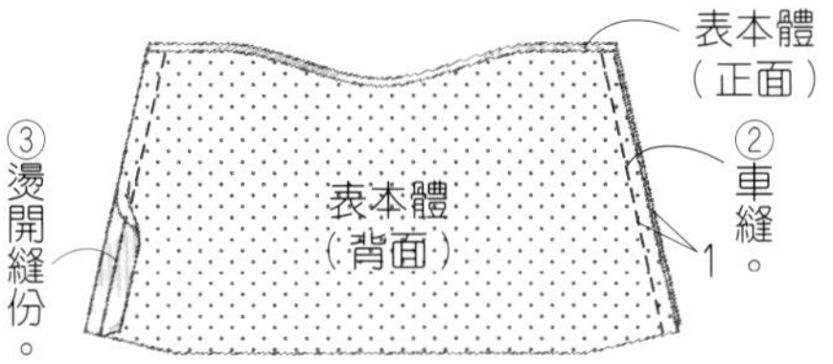

表本體
（正面）
③燙開縫份。
表本體
（背面）
②車縫。
1

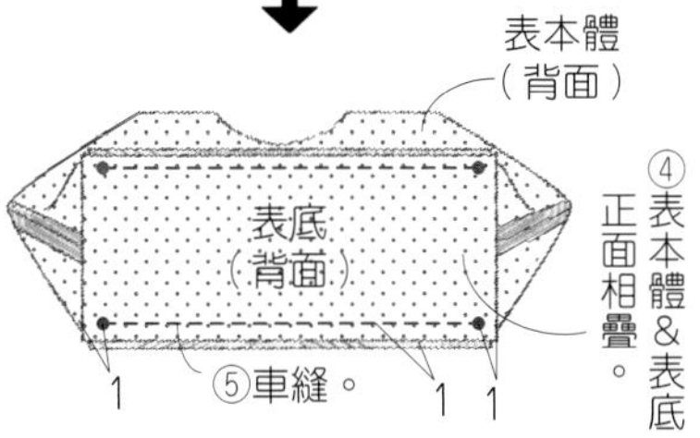

表本體
（背面）
④表本體＆表底正面相疊。
表底
（背面）
1
⑤車縫。
1
1

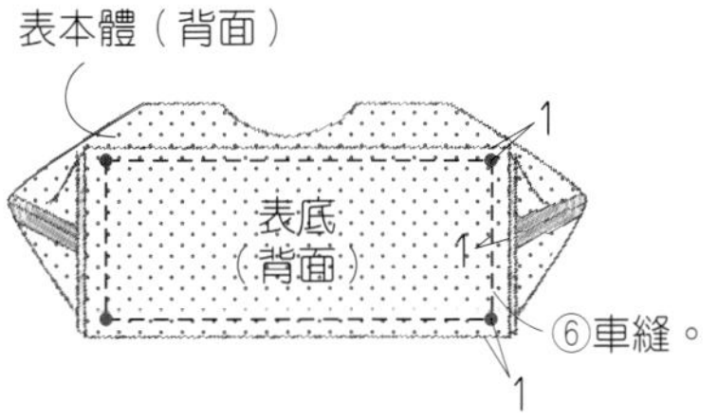

表本體（背面）
1
表底
（背面）
1
⑥車縫。
1

完成尺寸
寬37.5×高35.5×側身16cm

原寸紙型
無

材料
表布（進口布）137cm×50cm
裡布（棉布）110cm×60cm／**皮帶** 寬2cm 120cm
接著襯（soft）92cm×60cm
皮標籤 1片

P.31_No.36 方形手提袋

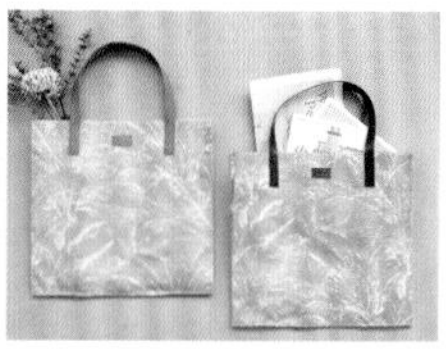

裁布圖

※無原寸紙型，請依標示尺寸（已含縫份）直接裁剪。
※▭處於背面燙貼接著襯。

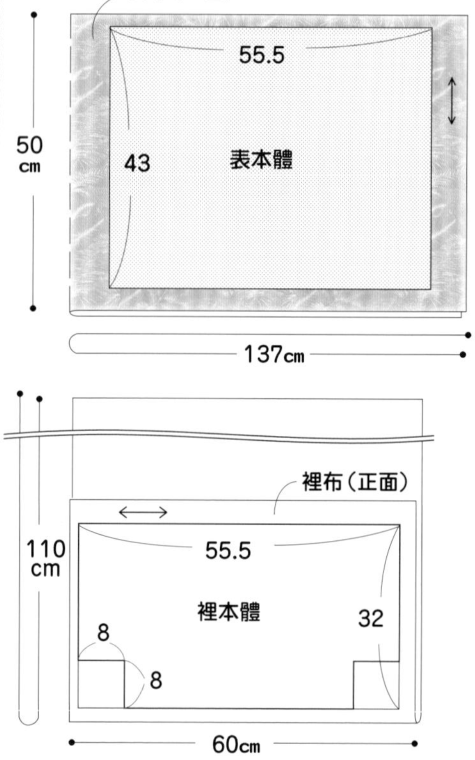

表布（正面）
55.5
43
表本體
50cm
137cm
裡布（正面）
55.5
裡本體
32
8
8
110cm
60cm

1.接縫表本體&裡本體

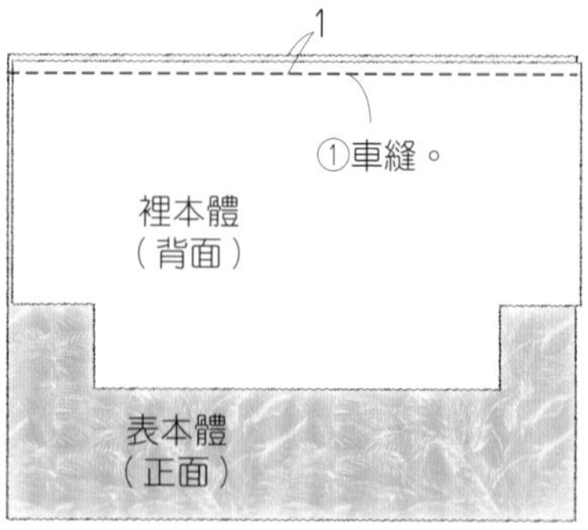

1
①車縫。
裡本體
（背面）
表本體
（正面）

※另一側表本體&裡本體作法亦同。

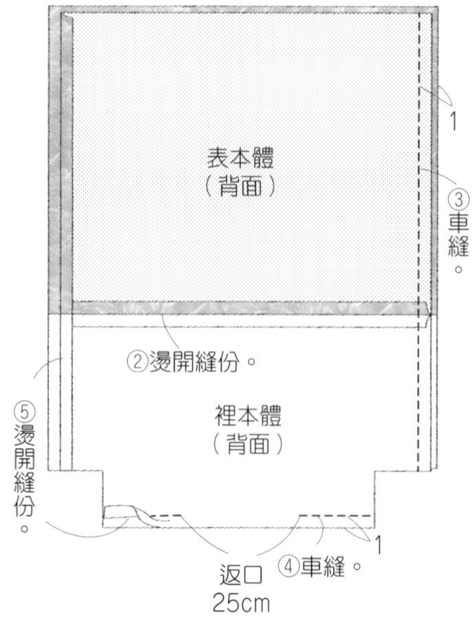

表本體
（背面）
1
③車縫。
②燙開縫份。
裡本體
（背面）
⑤燙開縫份。
返口
25cm
④車縫。
1

2.車縫側身

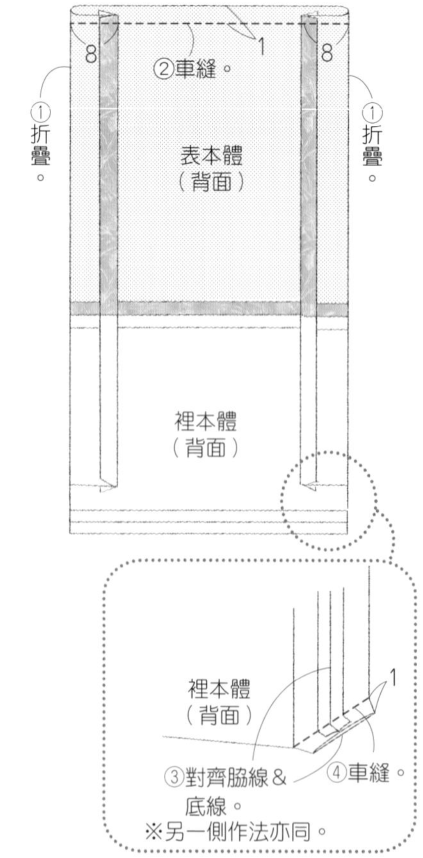

8
8
1
②車縫。
①折疊。
①折疊。
表本體
（背面）
裡本體
（背面）
裡本體
（背面）
1
③對齊脇線&底線。
④車縫。
※另一側作法亦同。

3.於本體車縫壓線

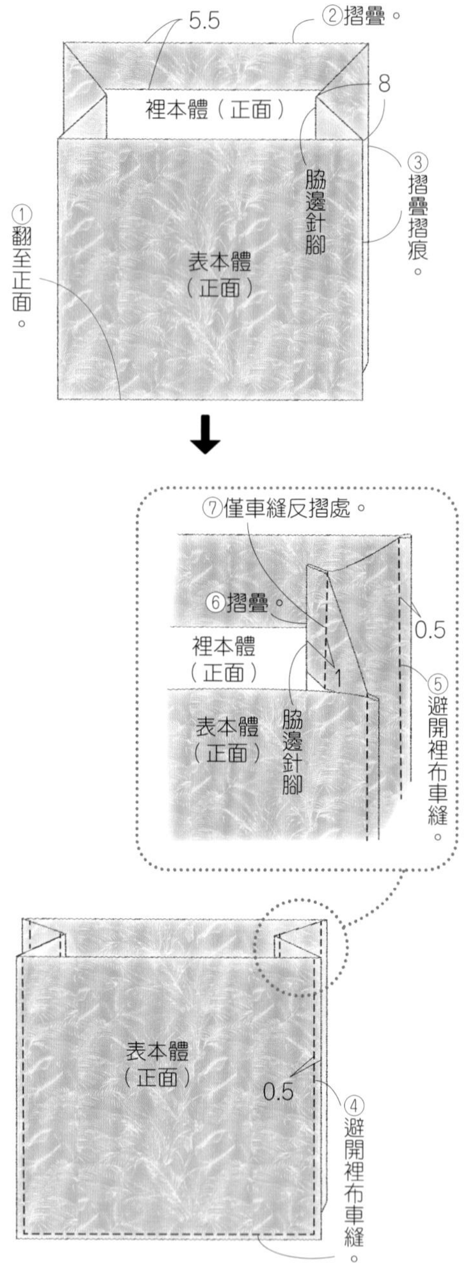

5.5
②摺疊。
裡本體（正面）
8
③摺疊摺痕。
脇邊針腳
①翻至正面。
表本體
（正面）
⑦僅車縫反摺處。
⑥摺疊。
0.5
裡本體
（正面）
1
⑤避開裡布車縫。
表本體
（正面）
脇邊針腳
表本體
（正面）
0.5
④避開裡布車縫。

4.接縫提把&皮標籤

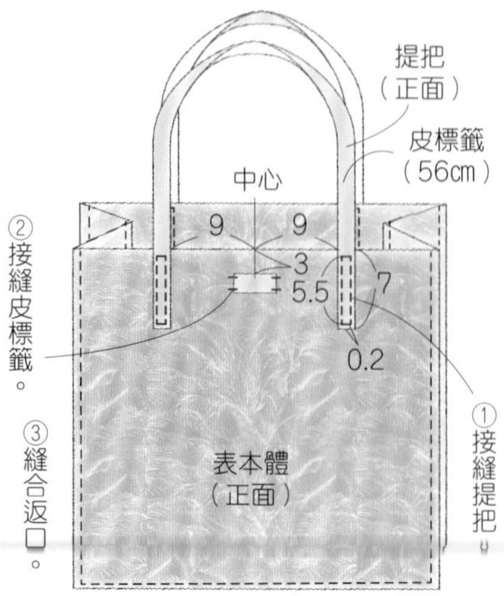

提把
（正面）
皮標籤
（56cm）
中心
9
9
3
5.5
7
0.2
②接縫皮標籤。
③縫合返口。
①接縫提把。
表本體
（正面）

完成尺寸

寬42×高30×側身25.5cm

原寸紙型

A面

材料

表布（進口布）145cm×50cm
裡布（棉布）110cm×55cm／**皮標籤** 1片
接著襯（SWANY medium）92cm×75cm
皮帶（soft smooth皮布）寬4cm×50cm 2條
D型環 寬15mm 1個／**問號鉤** 寬15mm 1個

P.31_ No. 37

單柄圓底托特包

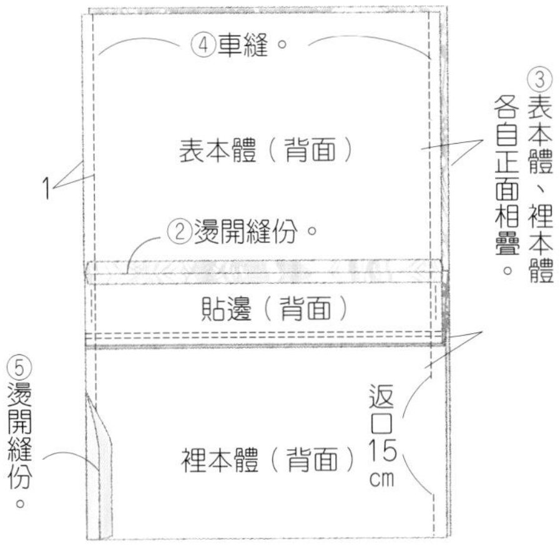

④車縫。
③表本體、裡本體各自正面相疊。
1
表本體（背面）
②燙開縫份。
貼邊（背面）
⑤燙開縫份。
返口15cm
裡本體（背面）

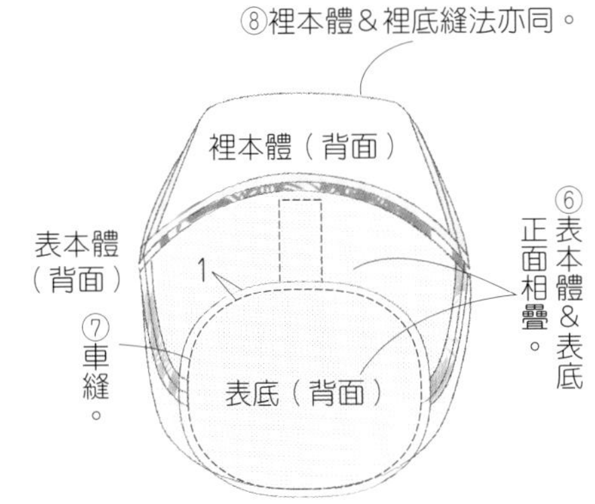

⑧裡本體＆裡底縫法亦同。
裡本體（背面）
表本體（背面）
1
⑥表本體＆表底正面相疊。
⑦車縫。
表底（背面）

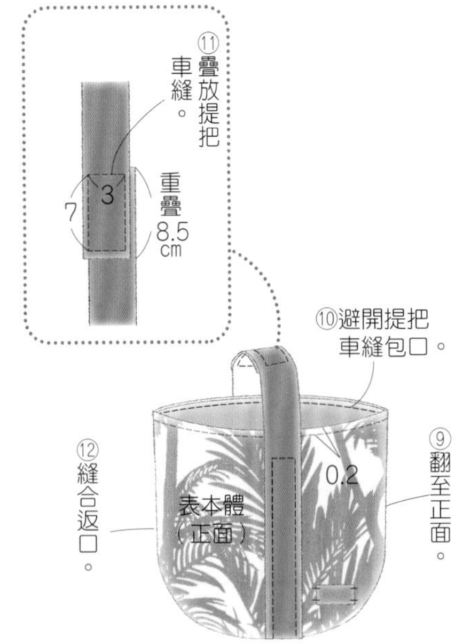

⑪疊放提把車縫。
3
7
重疊8.5cm
⑩避開提把車縫包口。
⑫縫合返口。
0.2
⑨翻至正面。
表本體（正面）

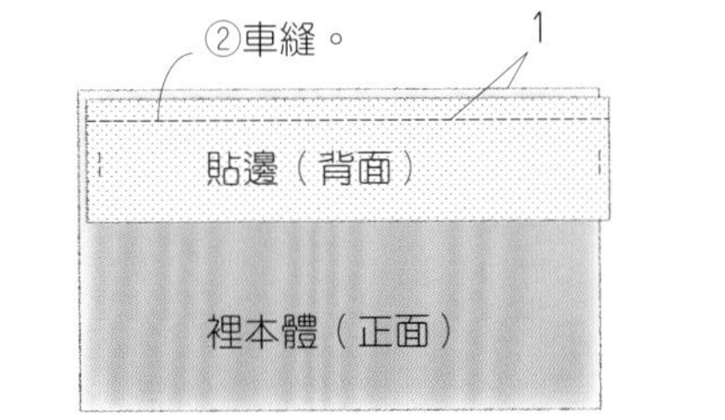

②車縫。
1
貼邊（背面）
裡本體（正面）

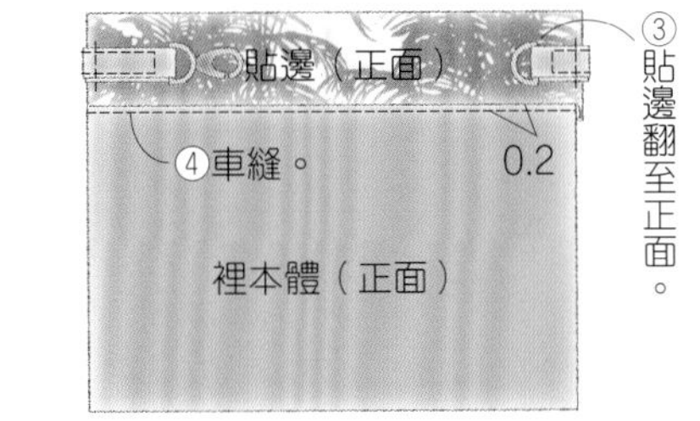

貼邊（正面）
③貼邊翻至正面。
④車縫。
0.2
裡本體（正面）

※另一片裡本體＆貼邊作法亦同。

3.接縫提把

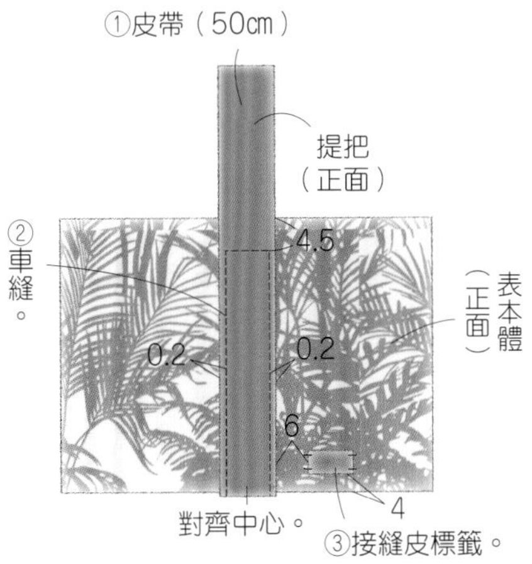

①皮帶（50cm）
提把（正面）
②車縫。
4.5
表本體（正面）
0.2
0.2
6
4
對齊中心。
③接縫皮標籤。

※另一片表本體＆提把作法亦同。

4.套疊表本體＆裡本體

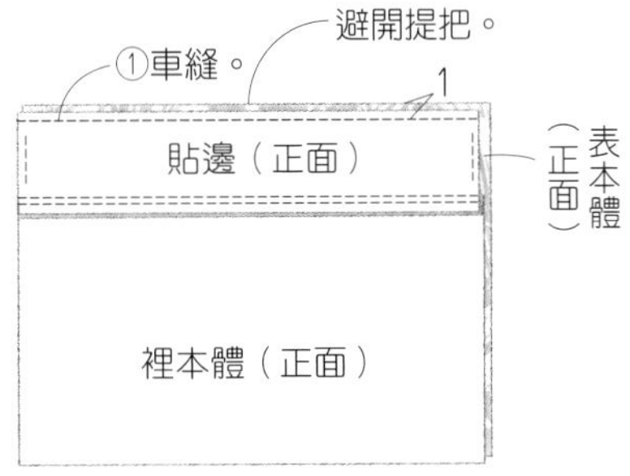

避開提把。
①車縫。
1
表本體（正面）
貼邊（正面）
裡本體（正面）

裁布圖

※除了表・裡底之外皆無原寸紙型，請依標示尺寸（已含縫份）直接裁剪。
※▒處於背面燙貼接著襯。

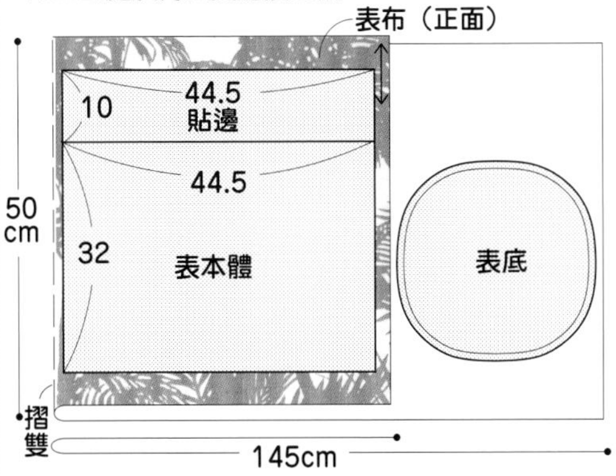

表布（正面）
44.5
貼邊
10
44.5
50cm
32
表本體
表底
摺雙
145cm

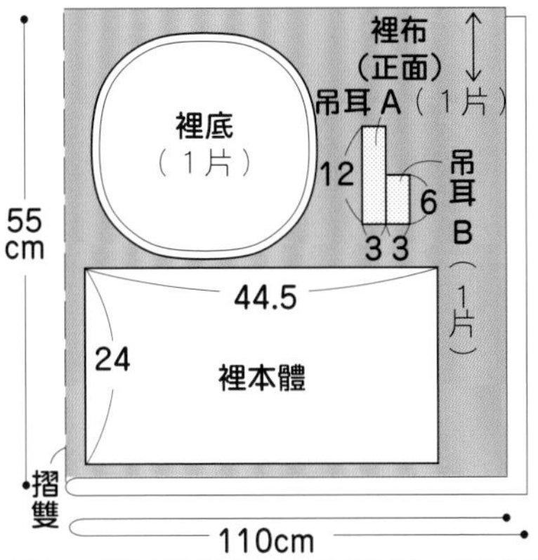

裡布（正面）
吊耳A（1片）
裡底（1片）
12
吊耳B（1片）
6
3 3
55cm
44.5
24
裡本體
摺雙
110cm

1.製作吊耳

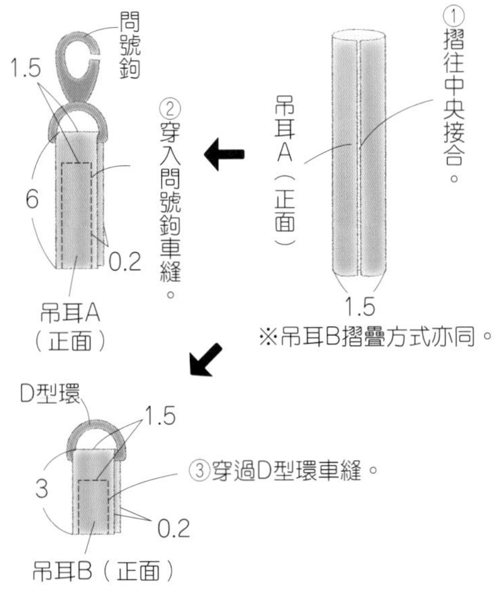

問號鉤
1.5
②穿入問號鉤車縫。
6
0.2
吊耳A（正面）
①摺往中央接合。
吊耳A（正面）
1.5
※吊耳B摺疊方式亦同。
D型環
1.5
③穿過D型環車縫。
3
0.2
吊耳B（正面）

2.接縫貼邊

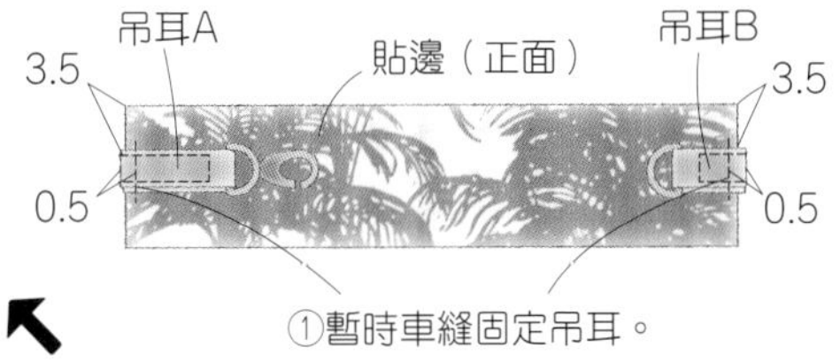

吊耳A
貼邊（正面）
吊耳B
3.5
3.5
0.5
0.5
①暫時車縫固定吊耳。

完成尺寸

寬45×高27×側身15cm

原寸紙型

B面

材料

表布（進口布）135cm×30cm

裡布（麻布）105cm×30cm／**裡布**（棉布）110cm×40cm

接著襯（medium）92cm×50cm

底板 30cm×15cm／**皮標籤** 1片

P.32_ No. 38 簡約托特包

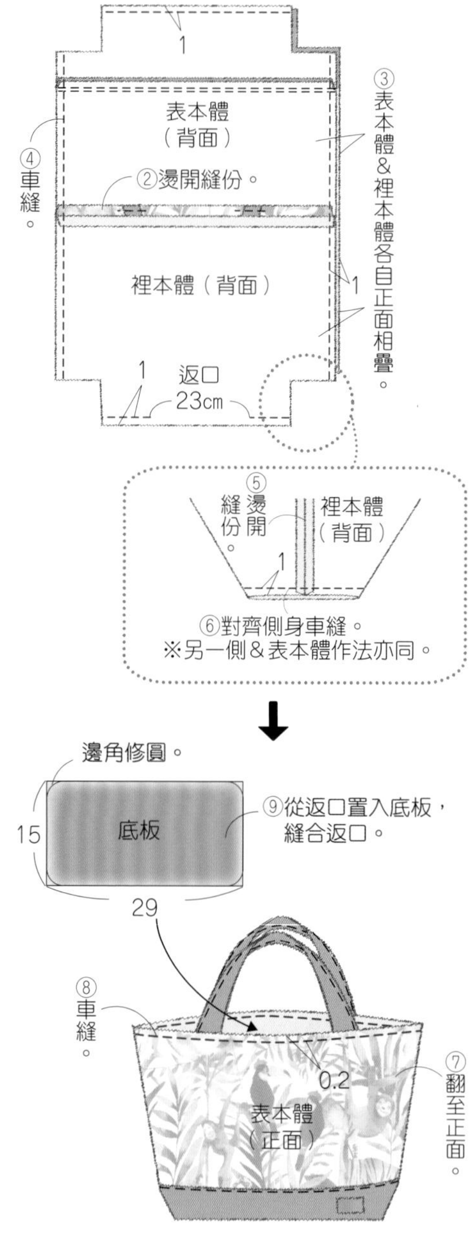

1
表本體
（背面）
③表本體&裡本體各自正面相疊。
④車縫。
②燙開縫份。
裡本體（背面）
1
返口
23cm
⑤燙開縫份。
裡本體
（背面）
⑥對齊側身車縫。
※另一側&表本體作法亦同。
邊角修圓。
15
底板
29
⑨從返口置入底板，縫合返口。
⑧車縫。
0.2
表本體
（正面）
⑦翻至正面。

1.製作提把

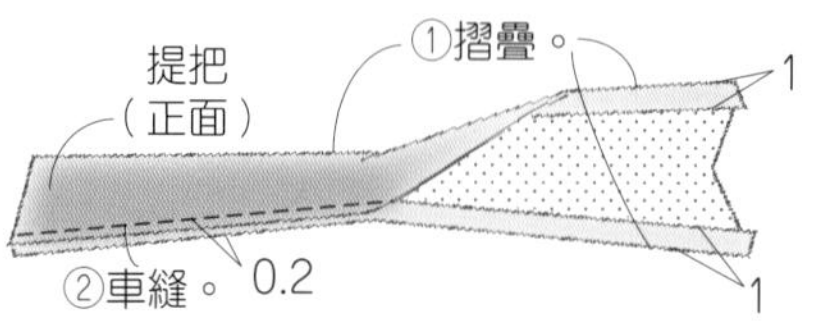

提把
（正面）
①摺疊。
1
②車縫。
0.2

※另一條作法亦同。

2.製作表本體

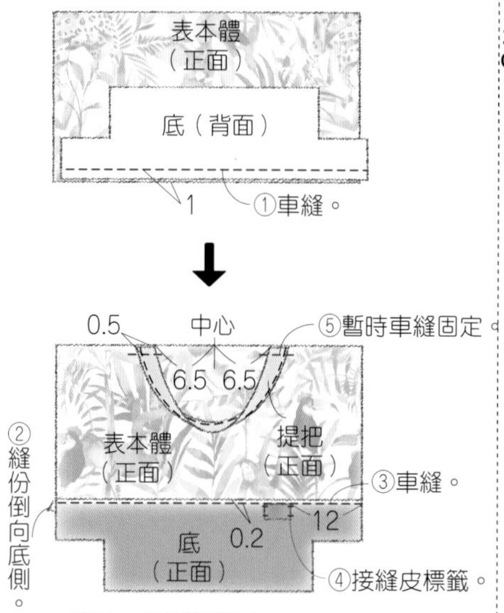

表本體
（正面）
底（背面）
1
①車縫。
0.5
中心
⑤暫時車縫固定。
6.5
6.5
表本體
（正面）
提把
（正面）
②縫份倒向底側。
③車縫。
12
底
（正面）
0.2
④接縫皮標籤。

※另一片作法亦同。

3.套疊表本體&裡本體

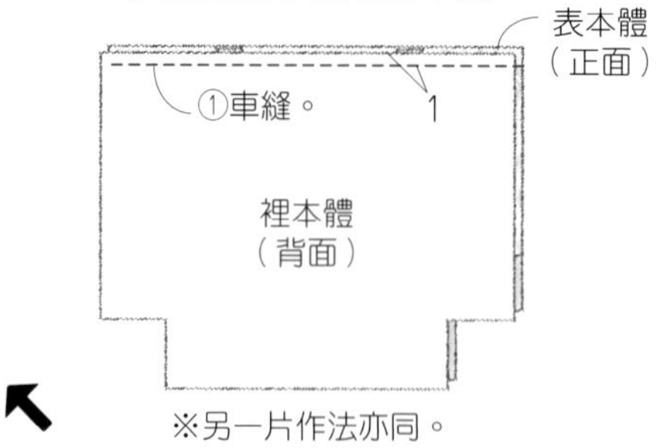

表本體
（正面）
①車縫。
1
裡本體
（背面）

※另一片作法亦同。

裁布圖

※除了提把之外皆無原寸紙型，請依標示尺寸（已含縫份）直接裁剪。

※▭處於背面燙貼接著襯。

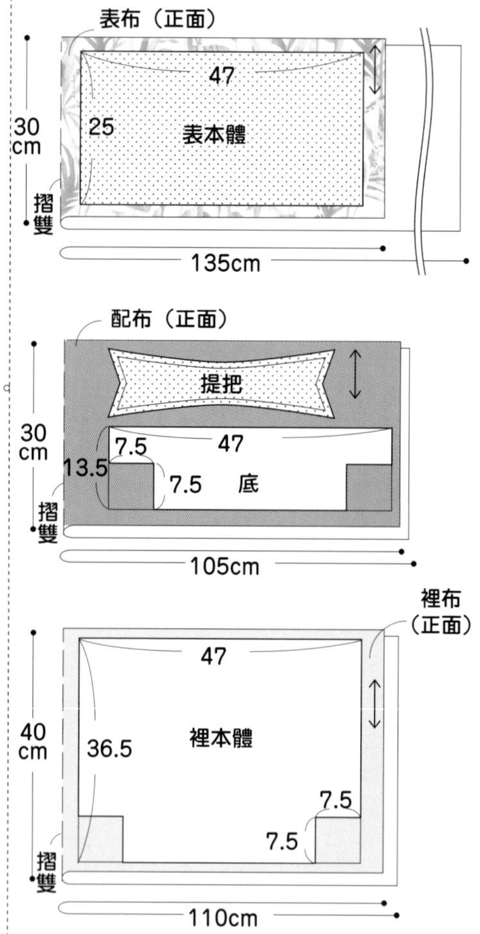

表布（正面）
47
30cm
25
表本體
摺雙
135cm
配布（正面）
提把
30cm
7.5
47
13.5
7.5
底
摺雙
105cm
裡布
（正面）
47
40cm
36.5
裡本體
7.5
7.5
摺雙
110cm

完成尺寸

寬100×高100cm

原寸紙型

無

材料

表布（一重紗）110cm×100cm

P.43_ No. 48 薄紗圍巾

2.製作鬚邊

1.裁布

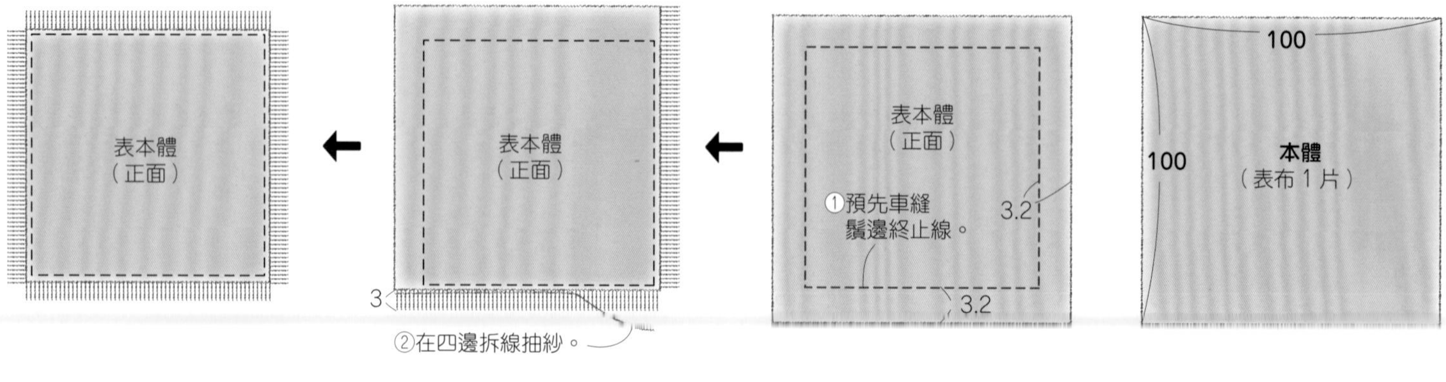

表本體
（正面）
表本體
（正面）
3
②在四邊拆線抽紗。
表本體
（正面）
①預先車縫鬚邊終止線。
3.2
3.2
100
100
本體
（表布1片）

完成尺寸

寬32×高24×側身12cm

原寸紙型

無

材料

表布（上棉8號帆布）80cm×65cm

裡布（棉厚織79號）112cm×75cm

拉鍊 35cm 1條／**D型環** 20mm 2個

含內皮片皮革提把（長40cm）1組／**手縫線**

P.35_ No. 39

剪接格紋手提袋

※標示尺寸已含縫份。

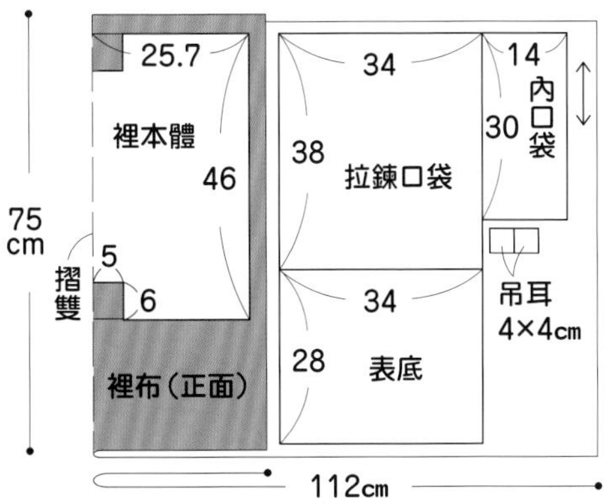

25.7
裡本體
46
5
摺雙
6
裡布（正面）
34
38
拉鍊口袋
34
28
表底
14
30
內口袋
吊耳
4×4cm
75cm
112cm

裁布圖

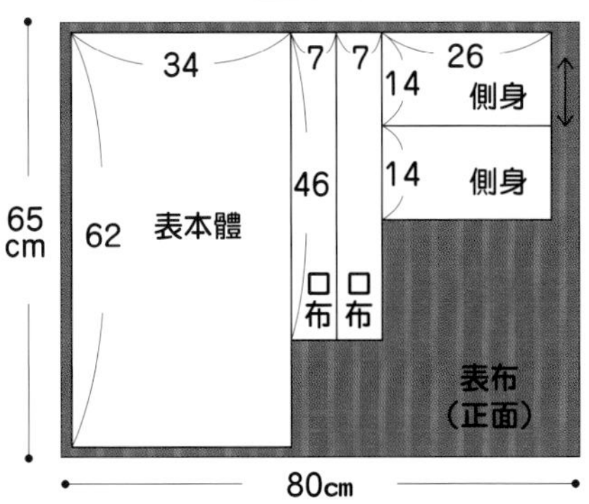

34
62
表本體
7
7
46
口布
口布
26
14
側身
14
側身
65cm
表布（正面）
80cm

5.製作裡本體

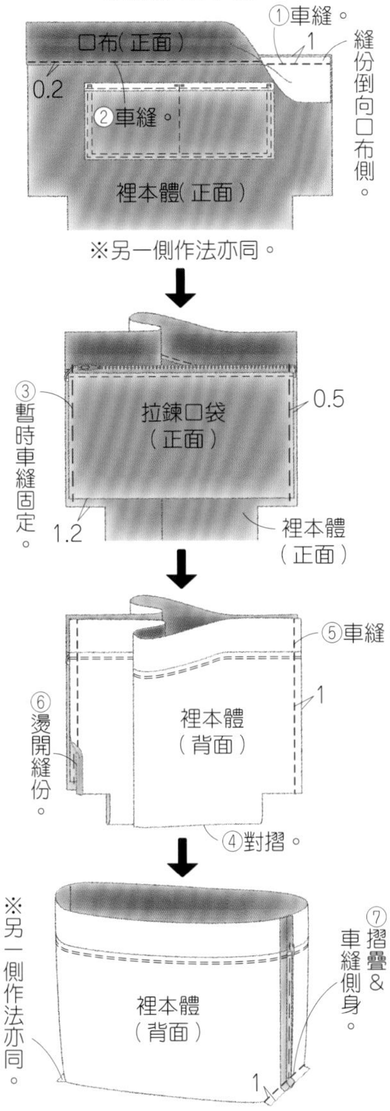

①車縫。
口布（正面）
1
縫份倒向口布側。
0.2
②車縫。
裡本體（正面）
※另一側作法亦同。
③暫時車縫固定。
拉鍊口袋（正面）
0.5
1.2
裡本體（正面）
⑤車縫。
⑥燙開縫份。
裡本體（背面）
1
④對摺。
※另一側作法亦同。
⑦摺疊&車縫側身。
裡本體（背面）
1

6.完成！

①表本體翻至正面，放入裡本體中。
表本體（背面）
對齊中心。
返口15cm
1
②預留返口車縫。
裡本體（背面）
提把
⑤接縫提把。
④車縫。
中心
③翻至正面。
裡本體（正面）
4.5
6.5
6.5
0.2
表本體（正面）

3.接縫內口袋

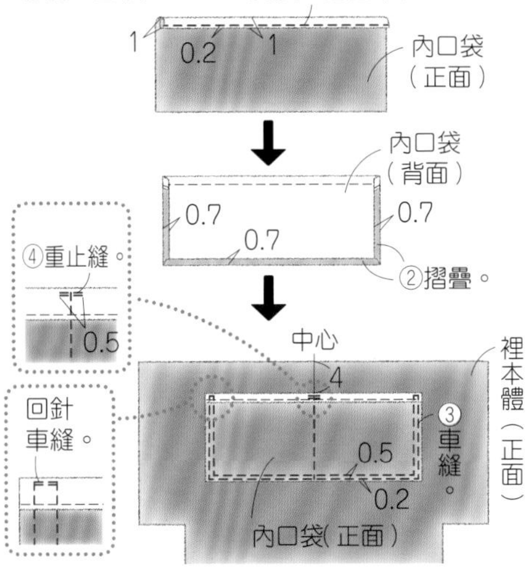

①從正面依1cm→1cm寬度三摺邊車縫。
1
0.2
1
內口袋（正面）
內口袋（背面）
0.7
0.7
0.7
②摺疊。
④重止縫。
0.5
中心
4
回針車縫。
③車縫。
裡本體（正面）
0.5
0.2
內口袋（正面）

4.製作拉鍊口袋

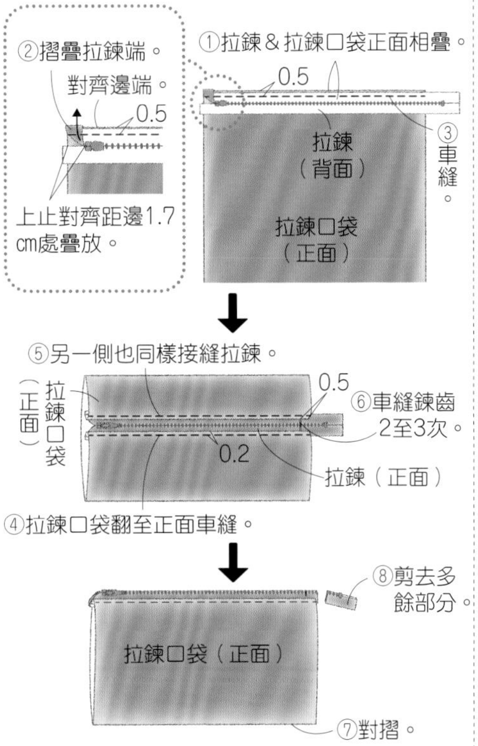

②摺疊拉鍊端。
對齊邊端。
0.5
上止對齊距邊1.7cm處疊放。
①拉鍊&拉鍊口袋正面相疊。
0.5
③車縫。
拉鍊（背面）
拉鍊口袋（正面）
⑤另一側也同樣接縫拉鍊。
拉鍊口袋（正面）
0.5
⑥車縫鍊齒2至3次。
0.2
拉鍊（正面）
④拉鍊口袋翻至正面車縫。
⑧剪去多餘部分。
拉鍊口袋（正面）
⑦對摺。

1.製作吊耳

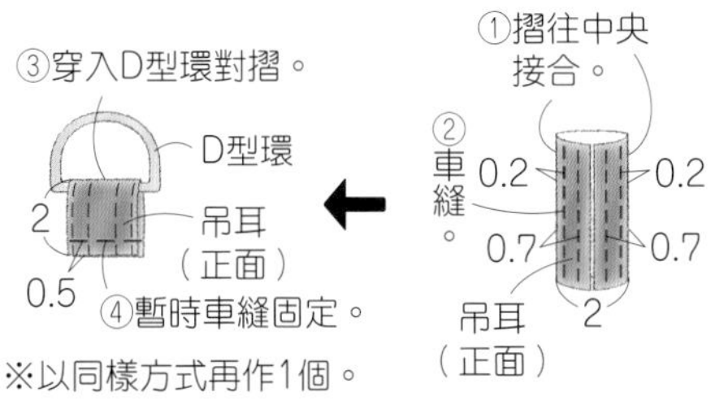

③穿入D型環對摺。
D型環
2
吊耳（正面）
0.5
④暫時車縫固定。
①摺往中央接合。
②車縫。
0.2
0.2
0.7
0.7
吊耳（正面）
2
※以同樣方式再作1個。

2.製作表本體

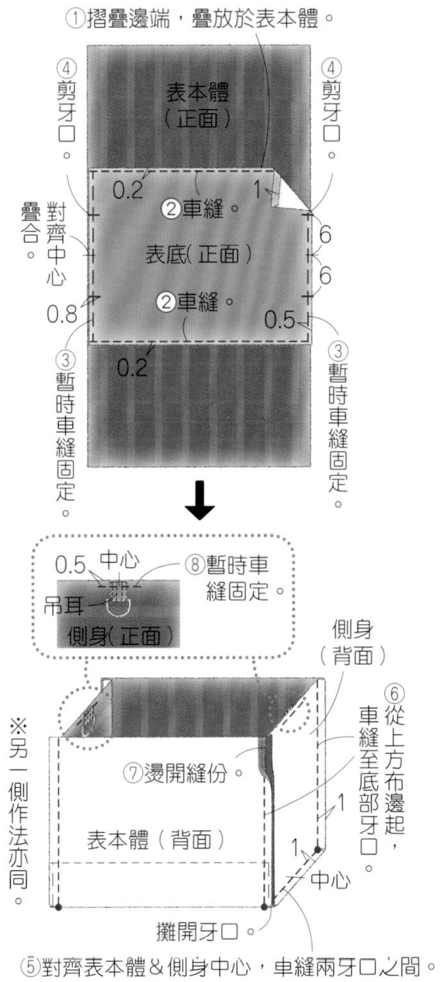

①摺疊邊端，疊放於表本體。
④剪牙口。
④剪牙口。
表本體（正面）
0.2
1
②車縫。
對齊中心疊合。
表底（正面）
6
6
②車縫。
0.8
0.5
③暫時車縫固定。
③暫時車縫固定。
0.2
0.5
中心
⑧暫時車縫固定。
吊耳
側身（正面）
側身（背面）
⑥從上方布邊起車縫至底部牙口。
※另一側作法亦同。
⑦燙開縫份。
1
表本體（背面）
1
中心
攤開牙口。
⑤對齊表本體&側身中心，車縫兩牙口之間。

完成尺寸

寬46×高約35cm
（不含提把）

原寸紙型

A面

材料

表布（棉亞麻布）110cm×100cm／**裡布**（棉布）110cm×50cm
配布A（棉麻布）55cm×30cm／**配布B**（棉布）10cm×15cm
單膠鋪棉（厚）100cm×55cm
單膠鋪棉（薄）55cm×15cm
包用織帶 寬3.5cm 110cm／**圓繩** 粗0.8cm 10cm

P.36_ No. 40

圓底壓線托特包

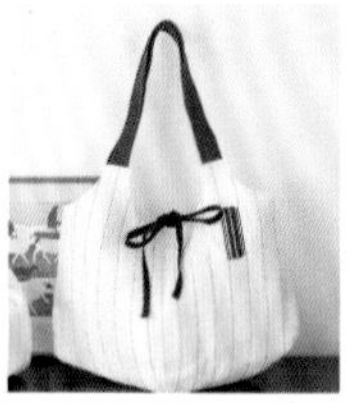

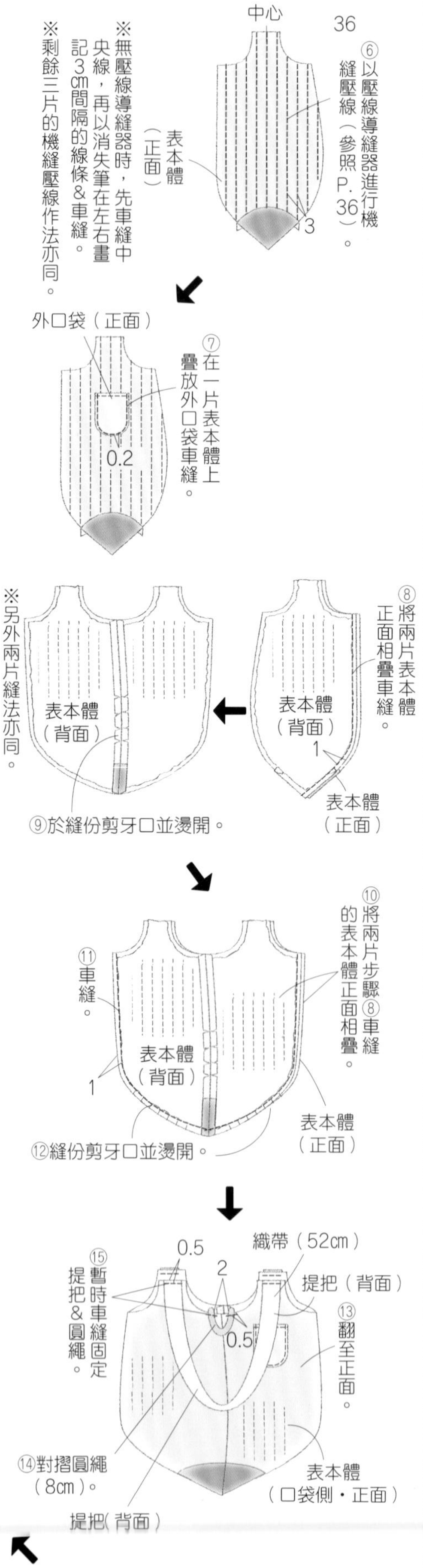

中心
36
※無壓線導縫器時，先車縫中央線，再以消失筆在左右畫記3cm間隔的線條&車縫。
※剩餘三片的機縫壓線作法亦同。
表本體（正面）
⑥以壓線導縫器進行機縫壓線（參照P.36）。
3
外口袋（正面）
⑦在一片表本體上疊放外口袋車縫。
0.2
※另外兩片縫法亦同。
⑧將兩片表本體正面相疊車縫。
表本體（背面）
表本體（背面）
1
表本體（正面）
⑨於縫份剪牙口並燙開。
⑩將兩片步驟⑧車縫的表本體正面相疊。
⑪車縫。
表本體（背面）
1
表本體（正面）
⑫縫份剪牙口並燙開。
0.5
織帶（52cm）
2
⑮暫時車縫固定提把&圓繩。
提把（背面）
0.5
⑬翻至正面。
⑭對摺圓繩（8cm）。
表本體（口袋側・正面）
提把（背面）

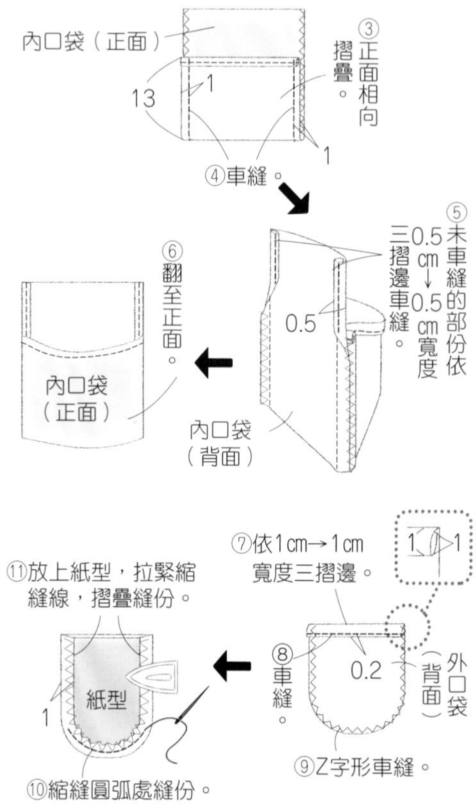

內口袋（正面）
③正面相向摺疊。
13
1
1
④車縫。
⑤未車縫的部份依0.5cm→0.5cm寬度三摺邊車縫。
0.5
⑥翻至正面。
內口袋（正面）
內口袋（背面）
⑦依1cm→1cm寬度三摺邊。
1
1
⑪放上紙型，拉緊縮縫線，摺疊縫份。
紙型
1
⑧車縫。
0.2
外口袋（背面）
⑩縮縫圓弧處縫份。
⑨Z字形車縫。

3.製作表本體

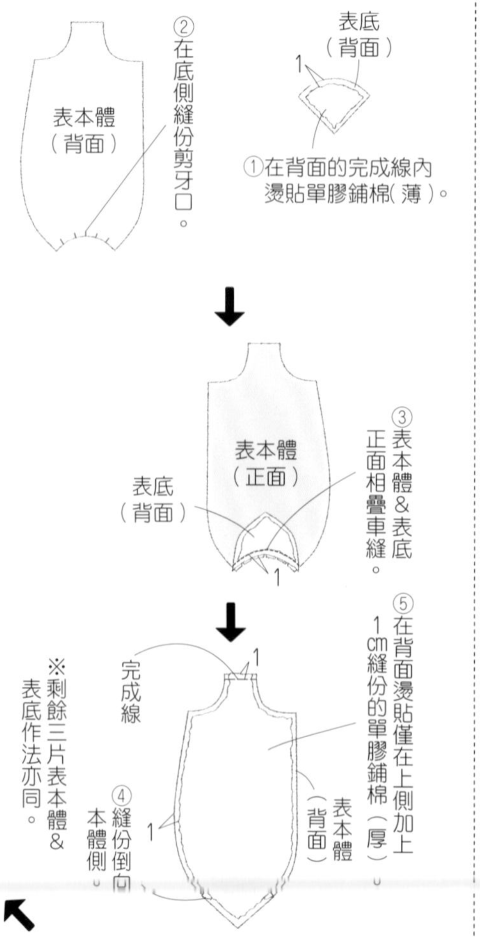

表本體（背面）
②在底側縫份剪牙口。
表底（背面）
1
①在背面的完成線內邊貼單膠鋪棉（薄）。
表本體（正面）
表底（背面）
③表本體&表底正面相疊車縫。
1
1
完成線
⑤在背面燙貼僅在上側加上1cm縫份的單膠鋪棉（厚）。
※剩餘三片表本體&表底作法亦同。
④縫份倒向本體側。
1
表本體（背面）

裁布圖

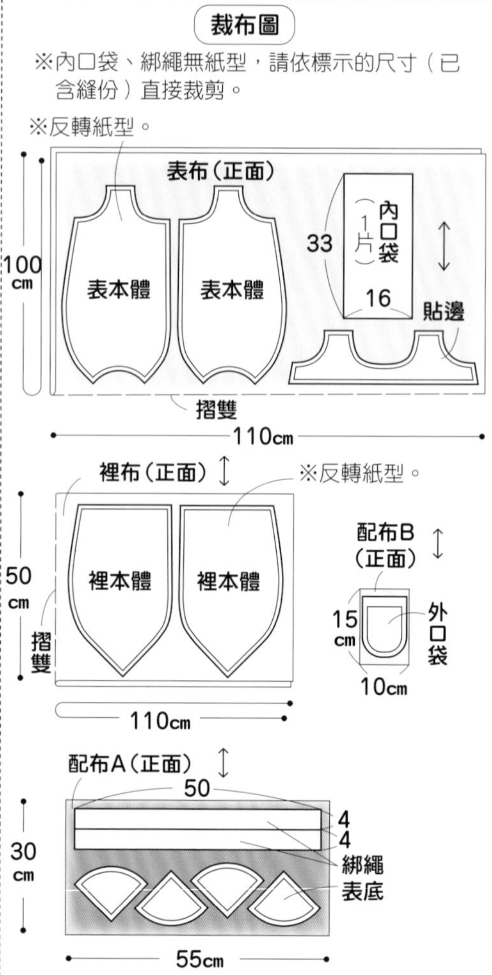

※內口袋、綁繩無紙型，請依標示的尺寸（已含縫份）直接裁剪。
※反轉紙型。
表布（正面）
內口袋（1片）
33
16
100cm
表本體
表本體
貼邊
摺雙
110cm
裡布（正面）
※反轉紙型。
50cm
裡本體
裡本體
摺雙
110cm
配布B（正面）
15cm
外口袋
10cm
配布A（正面）
50
4
4
30cm
綁繩
表底
55cm

1.製作綁繩

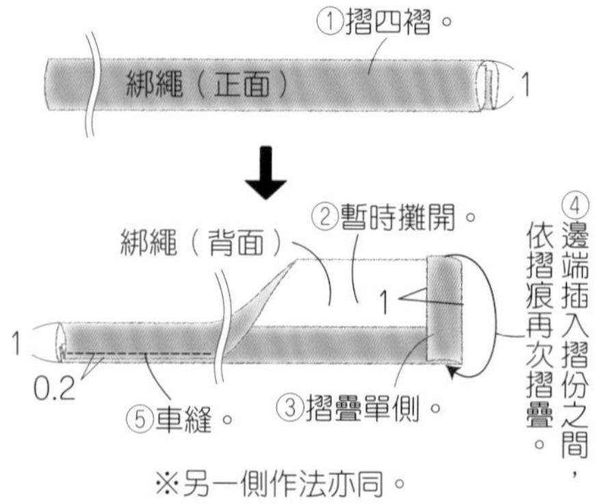

①摺四褶。
綁繩（正面）
1
綁繩（背面）
②暫時攤開。
④邊端插入摺份之間，依摺痕再次摺疊。
1
1
0.2
⑤車縫。
③摺疊單側。
※另一側作法亦同。

2.製作口袋

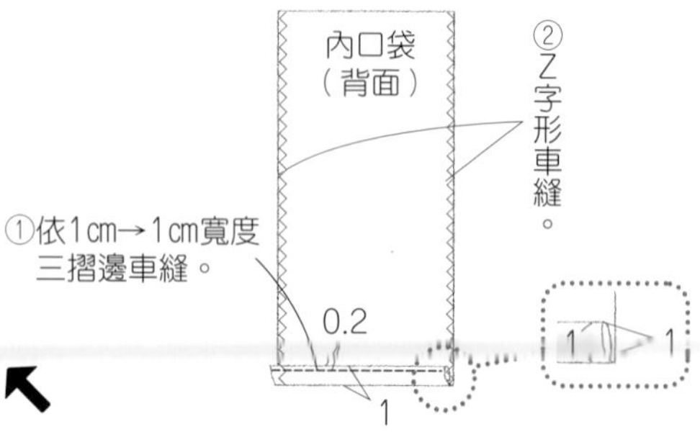

內口袋（背面）
②Z字形車縫。
①依1cm→1cm寬度三摺邊車縫。
0.2
1
1
1

5.套疊表本體&裡本體

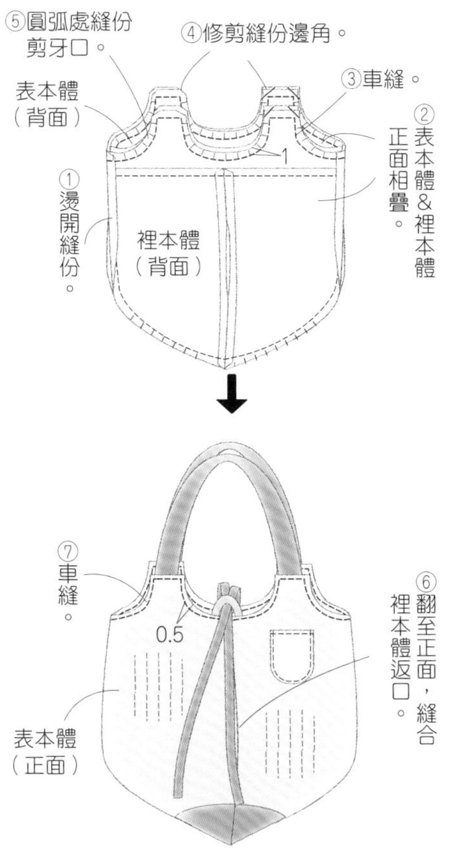

⑤圓弧處縫份剪牙口。
④修剪縫份邊角。
③車縫。
表本體（背面）
②表本體&裡本體正面相疊。
1
①燙開縫份。
裡本體（背面）
⑦車縫。
0.5
⑥翻至正面，縫合裡本體返口。
表本體（正面）

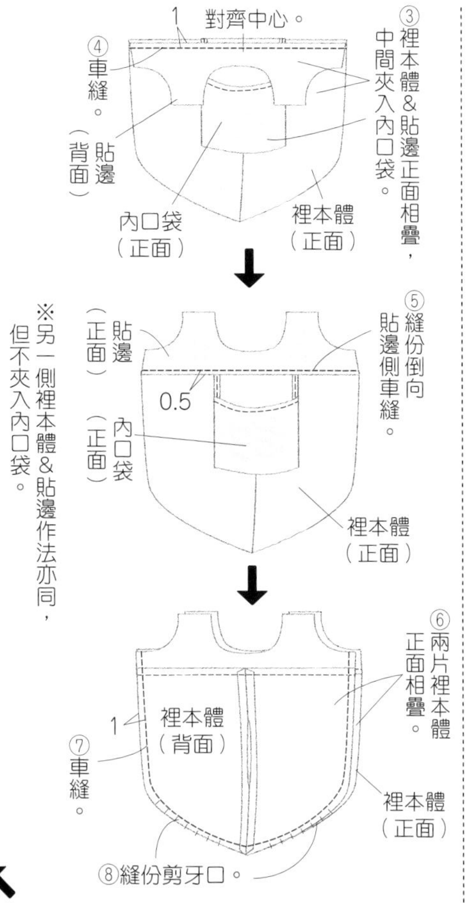

1 對齊中心。
④車縫。
③裡本體&貼邊正面相疊，中間夾入內口袋。
貼邊（背面）
內口袋（正面）
裡本體（正面）
⑤縫份倒向貼邊側車縫。
貼邊（正面）
0.5
內口袋（正面）
裡本體（正面）
※另一側裡本體&貼邊作法亦同，但不夾入內口袋。
⑥兩片裡本體正面相疊。
1
裡本體（背面）
⑦車縫。
裡本體（正面）
⑧縫份剪牙口。

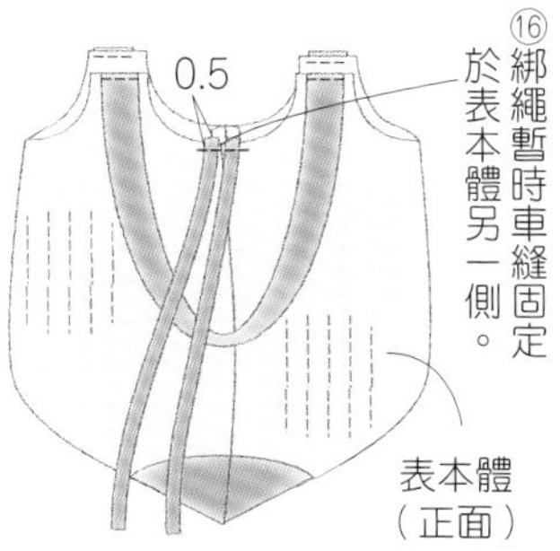

0.5
⑯綁繩暫時車縫固定於表本體另一側。
表本體（正面）

4.製作本體

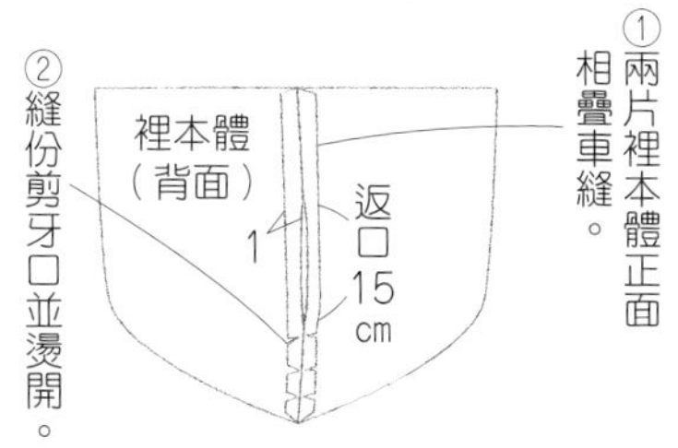

①兩片裡本體正面相疊車縫。
②縫份剪牙口並燙開。
裡本體（背面）
1
返口 15cm

※剩餘兩片裡本體作法亦同，但不留返口。

完成尺寸

寬約24.5×高約19㎝

原寸紙型

B面

材料

表布（棉亞麻布）60㎝×25㎝／**裡布**（棉布）60㎝×30㎝

配布（棉麻布）40㎝×30㎝

單膠鋪棉（薄）55㎝×30㎝

圓繩 粗0.4㎝ 120㎝

P.36_ No. 41

圓底壓線束口袋

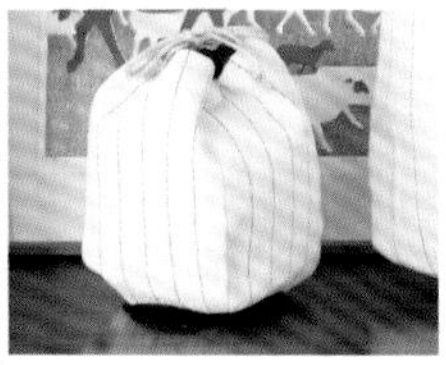

1.製作表本體&裡本體

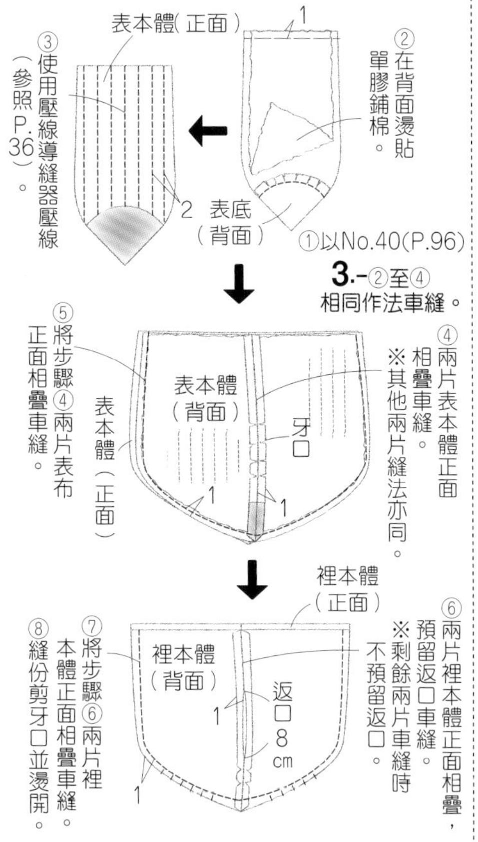

表本體(正面)
1
②在背面燙貼單膠鋪棉。
③使用壓線導縫器壓線（參照P.36）。
2 表底（背面）
①以No.40(P.96) 3.-②至④相同作法車縫。
⑤將步驟④兩片表布正面相疊車縫。
表本體（背面）
④兩片表本體正面相疊車縫。
※其他兩片縫法亦同。
牙口
表本體（正面）
1
1
裡本體（正面）
⑥兩片裡本體正面相疊，預留返口車縫。
※剩餘兩片車縫時不預留返口。
⑦將步驟⑥兩片裡本體正面相疊車縫。
⑧縫份剪牙口並燙開。
裡本體（背面）
返口 8cm
1
1

2.套疊表本體&裡本體

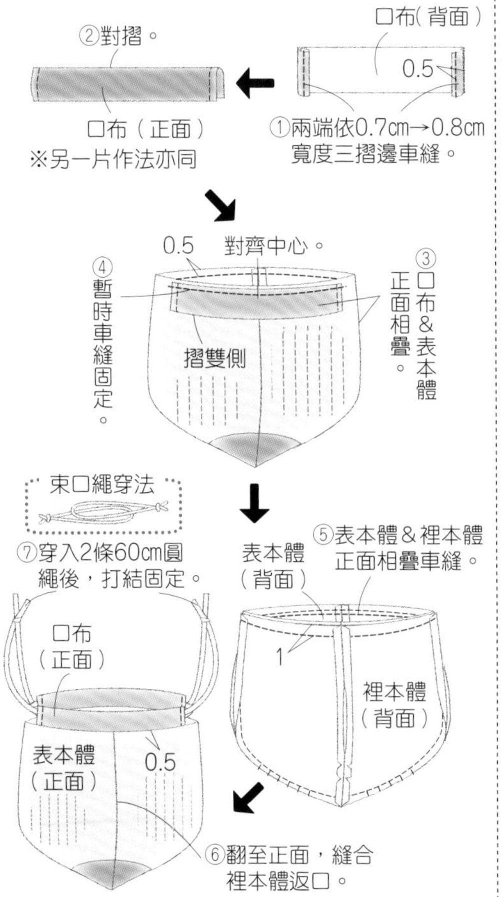

②對摺。
口布（背面）
0.5
口布（正面）
①兩端依0.7㎝→0.8㎝寬度三摺邊車縫。
※另一片作法亦同
0.5 對齊中心。
④暫時車縫固定。
③口布&表本體正面相疊。
摺雙側
束口繩穿法
⑦穿入2條60㎝圓繩後，打結固定。
表本體（背面）
⑤表本體&裡本體正面相疊車縫。
1
裡本體（背面）
口布（正面）
表本體（正面）
0.5
⑥翻至正面，縫合裡本體返口。

裁布圖

※口布無紙型，請依標示的尺寸（已含縫份）直接裁剪。

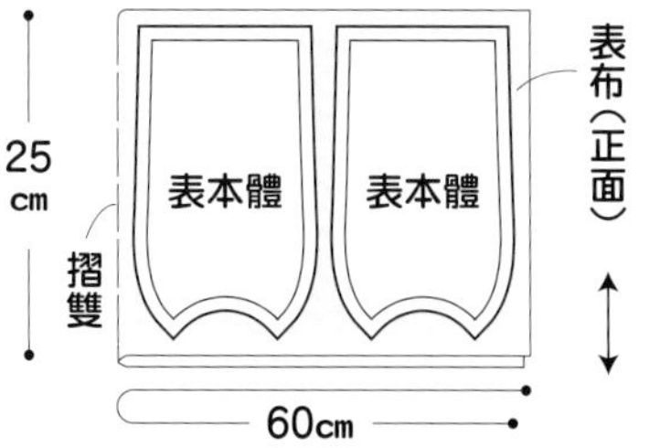

25cm
摺雙
表本體
表本體
表布（正面）
60cm

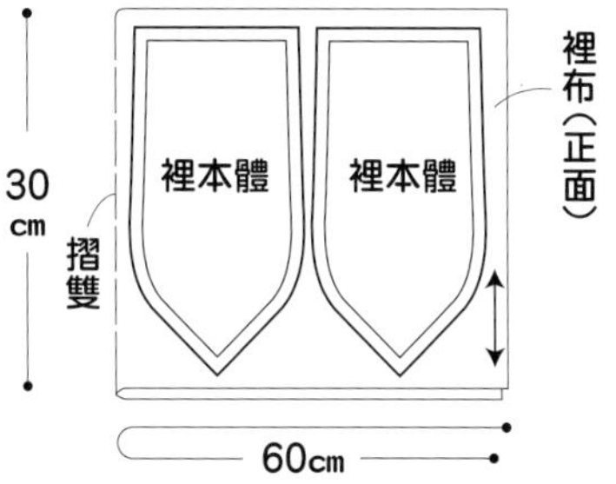

30cm
摺雙
裡本體
裡本體
裡布（正面）
60cm

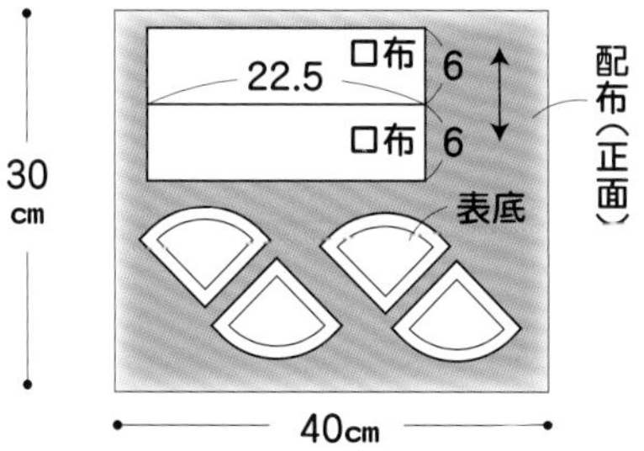

30cm
22.5
口布 6
口布 6
表底
配布（正面）
40cm

完成尺寸

寬31×高30.5× 側身10cm

原寸紙型

D面

材料

表布（棉牛津布）100cm×55cm
裡布（棉牛津布）100cm×55cm
接著襯（厚）92cm×55cm
已燙縫份的滾邊斜布條 寬2.2cm 200cm
皮革提把 寬2.3cm 38cm 1組

P.40_ No. 42 掀蓋滾邊托特包

裁布圖

※除了表・裡本體之外皆無紙型，請依標示尺寸（已含縫份）直接裁剪。
※▒處於表布背面燙貼接著襯。

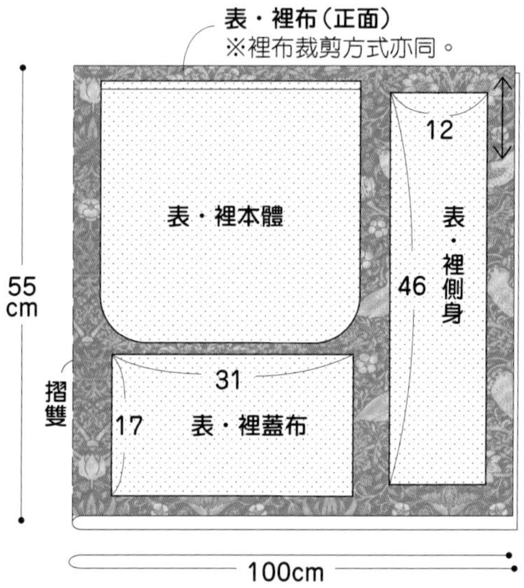

表・裡布（正面）
※裡布裁剪方式亦同。
表・裡本體
12
表・裡側身
46
55cm
摺雙
31
17
表・裡蓋布
100cm

1.製作蓋布

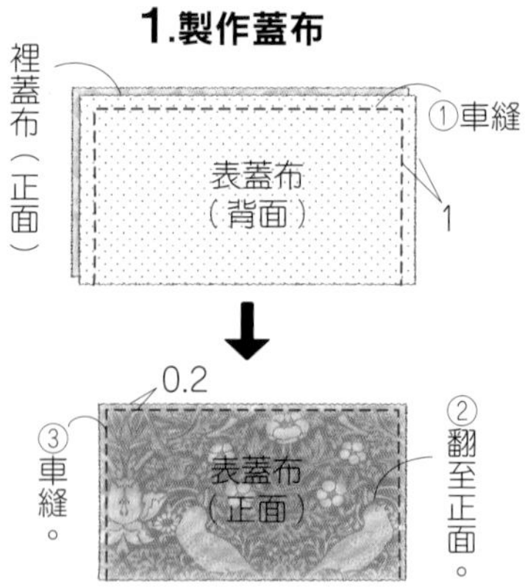

裡蓋布（正面）
①車縫。
表蓋布（背面）
1
0.2
③車縫。
表蓋布（正面）
②翻至正面。

2.製作側身

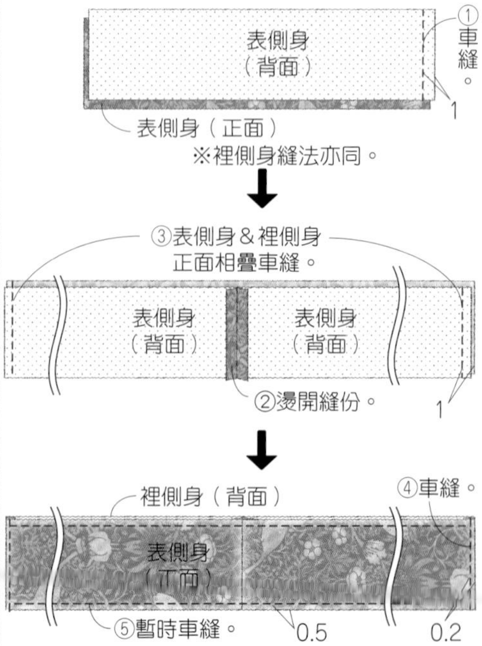

表側身（背面）
①車縫。
1
表側身（正面）
※裡側身縫法亦同。
③表側身＆裡側身正面相疊車縫。
表側身（背面）
表側身（背面）
②燙開縫份。
1
裡側身（背面）
④車縫。
表側身（正面）
⑤暫時車縫。
0.5
0.2

3.製作本體

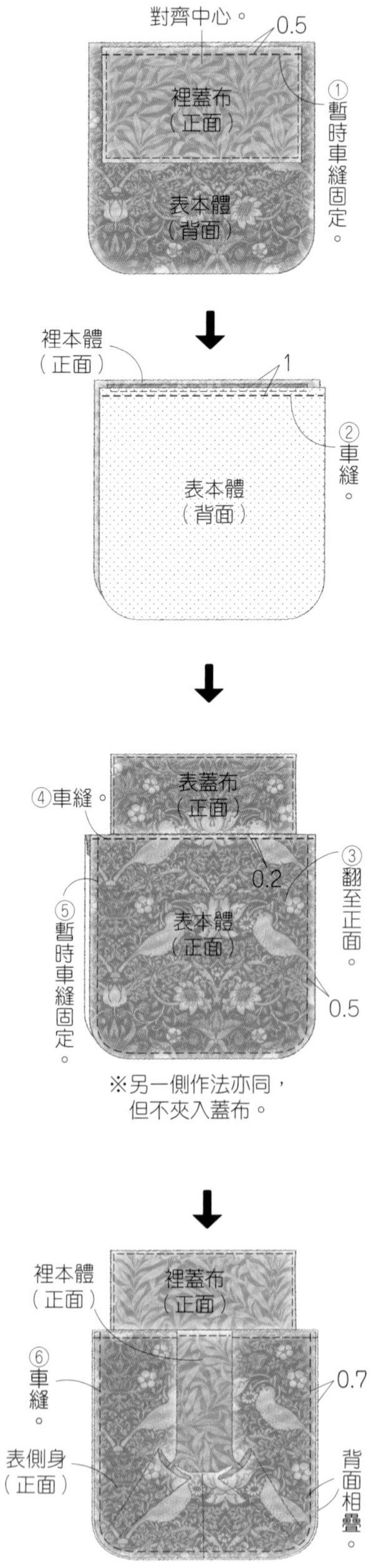

對齊中心。
0.5
裡蓋布（正面）
①暫時車縫固定。
表本體（背面）
裡本體（正面）
1
②車縫。
表本體（背面）
④車縫。
表蓋布（正面）
0.2
③翻至正面。
表本體（正面）
⑤暫時車縫固定。
0.5
※另一側作法亦同，但不夾入蓋布。
裡本體（正面）
裡蓋布（正面）
⑥車縫。
0.7
表側身（正面）
背面相疊。

※另一側縫法亦同。

4.滾邊

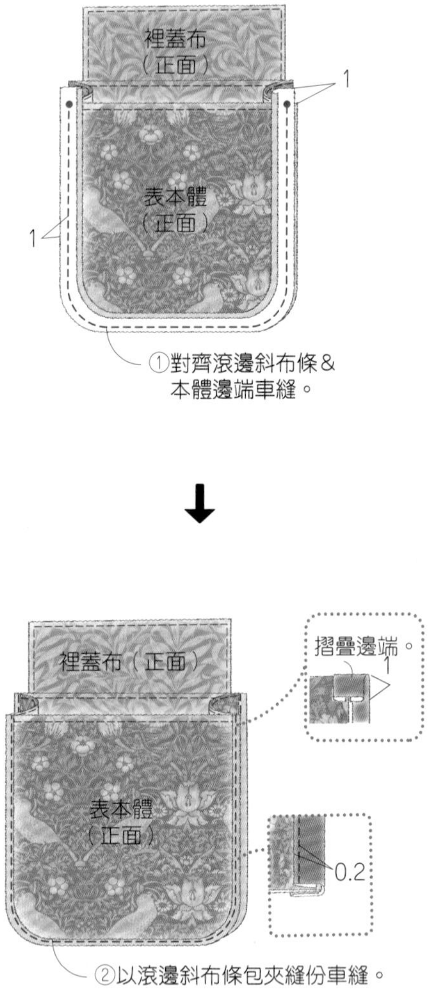

裡蓋布（正面）
1
表本體（正面）
1
①對齊滾邊斜布條＆本體邊端車縫。
裡蓋布（正面）
摺疊邊端。
1
表本體（正面）
0.2
②以滾邊斜布條包夾縫份車縫。

※另一側作法亦同。

5.接縫提把

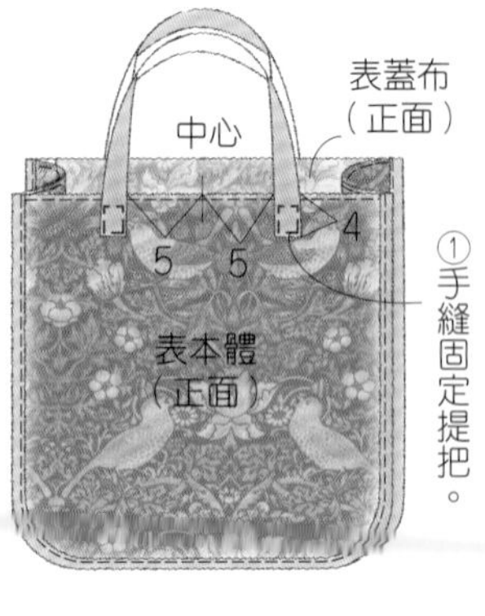

表蓋布（正面）
中心
4
5
5
①手縫固定提把。
表本體（正面）

完成尺寸

寬40×高40cm

原寸紙型

D面

材料

表布（10號帆布石蠟加工）90cm×50cm

配布A（棉厚織79號）90cm×50cm

配布B（11號帆布）70cm×25cm

P.44_ No. 49 框邊托特包

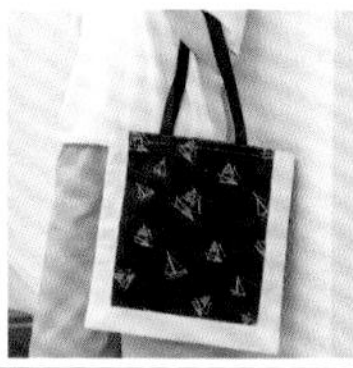

裁布圖

※除了脇布、底布之外皆無紙型，請依標示尺寸（已含縫份）直接裁剪。

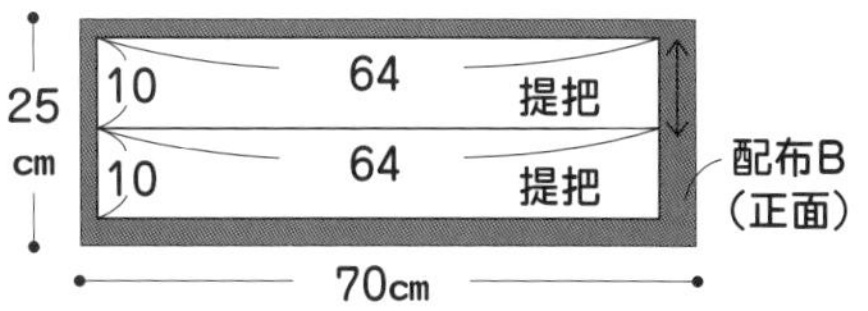

25 cm
10
64
提把
10
64
提把
配布B（正面）
70cm

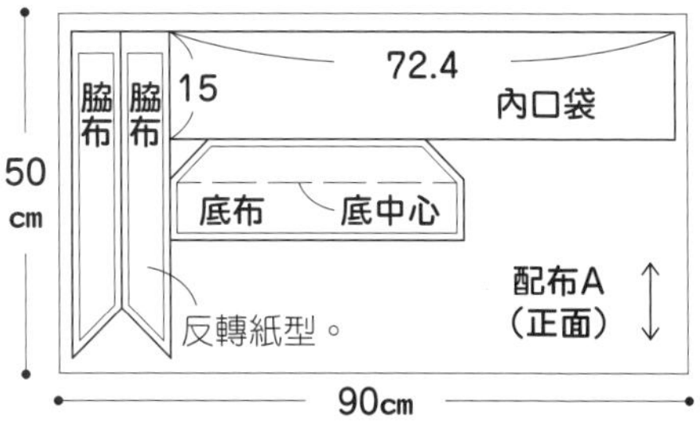

50 cm
脇布
脇布
15
72.4
內口袋
底布
底中心
反轉紙型。
配布A（正面）
90cm

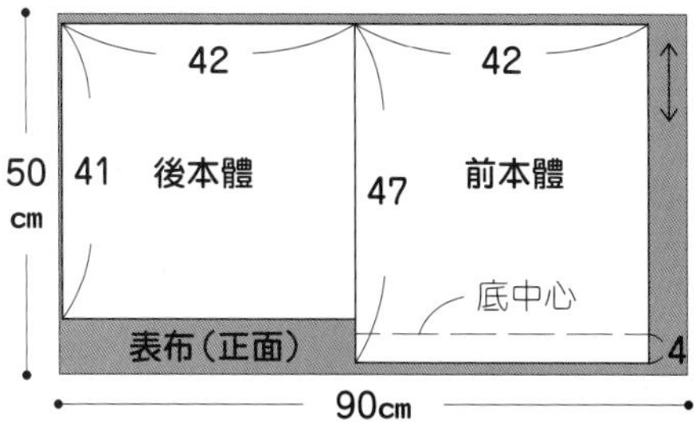

50 cm
42
42
41
後本體
47
前本體
底中心
表布（正面）
4
90cm

1.製作提把

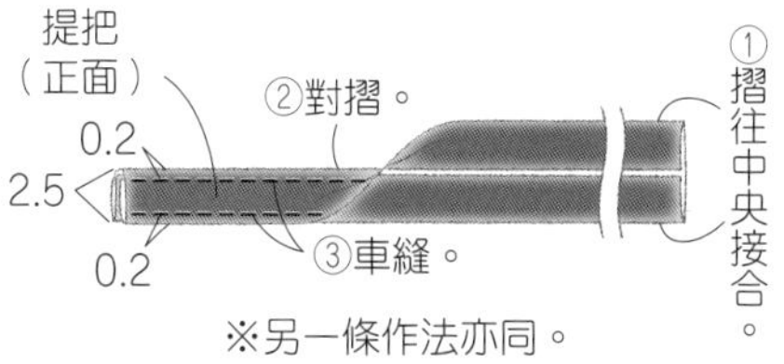

提把（正面）
②對摺。
①摺往中央接合。
0.2
2.5
③車縫。
0.2
※另一條作法亦同。

2.縫合脇布＆底布

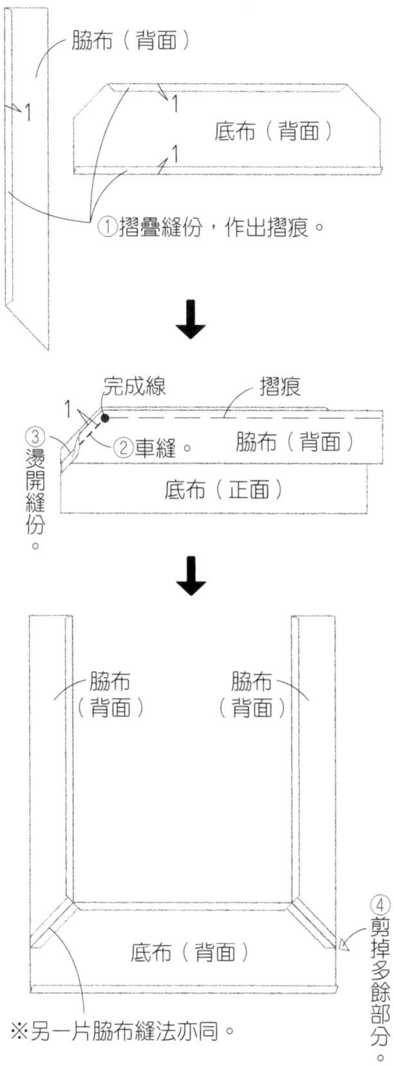

脇布（背面）
1
1
底布（背面）
1
①摺疊縫份，作出摺痕。
完成線
摺痕
1
②車縫。
脇布（背面）
③燙開縫份。
底布（正面）
脇布（背面）
脇布（背面）
底布（背面）
④剪掉多餘部分。
※另一片脇布縫法亦同。

3.製作本體

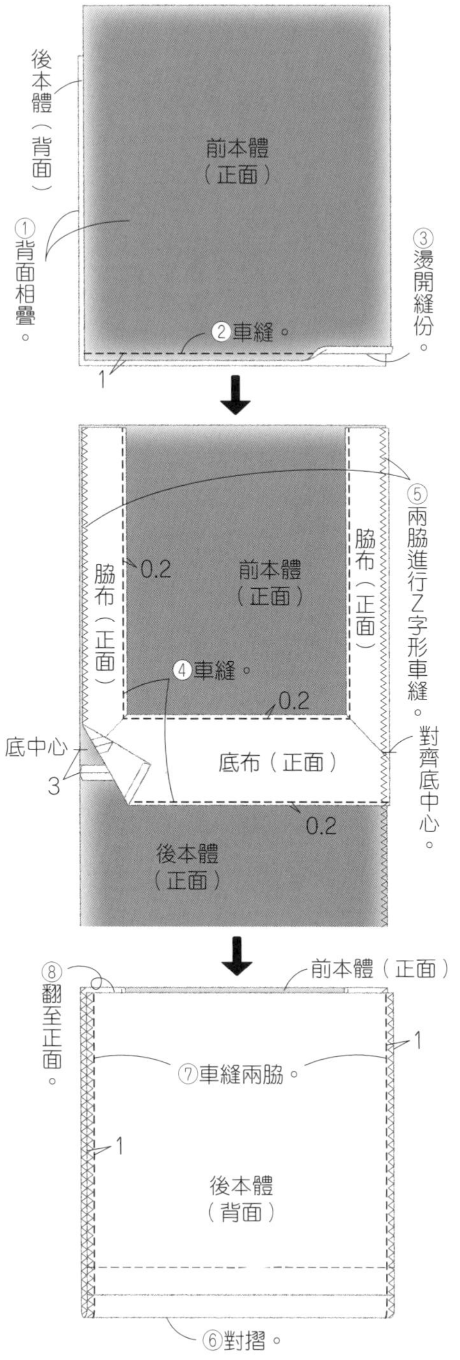

後本體（背面）
前本體（正面）
①背面相疊。
③燙開縫份。
②車縫。
1
⑤兩脇進行Z字形車縫。
脇布（正面）
0.2
前本體（正面）
脇布（正面）
④車縫。
0.2
底中心
3
底布（正面）
對齊底中心。
0.2
後本體（正面）
⑧翻至正面。
前本體（正面）
1
⑦車縫兩脇。
1
後本體（背面）
⑥對摺。

4.製作內口袋

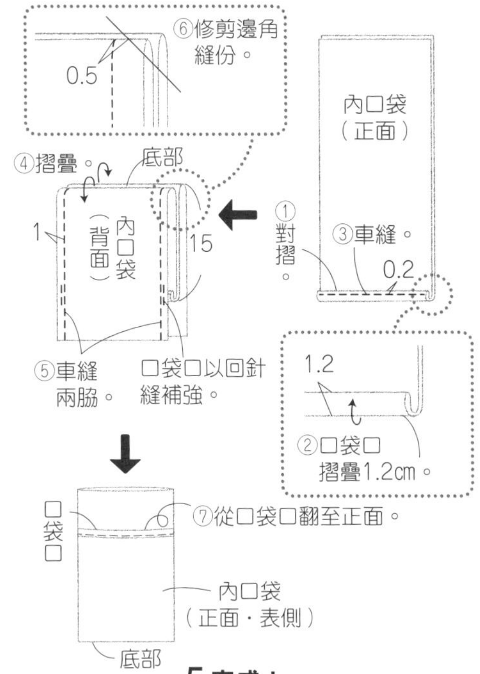

⑥修剪邊角縫份。
0.5
內口袋（正面）
④摺疊。
底部
1
內口袋（背面）
15
①對摺。
③車縫。
0.2
⑤車縫兩脇。
口袋口以回針縫補強。
1.2
②口袋口摺疊1.2cm。
口袋口
⑦從口袋口翻至正面。
內口袋（正面・表側）
底部

5.完成！

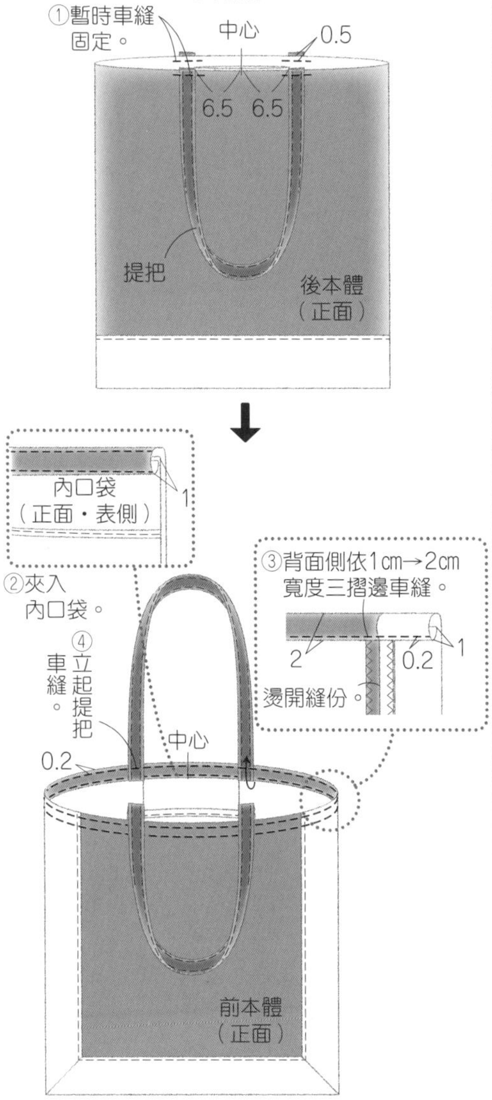

①暫時車縫固定。
中心
0.5
6.5
6.5
提把
後本體（正面）
內口袋（正面・表側）
1
②夾入內口袋。
③背面側依1cm→2cm寬度三摺邊車縫。
2
0.2
1
燙開縫份。
④立起提把車縫。
中心
0.2
前本體（正面）

完成尺寸

No.50…寬11.5×高10×側身10cm
No.51…寬20×高20×側身15cm

原寸紙型

無

材料 ■…No.50 ■…No.51 ■…共用

表布（枕套）50cm×50cm 1片
裡布（11號帆布）112cm×60cm
接著襯（中薄）90cm×50cm
FLATKNIT拉鍊 拉鍊 20cm 1條
彈簧釦 12mm 1組

P.45_ No. 50 船型波奇包
P.45_ No. 51 小托特包

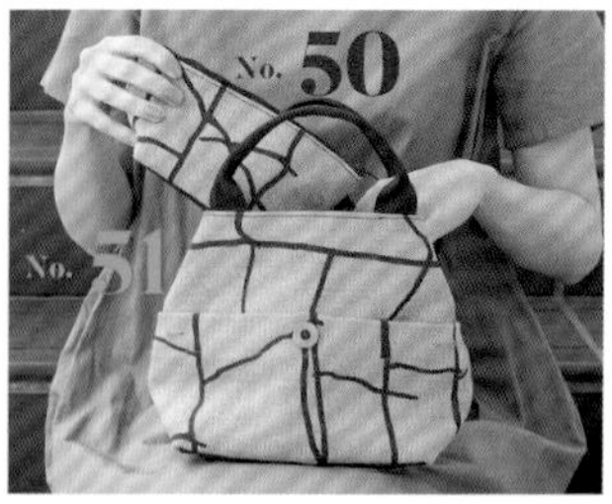

No. 50
No. 51

裁布圖

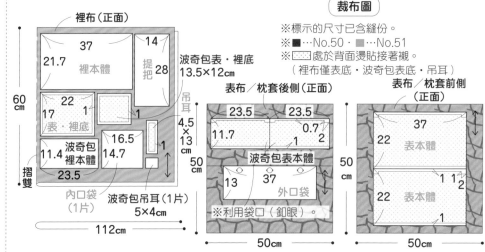

※標示的尺寸已含縫份。
※■…No.50．■…No.51
※▢處於背面燙貼接著襯。（裡布僅表底・波奇包表底・吊耳）

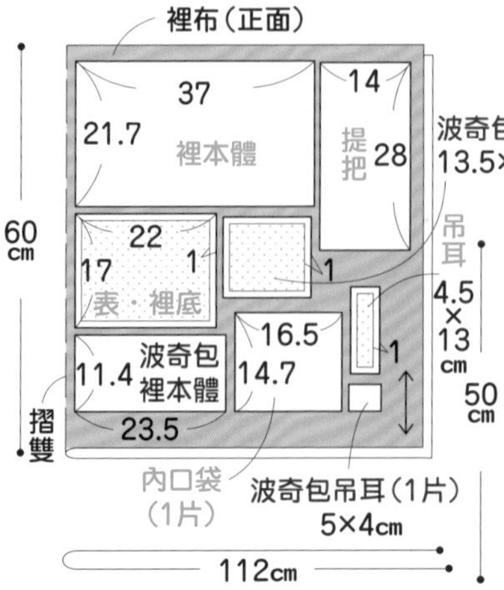

裡布（正面）
37
21.7
裡本體
14
提把
28
波奇包表・裡底
13.5×12cm
22
17
1
表・裡底
1
吊耳
4.5×13cm
波奇包 裡本體
11.4
23.5
16.5
14.7
1
摺雙
60cm
內口袋（1片）
波奇包吊耳（1片）
5×4cm
112cm

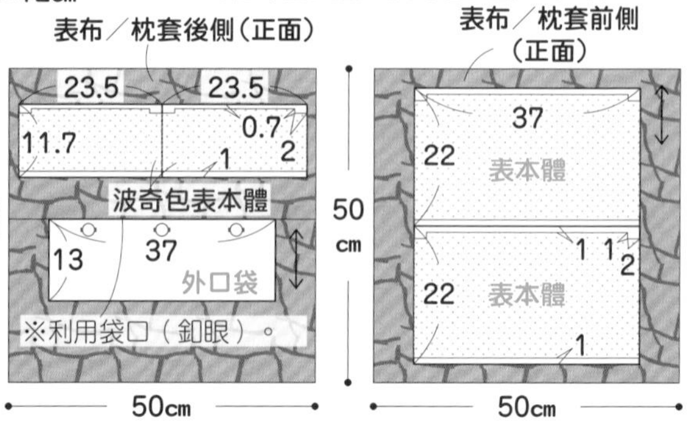

表布／枕套後側（正面）
23.5
23.5
11.7
0.7
2
1
波奇包表本體
50cm
13
37
外口袋
※利用袋口（釦眼）。
50cm
表布／枕套前側（正面）
37
22
表本體
1
1
2
22
表本體
1
50cm

No. 51

1.製作吊耳

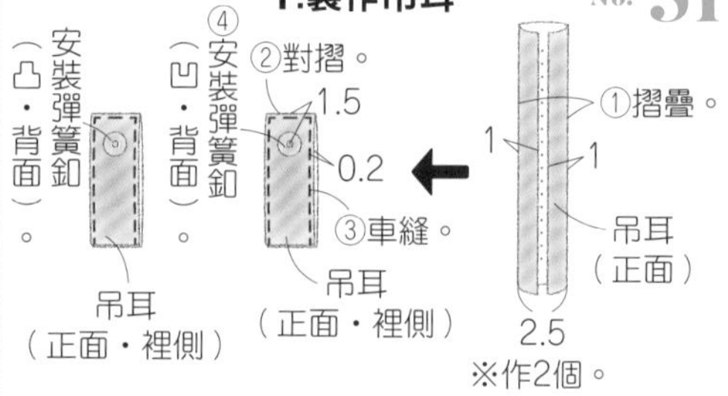

①摺疊。
1
1
吊耳（正面）
2.5
※作2個。
②對摺。
1.5
0.2
③車縫。
④安裝彈簧釦（凹・背面）。
吊耳（正面・裡側）
安裝彈簧釦（凸・背面）。
吊耳（正面・裡側）

2.製作提把

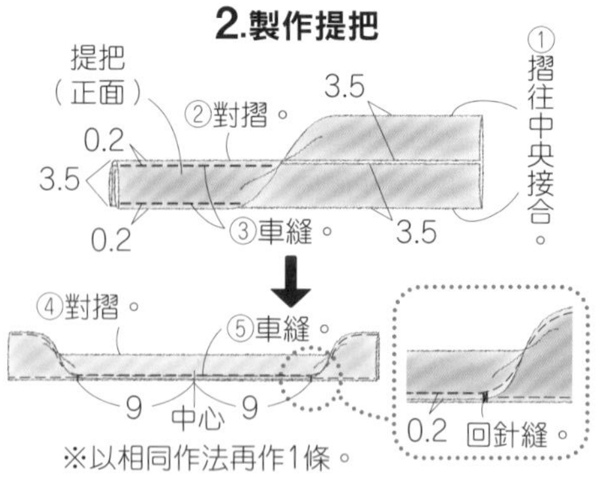

①摺往中央接合。
提把（正面）
②對摺。
3.5
0.2
3.5
0.2
③車縫。
3.5
④對摺。
⑤車縫。
9
中心
9
0.2 回針縫。
※以相同作法再作1條。

3.製作表本體

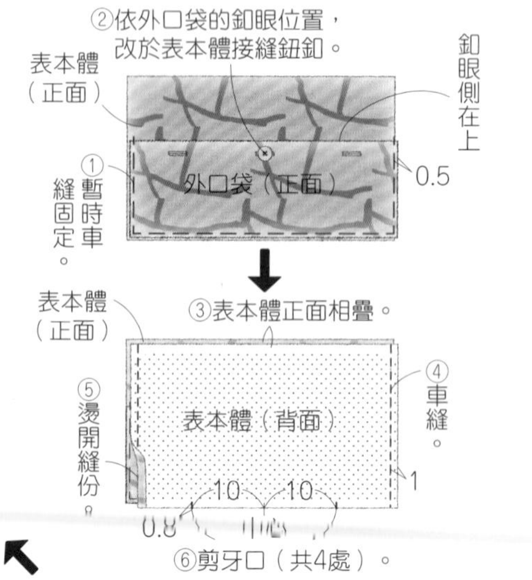

②依外口袋的釦眼位置，改於表本體接縫鈕釦。
表本體（正面）
釦眼側在上
外口袋（正面）
0.5
①暫時車縫固定。
③表本體正面相疊。
表本體（正面）
④車縫。
表本體（背面）
⑤燙開縫份。
1
10
10
0.8
中心
⑥剪牙口（共4處）。

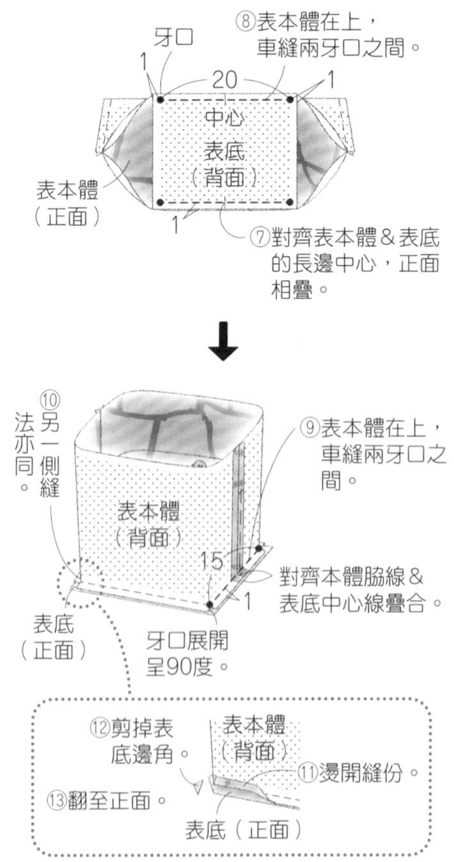

牙口
1
⑧表本體在上，車縫兩牙口之間。
20
1
中心
表底（背面）
表本體（正面）
1
⑦對齊表本體＆表底的長邊中心，正面相疊。
⑩另一側法亦同縫。
⑨表本體在上，車縫兩牙口之間。
表本體（背面）
15
1
對齊本體脇線＆表底中心線疊合。
表底（正面）
牙口展開呈90度。
⑫剪掉表底邊角。
表本體（背面）
⑪燙開縫份。
⑬翻至正面。
表底（正面）

4.製作裡本體

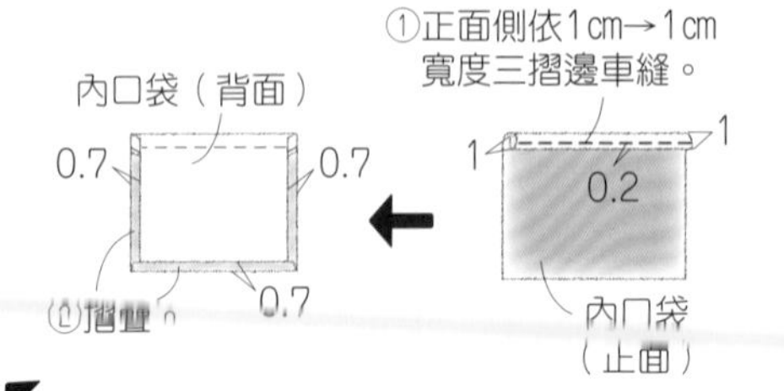

①正面側依1cm→1cm寬度三摺邊車縫。
1
1
0.2
內口袋（正面）
內口袋（背面）
0.7
0.7
②摺疊。
0.7

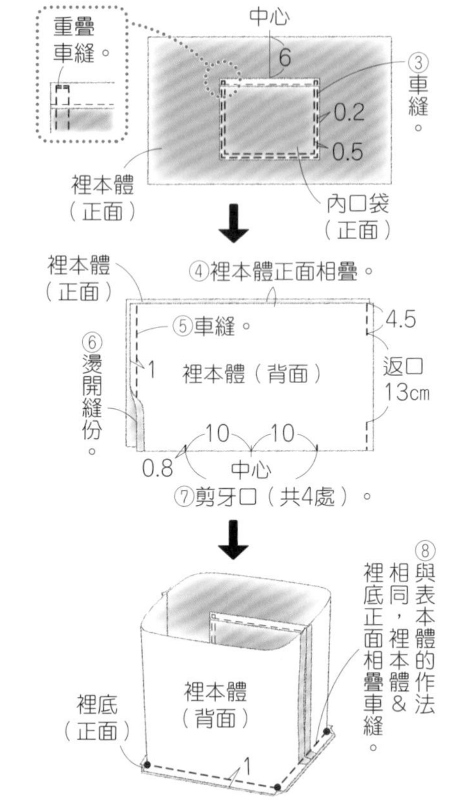

重疊車縫。
中心
6
③車縫。
0.2
0.5
裡本體（正面）
內口袋（正面）
裡本體（正面）
④裡本體正面相疊。
⑤車縫。
4.5
⑥燙開縫份。
1
裡本體（背面）
返口 13cm
0.8
10
10
中心
⑦剪牙口（共4處）。
⑧與表本體相同，裡本體的作法 裡底正面相疊車縫。
裡本體（背面）
裡底（正面）
1

5.套疊表本體＆裡本體

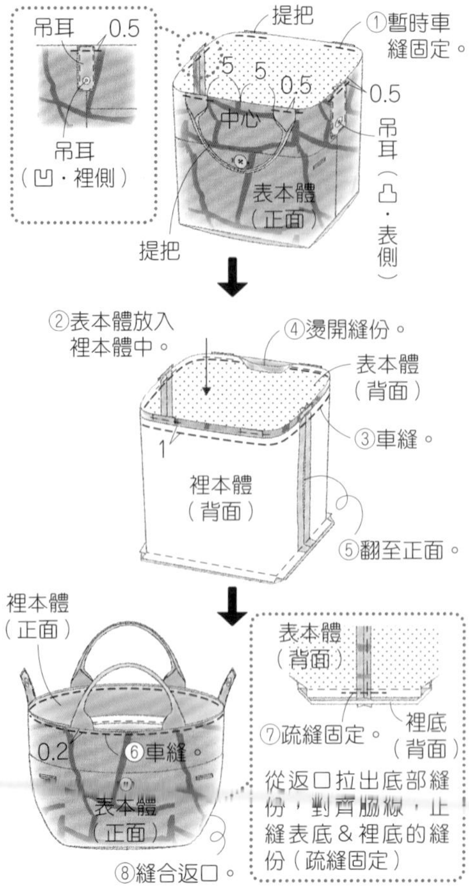

吊耳
0.5
吊耳（凹・裡側）
提把
①暫時車縫固定。
5
5
0.5
0.5
中心
吊耳（凸・表側）
表本體（正面）
提把
②表本體放入裡本體中。
④燙開縫份。
表本體（背面）
③車縫。
1
裡本體（背面）
⑤翻至正面。
裡本體（正面）
0.2
⑥車縫。
表本體（正面）
⑧縫合返口。
表本體（背面）
⑦疏縫固定。
裡底（背面）
從返口拉出底部縫份，對齊脇線，止縫表底＆裡底的縫份（疏縫固定）

No. 50

1.製作吊耳

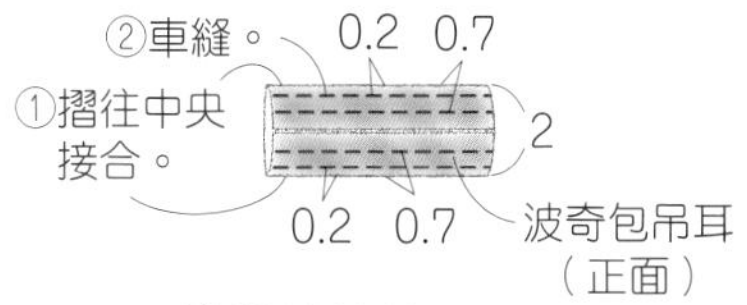

②車縫。
0.2 0.7
①摺往中央接合。
2
0.2 0.7
波奇包吊耳（正面）

2.接縫拉鍊

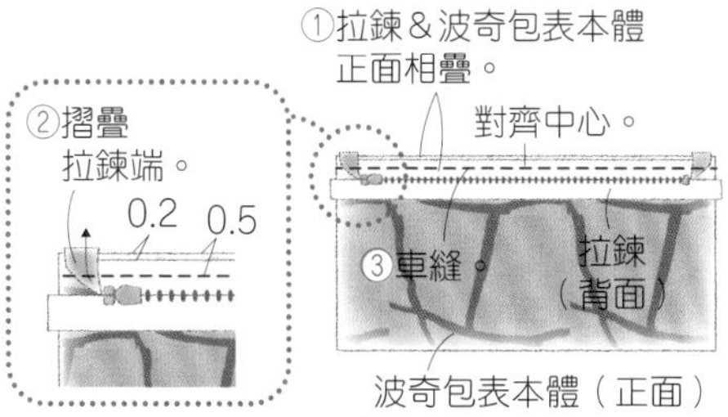

①拉鍊&波奇包表本體正面相疊。
②摺疊拉鍊端。
0.2 0.5
對齊中心。
③車縫。
拉鍊（背面）
波奇包表本體（正面）

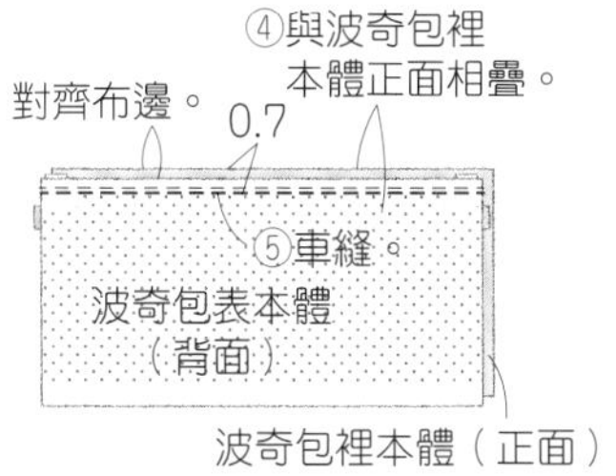

④與波奇包裡本體正面相疊。
對齊布邊。
0.7
⑤車縫。
波奇包表本體（背面）
波奇包裡本體（正面）

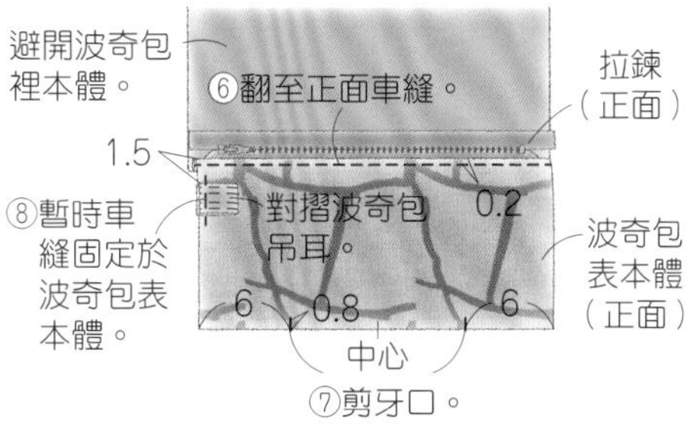

避開波奇包裡本體。
⑥翻至正面車縫。
拉鍊（正面）
1.5
0.2
對摺波奇包吊耳。
⑧暫時車縫固定於波奇包表本體。
波奇包表本體（正面）
6 0.8 6
中心
⑦剪牙口。

※裡本體作法亦同。

※另一側也以相同方式接縫拉鍊，並於本體底側剪牙口。

3.製作本體

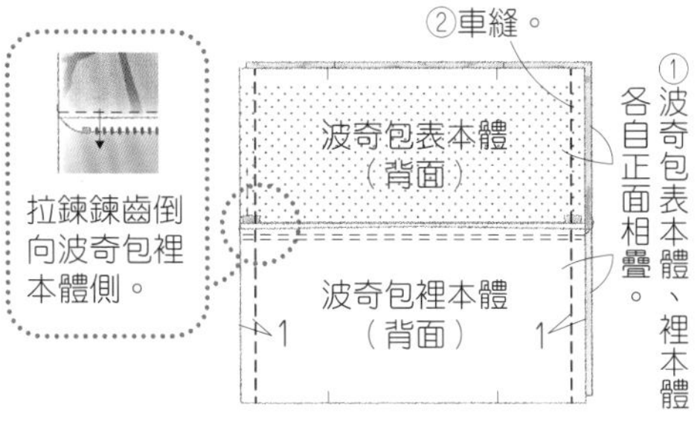

②車縫。
拉鍊鍊齒倒向波奇包裡本體側。
波奇包表本體（背面）
波奇包裡本體（背面）
①波奇包表本體、裡本體各自正面相疊。
1 1

※預先打開拉鍊。

以No.51-**3.**⑦至⑫相同作法，分別將波奇包表本體&波奇包表底，波奇包裡本體&波奇包裡底正面相疊縫合。

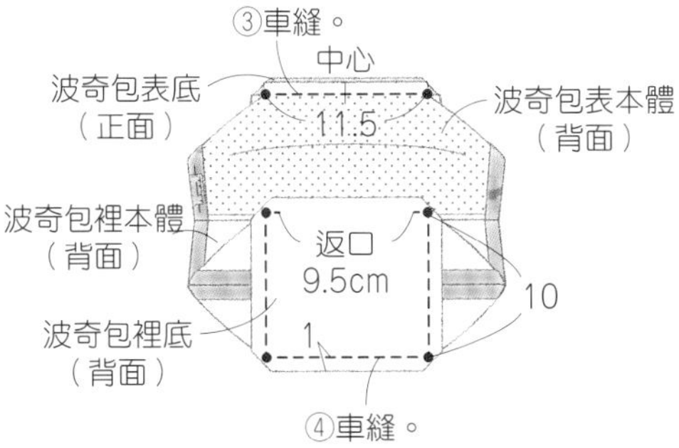

③車縫。
中心
波奇包表底（正面）
11.5
波奇包表本體（背面）
波奇包裡本體（背面）
返口 9.5cm
10
波奇包裡底（背面）
1
④車縫。

4.完成！

①翻至正面，將波奇包裡本體放入波奇包表本體中。

波奇包表本體（正面）
②縫合返口。

完成尺寸	材料
寬約9×高約12㎝	**表布**（棉布）25㎝×20㎝／**配布A**（棉布）10㎝×15㎝
	配布B（棉布）5㎝×15㎝／**配布C**（棉布）10㎝×5㎝
原寸紙型	**配布D**（棉布）5㎝×5㎝／**裡布** 25㎝×20㎝
D面	**單膠鋪棉** 25㎝×20㎝／**雙面接著襯** 25㎝×15㎝
	單圈 直徑3㎝ 1個／**鬆緊帶** 寬1.8㎝ 35㎝

P.54_ No. 64 青蛙鑰匙包

裁布圖

※▭處於背面燙貼單膠鋪棉（僅表本體）。

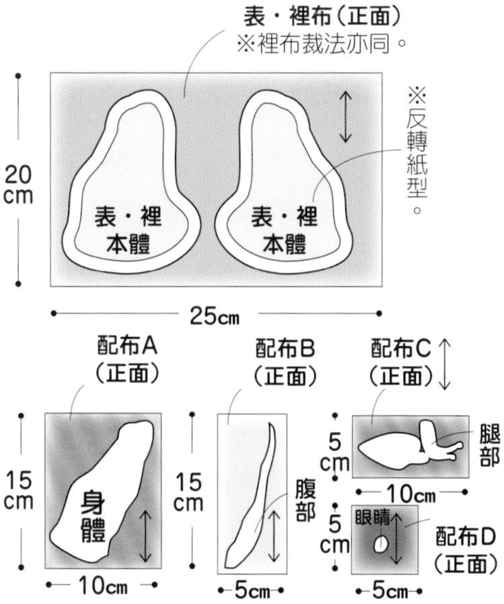

表・裡布（正面）
※裡布裁法亦同。
※反轉紙型。
20cm
表・裡本體
表・裡本體
25cm
配布A（正面）
15cm
身體
10cm
配布B（正面）
15cm
腹部
5cm
配布C（正面）
5cm
腿部
10cm
眼睛
5cm
配布D（正面）
5cm

1.進行燙布縫

①在腹部、身體、腿部、眼睛背面燙貼雙面接著襯。

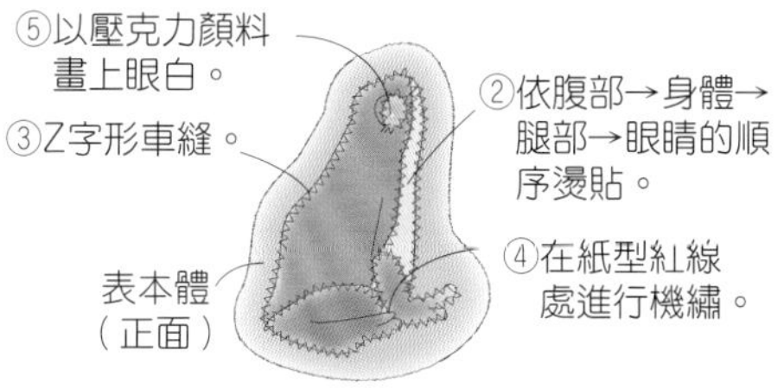

⑤以壓克力顏料畫上眼白。
②依腹部→身體→腿部→眼睛的順序燙貼。
③Z字形車縫。
④在紙型紅線處進行機縫。
表本體（正面）

2.製作本體

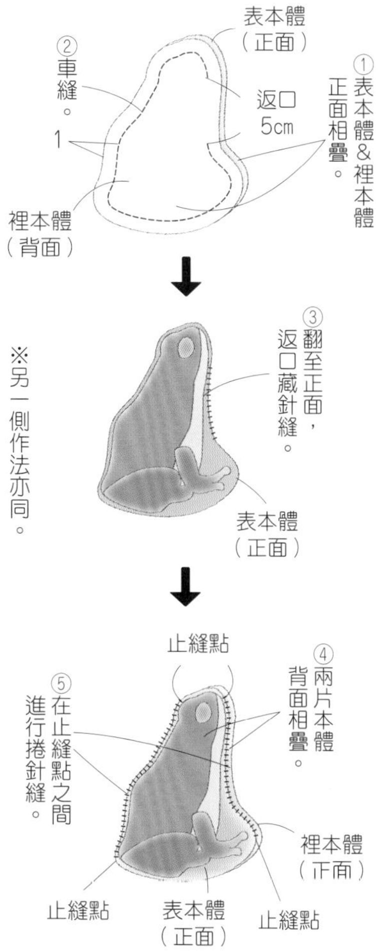

②車縫。
表本體（正面）
①表本體&裡本體正面相疊。
返口 5cm
1
裡本體（背面）
③翻至正面，返口藏針縫。
※另一側作法亦同。
表本體（正面）
止縫點
④兩片本體背面相疊。
⑤在止縫點之間進行捲針縫。
裡本體（正面）
止縫點
表本體（正面）
止縫點

3.接縫鬆緊帶

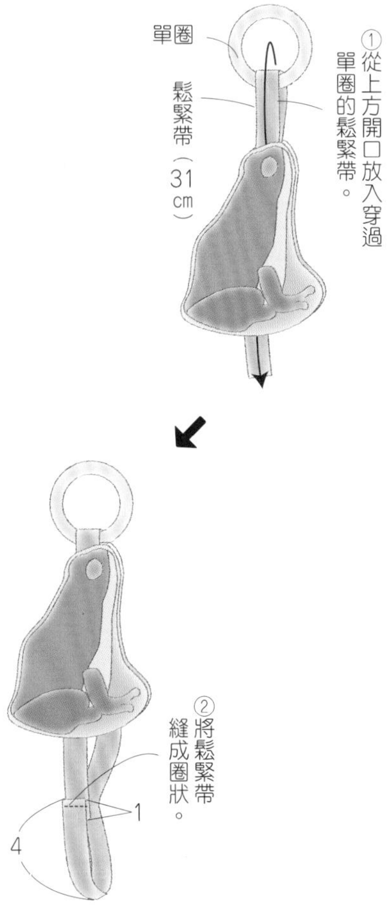

單圈
鬆緊帶（31cm）
①從上方開口放入穿過單圈的鬆緊帶。
②將鬆緊帶縫成圈狀。
1
4

完成尺寸

頭圍58cm

原寸紙型

D面

材料

表布（平織布・棉牛津布）80cm×75cm
裡布（棉布）55cm×55cm／**配布**（平織布）70cm×60cm
鋁線 粗0.2cm 85cm
接著襯（薄）70cm×60cm／**帽子止汗帶** 寬4cm 60cm

P.43_ No. 47

帽緣可塑型漁夫帽

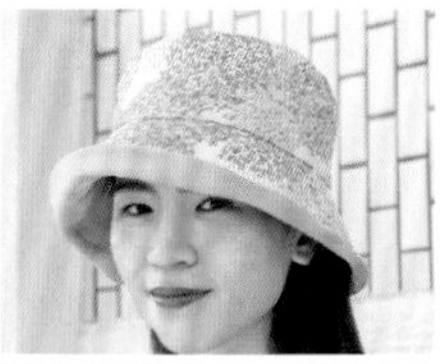

裁布圖

※▭處於背面燙貼接著襯。

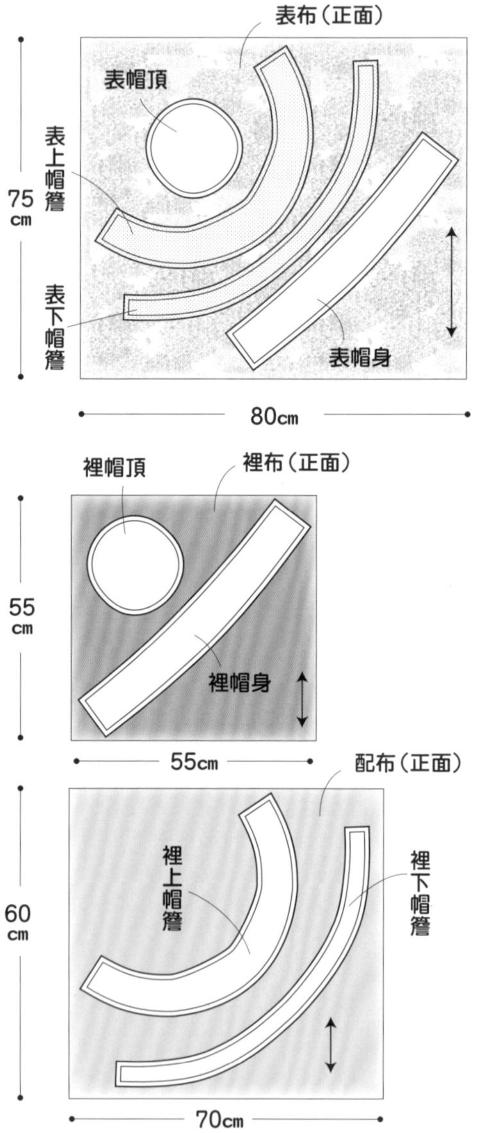

表布（正面）
表帽頂
表上帽簷
表下帽簷
表帽身
75cm
80cm
裡帽頂
裡布（正面）
裡帽身
55cm
55cm
配布（正面）
裡上帽簷
裡下帽簷
60cm
70cm

1.製作帽簷

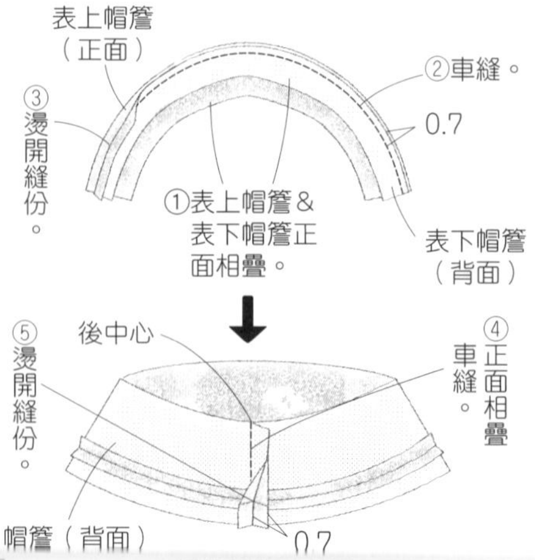

表上帽簷（正面）
②車縫。
③燙開縫份。
0.7
①表上帽簷＆表下帽簷正面相疊。
表下帽簷（背面）
後中心
④正面相疊車縫。
⑤燙開縫份。
帽簷（背面）
0.7

※裡帽簷作法亦同。

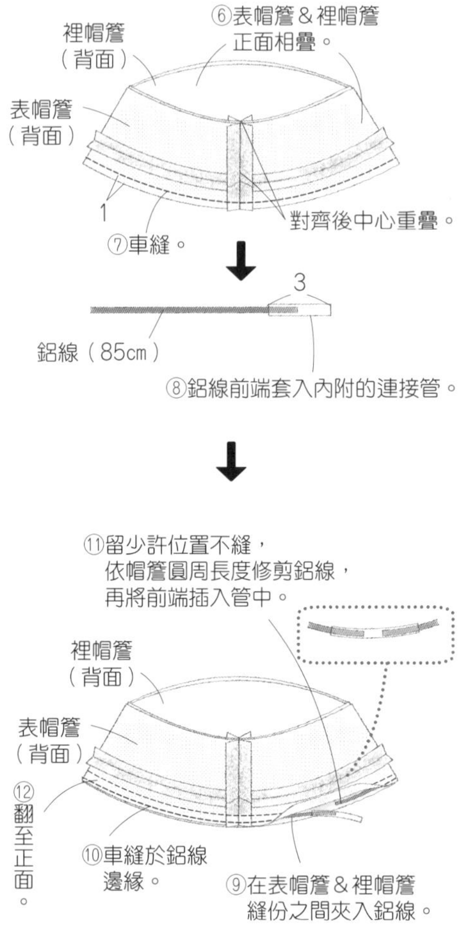

裡帽簷（背面）
⑥表帽簷＆裡帽簷正面相疊。
表帽簷（背面）
1
⑦車縫。
對齊後中心重疊。
3
鋁線（85cm）
⑧鋁線前端套入內附的連接管。
⑪留少許位置不縫，依帽簷圓周長度修剪鋁線，再將前端插入管中。
裡帽簷（背面）
表帽簷（背面）
⑫翻至正面。
⑩車縫於鋁線邊緣。
⑨在表帽簷＆裡帽簷縫份之間夾入鋁線。

2.製作帽體

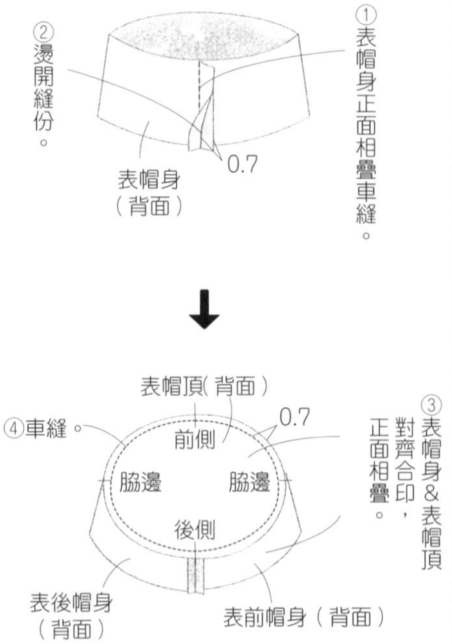

②燙開縫份。
①表帽身正面相疊車縫。
0.7
表帽身（背面）
表帽頂（背面）
④車縫。
0.7
前側
脇邊
脇邊
後側
③表帽身＆表帽頂對齊合印，正面相疊。
表後帽身（背面）
表前帽身（背面）

※裡帽體作法亦同。

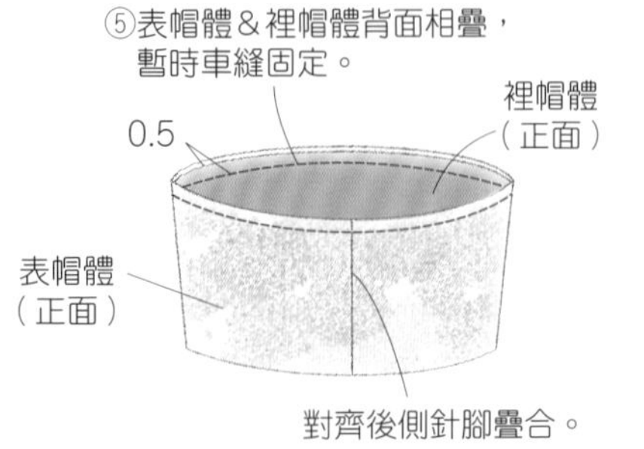

⑤表帽體＆裡帽體背面相疊，暫時車縫固定。
裡帽體（正面）
0.5
表帽體（正面）
對齊後側針腳疊合。

3.套疊帽體＆帽簷

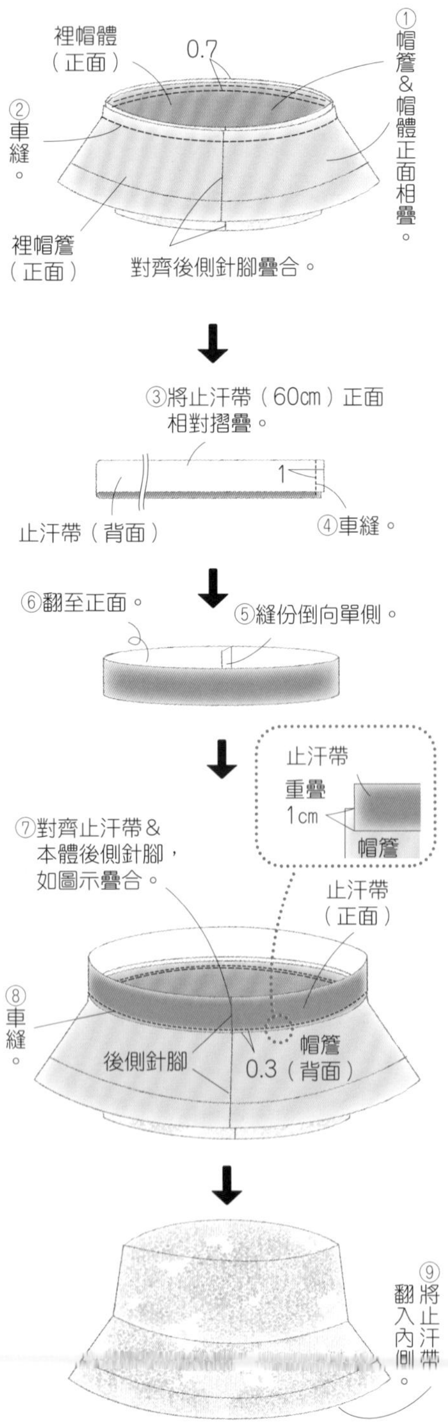

裡帽體（正面）
0.7
①帽簷＆帽體正面相疊。
②車縫。
裡帽簷（正面）
對齊後側針腳疊合。
③將止汗帶（60cm）正面相對摺疊。
1
止汗帶（背面）
④車縫。
⑥翻至正面。
⑤縫份倒向單側。
止汗帶
重疊1cm
帽簷
⑦對齊止汗帶＆本體後側針腳，如圖示疊合。
止汗帶（正面）
⑧車縫。
後側針腳
0.3
帽簷（背面）
⑨將止汗帶翻入內側。

完成尺寸

寬14×高7.5㎝

原寸紙型

無

材料

表布（13目／1㎝麻布）25㎝×15㎝以上
配布（平織布）20㎝×15㎝
不織布（灰色）15㎝×10㎝／**鈕釦** 1㎝ 1個
DMC 25號繡線（498・844・927）適量
緞帶 寬0.5㎝ 15㎝／**單圈** 直徑1㎝ 1個

P.46_ No. 52 小老鼠針線包

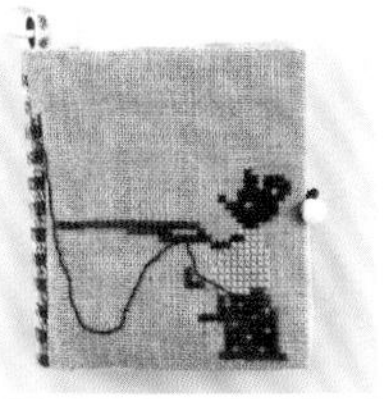

2.製作本體

①將繡好的表布依圖示尺寸裁剪。

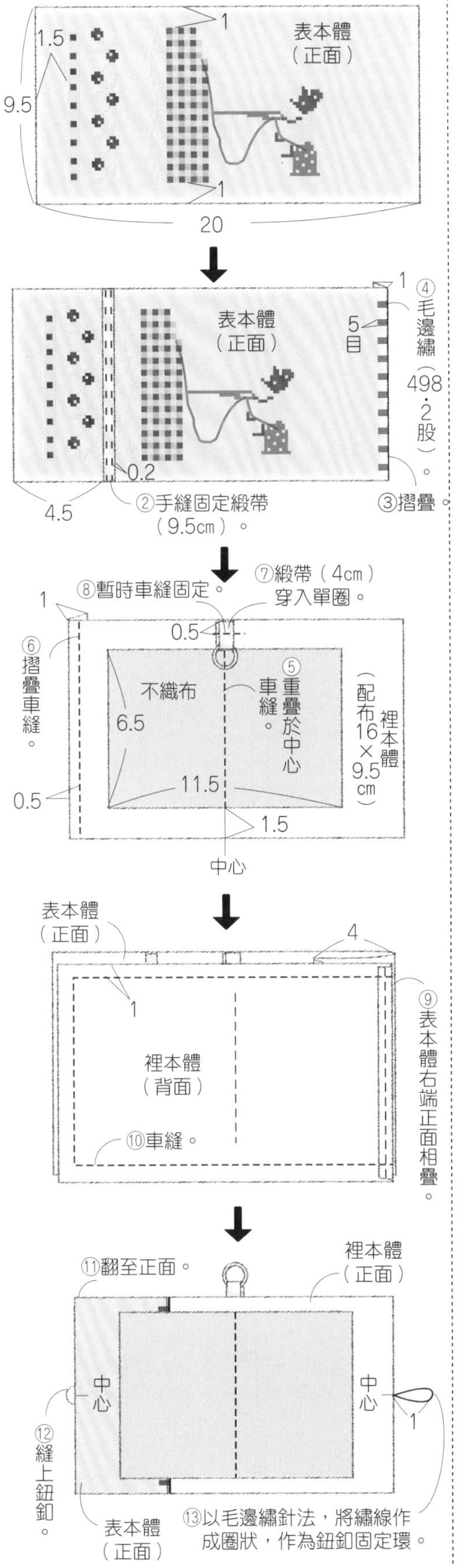

1.5
9.5
1
表本體
（正面）
1
20
1
④毛邊繡（498・2股）。
5目
表本體
（正面）
0.2
4.5
②手縫固定緞帶（9.5㎝）。
③摺疊。
⑦緞帶（4㎝）穿入單圈。
⑧暫時車縫固定。
1
0.5
⑥摺疊車縫。
不織布
6.5
⑤車縫。重疊於中心
配布（裡本體）16×9.5㎝
11.5
0.5
1.5
中心
表本體
（正面）
4
1
裡本體
（背面）
⑩車縫。
⑨表本體右端正面相疊。
⑪翻至正面。
裡本體
（正面）
中心
中心
1
⑫縫上鈕釦。
表本體
（正面）
⑬以毛邊繡針法，將繡線作成圈狀，作為鈕釦固定環。

1.進行刺繡

【刺繡圖案】

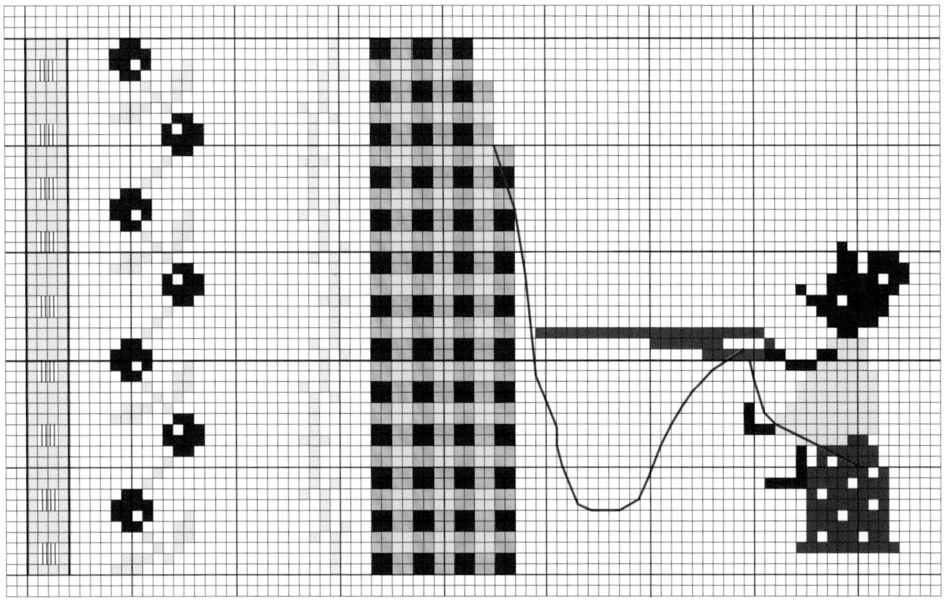

DMC 25 號繡線
2 股

■:498 ■:844 ■:927
■:498 和 927 各 1 股 共 2 股
—: 以 498 回針繡
||||: 以 498 直針繡縱向繡 4 條

①在 13 目／1㎝ 的麻布上依圖案刺繡。
※十字繡是數繡布織線進行刺繡。
※使用圓針尖的十字繡專用針。
※使用棉質或麻質等經線＆緯線等間距織成的布料。
13目／1㎝意指1㎝寬有13目經線＆緯線。依目數變化刺繡的大小。

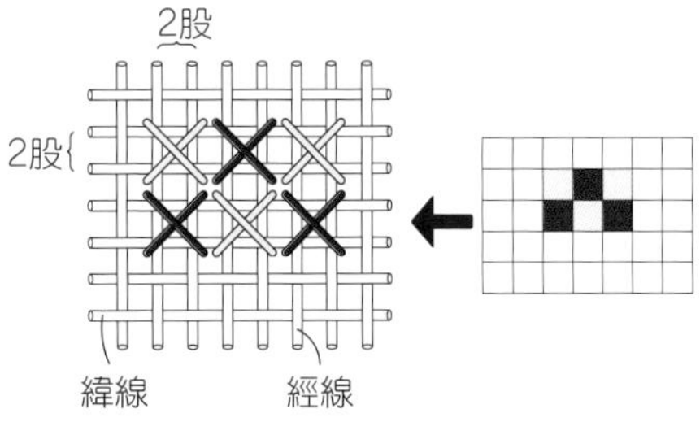

2股
2股
緯線
經線

【實例】　【圖例】

※本作品是以兩條織線刺繡1目的作品。

十字繡法

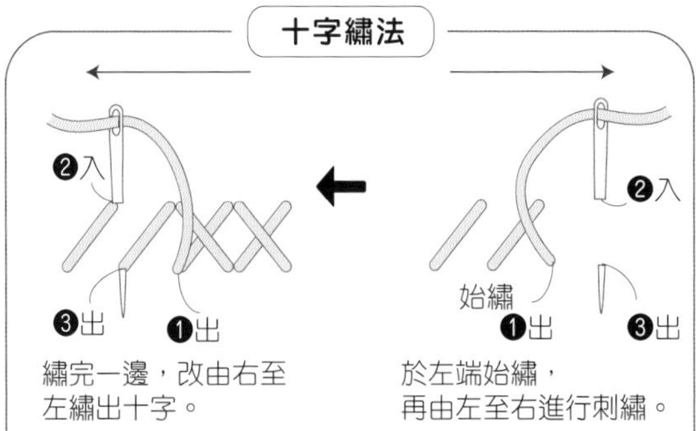

❷入
❸出
❶出
繡完一邊，改由右至左繡出十字。
❷入
始繡
❶出
❸出
於左端始繡，再由左至右進行刺繡。

刺繡針法

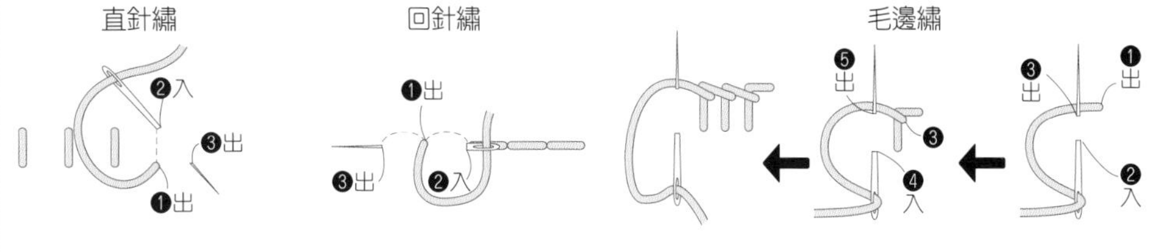

直針繡
❷入
❸出
❶出
回針繡
❶出
❸出
❷入
毛邊繡
❺出
❸
❹入
❸出
❶出
❷入

完成尺寸

寬約4×高約13cm

原寸紙型

A面

材料

表布（長毛絨布）40cm×20cm

不織布（水藍色）15cm×10cm・（灰色）10cm×5cm・（橘色・奶油色）5cm×5cm

丸大玻璃珠（黑色）2個・（黃色）1個

扁珠（紅色・直徑8mm）1個

捲尺（直徑5cm）1個／**填充棉** 適量

P.49_ No. 55 小鴨造型捲尺

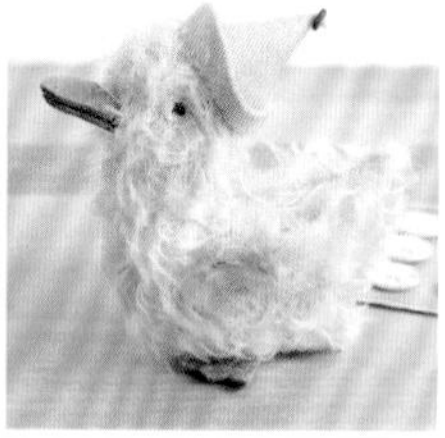

3.製作帽子

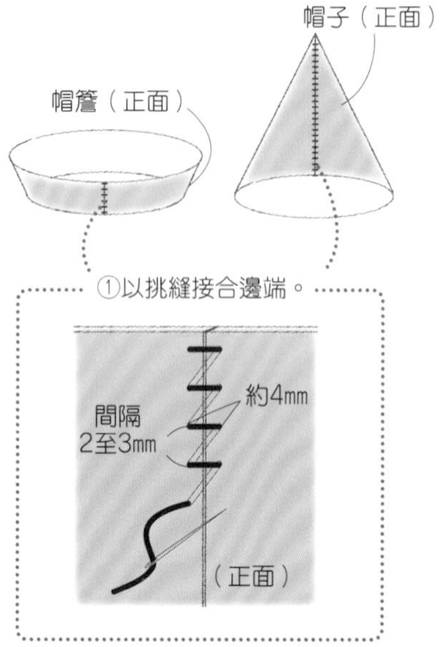

帽子（正面）
帽簷（正面）
①以挑縫接合邊端。
間隔2至3mm
約4mm
（正面）

※以下標記為「挑縫接合」的位置縫法亦同。

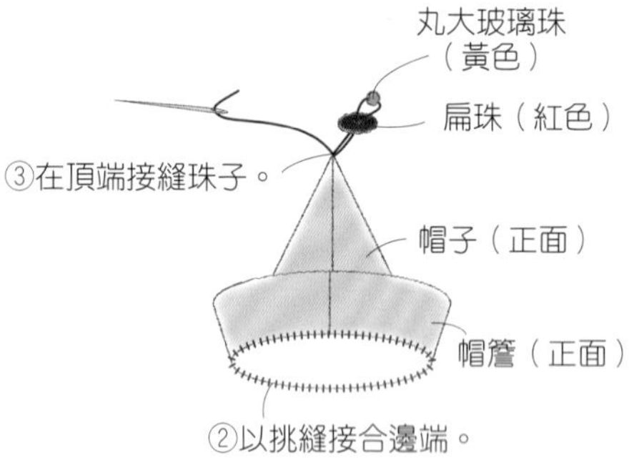

丸大玻璃珠（黃色）
扁珠（紅色）
③在頂端接縫珠子。
帽子（正面）
帽簷（正面）
②以挑縫接合邊端。

4.縫上臉部・腳部

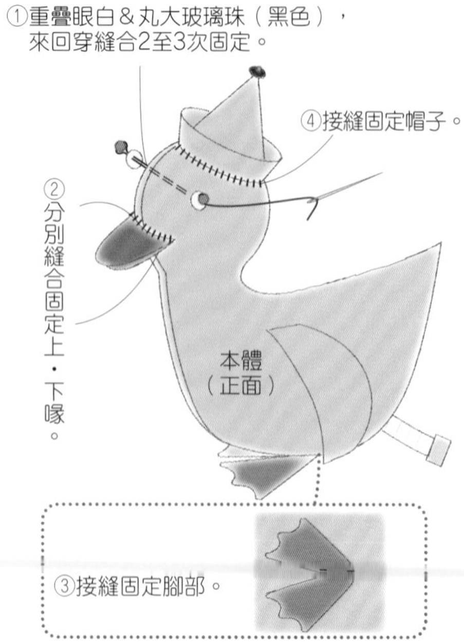

①重疊眼白＆丸大玻璃珠（黑色），來回穿縫合2至3次固定。
④接縫固定帽子。
②分別縫合固定上・下嘴。
本體（正面）
③接縫固定腳部。

裁布圖

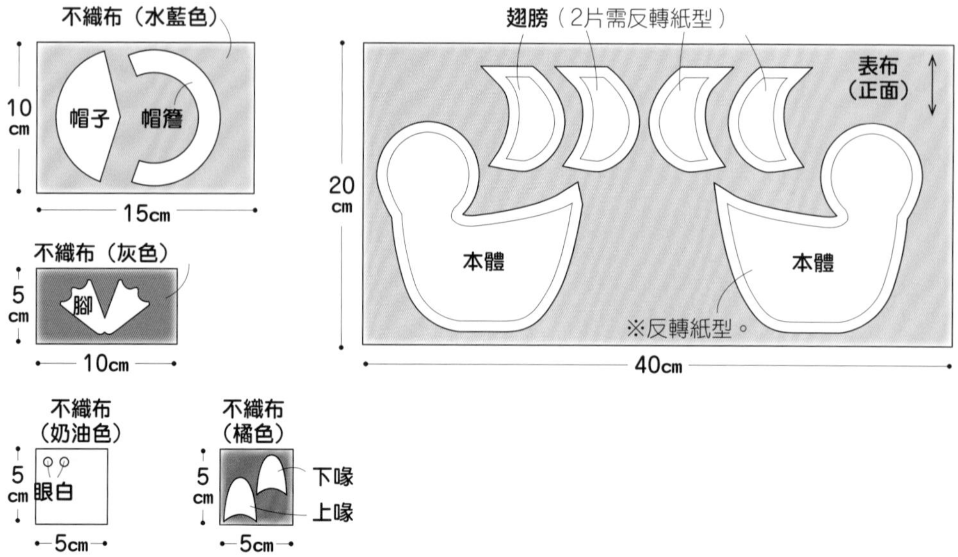

不織布（水藍色）
10cm
帽子
帽簷
15cm
不織布（灰色）
5cm
腳
10cm
不織布（奶油色）
5cm
眼白
5cm
不織布（橘色）
5cm
下嘴
上嘴
5cm
翅膀（2片需反轉紙型）
表布（正面）
20cm
本體
本體
※反轉紙型。
40cm

2.製作翅膀

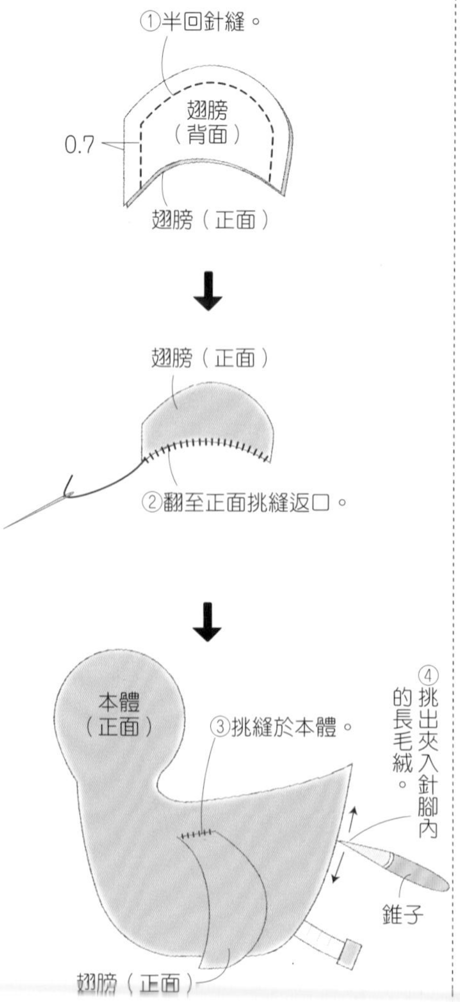

①半回針縫。
翅膀（背面）
0.7
翅膀（正面）
翅膀（正面）
②翻至正面挑縫返口。
本體（正面）
③挑縫於本體。
④挑出夾入針腳內的長毛絨。
錐子
翅膀（正面）

※另一組作法亦同，挑縫於本體。

1.製作本體

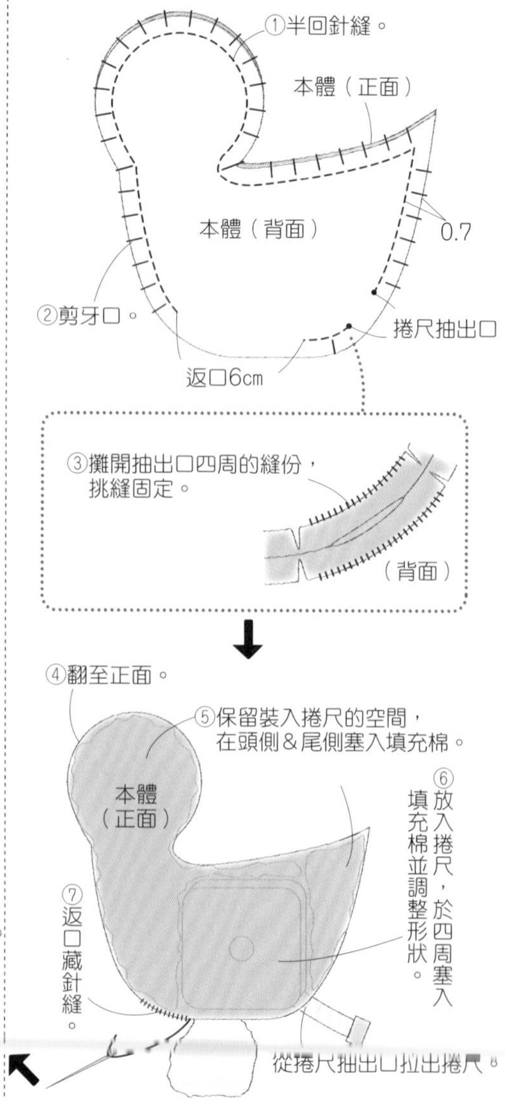

①半回針縫。
本體（正面）
本體（背面）
0.7
②剪牙口。
捲尺抽出口
返口6cm
③攤開抽出口四周的縫份，挑縫固定。
（背面）
④翻至正面。
⑤保留裝入捲尺的空間，在頭側＆尾側塞入填充棉。
本體（正面）
⑥放入捲尺，於四周塞入填充棉並調整形狀。
⑦返口藏針縫。
從捲尺抽出口拉出捲尺。

P.48_ No. 53 天鵝徽章提籃

完成尺寸
寬40×高28cm×側身19cm

原寸紙型
A面

材料
表布（亞麻布）25cm×20cm
配布（不織布）25cm×20cm
雙面接著襯 25cm×20cm
提籃包（寬約40cm・高28cm）1個
圓繩 寬1cm 110cm／**仿拉菲草編繩**（米白色）
25號繡線（黑色・水藍色・米白色）

1.黏貼表布

①在表布背面燙貼雙面接著襯。

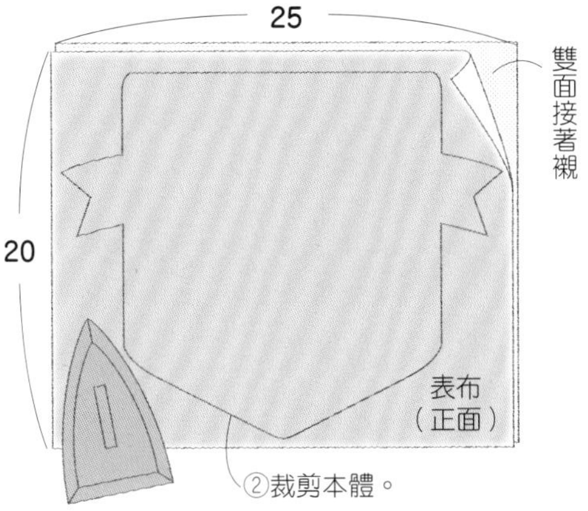

25
20
雙面接著襯
表布
（正面）
②裁剪本體。

③撕下雙面接著襯的背紙，燙貼於配布。

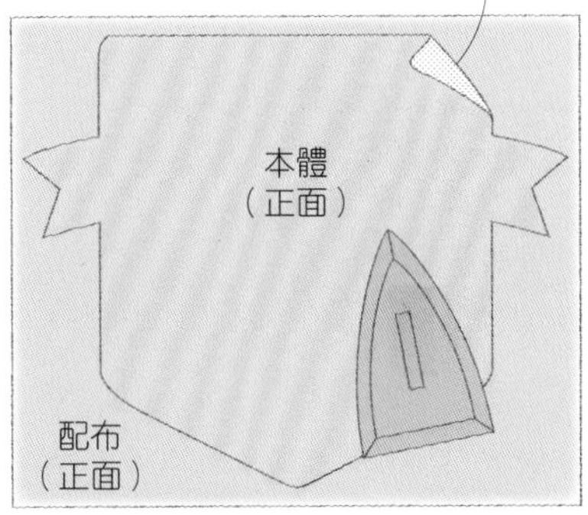

本體
（正面）
配布
（正面）

2.進行刺繡

①描下圖案進行刺繡。
（除了指定處之外皆為25號繡線3股・鎖鏈繡）

數字
（米白色）
標誌
（黑色）
喙
（黑色）
十字架
（水藍色）
2020
DEN GRIMME ÆLLING
MARCHE
滾邊（黑色）
在表布邊緣
進行刺繡。
天鵝身體（白色・仿拉菲草編繩）
以1股輪廓繡沿著圖案線，
無空隙地繡滿。
「MARCHE」字樣（水藍色）
2股・鎖鏈繡

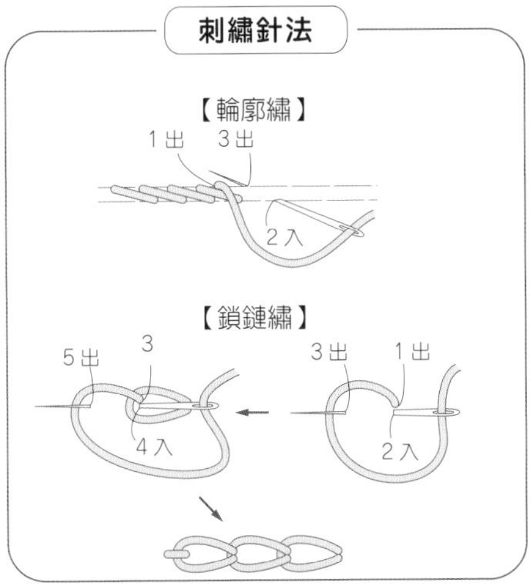

刺繡針法
【輪廓繡】
1出
3出
2入
【鎖鏈繡】
5出
3
4入
3出
1出
2入

3.燙貼於提籃

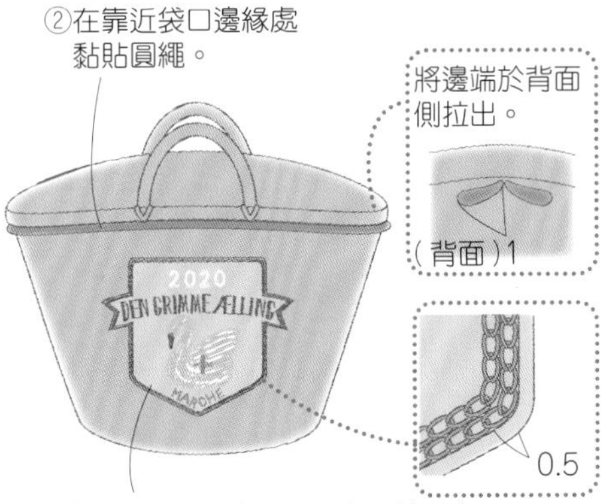

②在靠近袋口邊緣處
黏貼圓繩。
將邊端於背面
側拉出。
（背面）1
2020
DEN GRIMME ÆLLING
MARCHE
0.5

①沿距離刺繡邊0.5cm處裁剪配布，
再以熱熔膠黏貼固定於提籃。

P.48_ No. 54 蛋型針插

完成尺寸
高約7cm

原寸紙型
無

材料
表布（亞麻布片）適量
配布（亞麻緞帶）適量
羊毛（象牙色）適量
水氣球 1個

1.製作蛋殼

①吹氣讓水氣球膨脹。

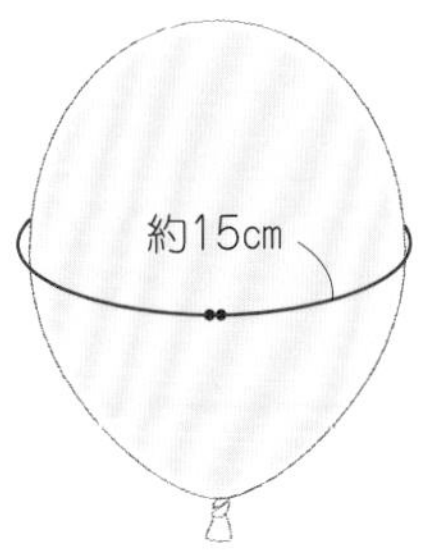

約15cm

③塗上白膠水，重疊黏貼表布和配布。
④黏貼完畢之後，整體塗滿白膠水作為塗層。

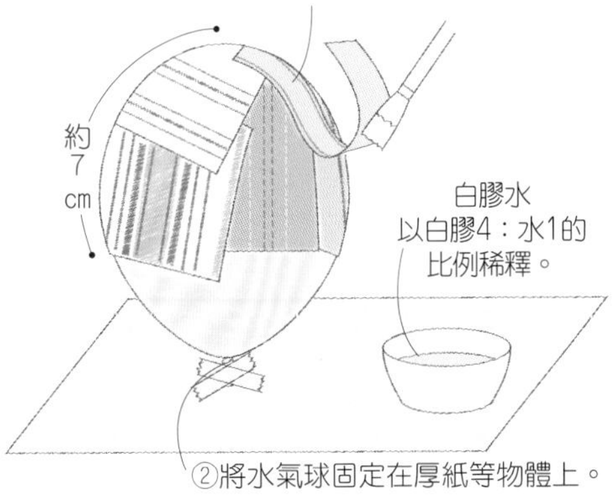

約
7
cm
白膠水
以白膠4：水1的
比例稀釋。

②將水氣球固定在厚紙等物體上。

2.製作針插

②以毛氈戳針將羊毛蓬鬆地塑型
成雞蛋狀，放入內部。

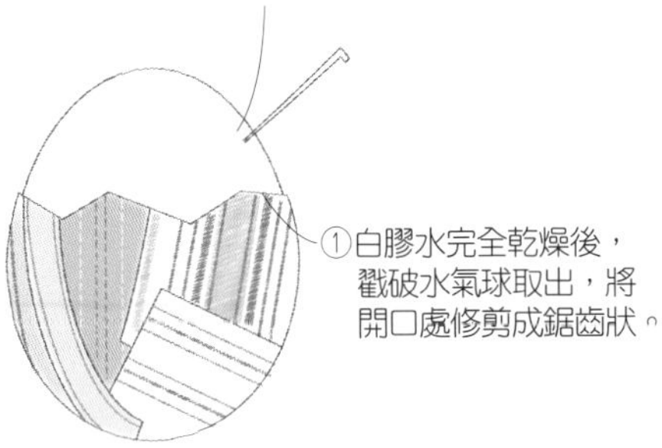

①白膠水完全乾燥後，
戳破水氣球取出，將
開口處修剪成鋸齒狀。

完成尺寸

寬26×高10×側幅10cm

原寸紙型

B面

材料

表布（棉布）30cm×30cm／**配布A**（棉布）30cm×10cm
配布B（棉布）65cm×15cm／**配布C**（棉布）100cm×30cm
配布D（棉布）40cm×20cm／**配布E**（棉布）20cm×20cm
配布F（棉布）20cm×10cm／**裡布A**（棉布）60cm×45cm
裡布B（棉布）60cm×30cm／**單膠鋪棉** 60cm×60cm
圓片 直徑1cm 6片／**圓繩** 粗0.3cm 10cm
圓繩 粗0.2cm 60cm／**緞帶** 寬0.5cm 130cm
貼布繡背膠 10cm×5cm

P.51_ No. 56

大漁船布盒組

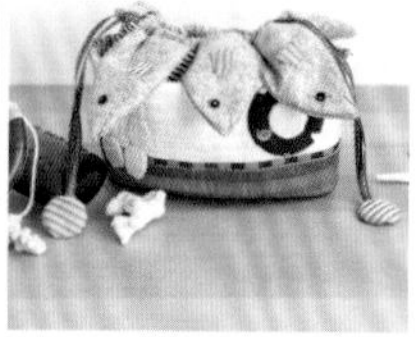

1.製作表本體

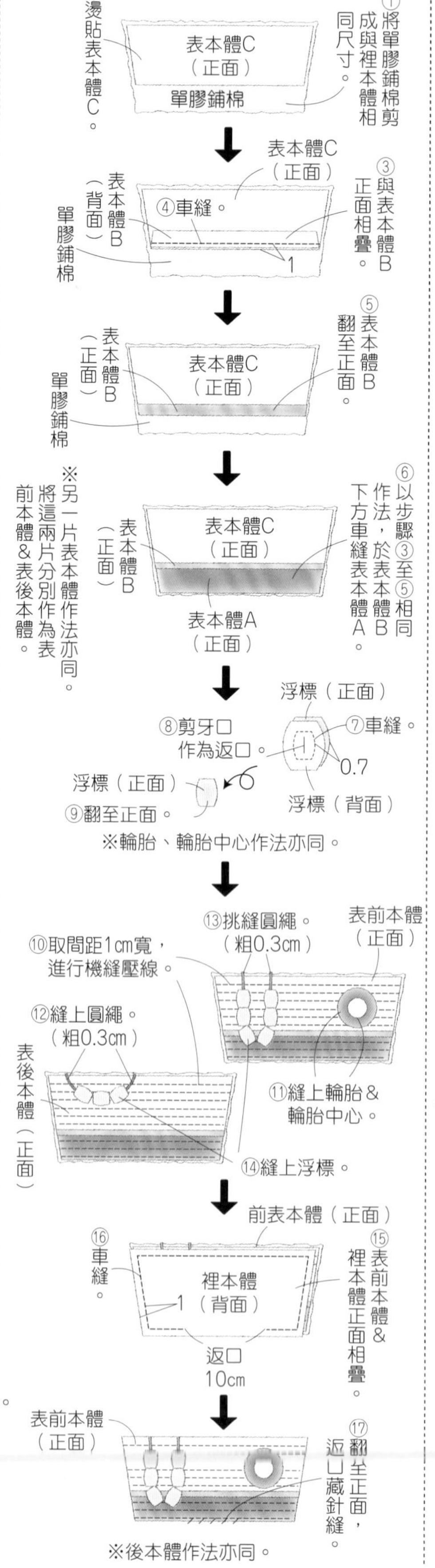

②燙貼表本體C。
表本體C（正面）
單膠鋪棉
①將單膠鋪棉剪成與裡本體相同尺寸。
表本體C（正面）
③與表本體B正面相疊。
表本體B（背面）
④車縫。
單膠鋪棉
1
⑤表本體B翻至正面。
表本體C（正面）
表本體B（正面）
單膠鋪棉
⑥以步驟③至⑤相同作法，於表本體B下方車縫表本體A。
表本體C（正面）
表本體B（正面）
表本體A（正面）
※另一片表本體作法亦同。將這兩片分別作為表前本體&表後本體。
浮標（正面）
⑦車縫。
⑧剪牙口作為返口。
0.7
浮標（正面）
⑨翻至正面。
浮標（背面）
※輪胎、輪胎中心作法亦同。
⑬挑縫圓繩。（粗0.3cm）
表前本體（正面）
⑩取間距1cm寬，進行機縫壓線。
⑫縫上圓繩。（粗0.3cm）
表後本體（正面）
⑪縫上輪胎&輪胎中心。
⑭縫上浮標。
前表本體（正面）
⑮表前本體&裡本體正面相疊。
⑯車縫。
裡本體（背面）
1
返口10cm
表前本體（正面）
⑰翻至正面，返口藏針縫。
※後本體作法亦同。

2.接縫底部

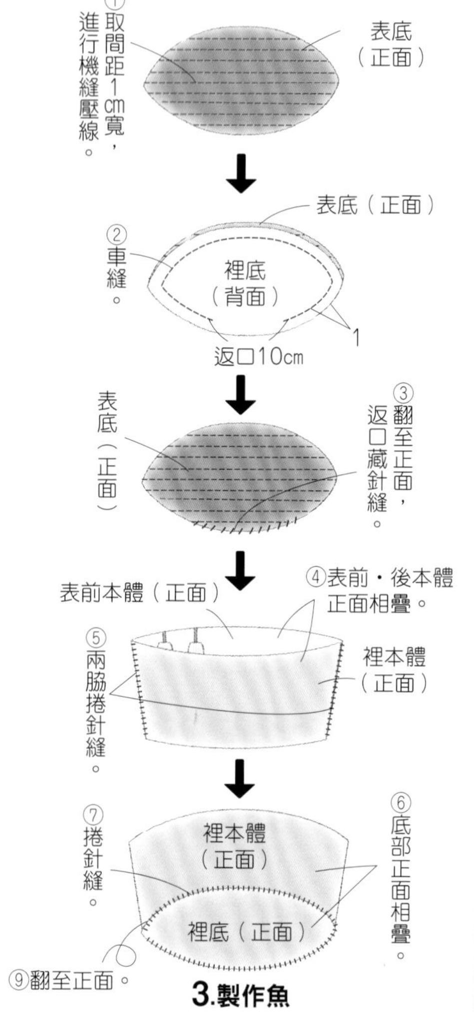

①取間距1cm寬，進行機縫壓線。
表底（正面）
表底（正面）
②車縫。
裡底（背面）
1
返口10cm
表底（正面）
③翻至正面，返口藏針縫。
表前本體（正面）
④表前・後本體正面相疊。
⑤兩脇捲針縫。
裡本體（正面）
⑦捲針縫。
裡本體（正面）
⑥底部正面相疊。
裡底（正面）
⑨翻至正面。

3.製作魚

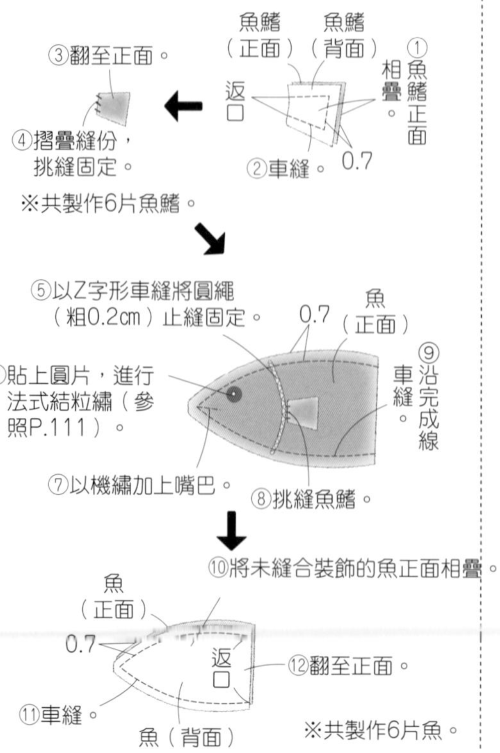

魚鰭（正面）
魚鰭（背面）
①魚鰭正面相疊。
返口
②車縫。
0.7
③翻至正面。
④摺疊縫份，挑縫固定。
※共製作6片魚鰭。
⑤以Z字形車縫將圓繩（粗0.2cm）止縫固定。
0.7
魚（正面）
⑨沿完成線車縫。
⑥貼上圓片，進行法式結粒繡（參照P.111）。
⑦以機繡加上嘴巴。
⑧挑縫魚鰭。
⑩將未縫合裝飾的魚正面相疊。
魚（正面）
0.7
返口
⑫翻至正面。
⑪車縫。
魚（背面）
※共製作6片魚。

裁布圖

※口布無紙型，請依標示的尺寸（已含縫份）直接裁剪。
※▭處在背面燙貼單膠鋪棉。

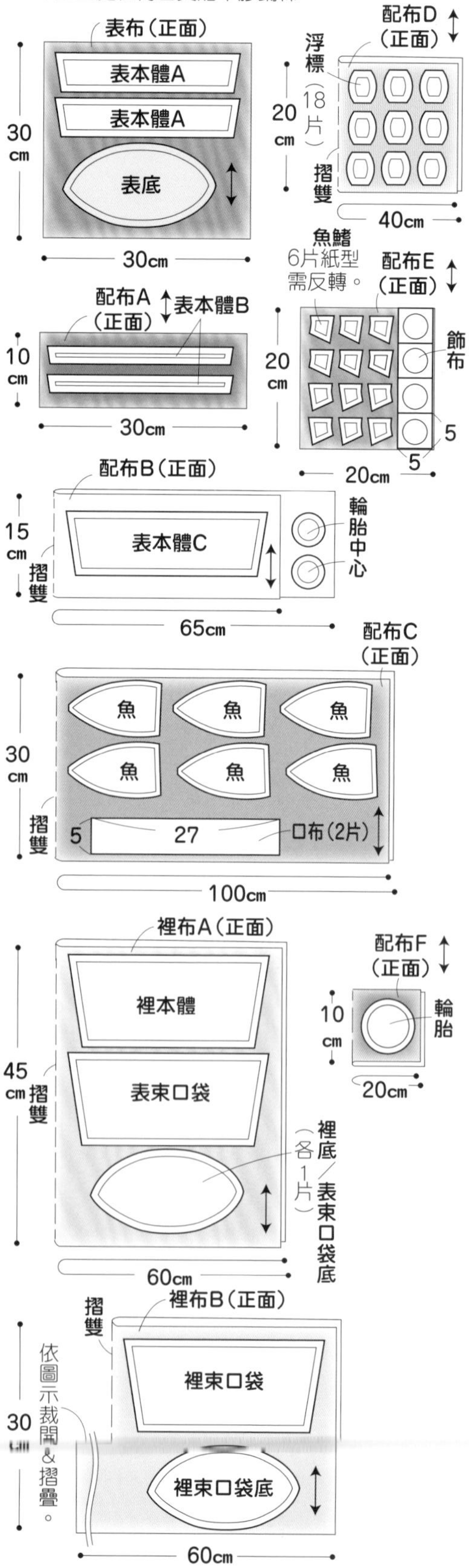

表布（正面）
表本體A
表本體A
表底
30cm
30cm
配布D（正面）
浮標（18片）
20cm
摺雙
40cm
配布A（正面）
表本體B
10cm
30cm
魚鰭 6片紙型需反轉。
配布E（正面）
飾布
20cm
5
5
20cm
配布B（正面）
15cm
摺雙
表本體C
輪胎中心
65cm
配布C（正面）
魚
魚
魚
魚
魚
魚
30cm
摺雙
5
27
口布(2片)
100cm
裡布A（正面）
裡本體
表束口袋
45cm
摺雙
裡底、表束口袋底（各1片）
60cm
配布F（正面）
10cm
輪胎
20cm
摺雙
裡布B（正面）
裡束口袋
依圖示裁開&摺疊。
30cm
裡束口袋底
60cm

4.製作束口袋

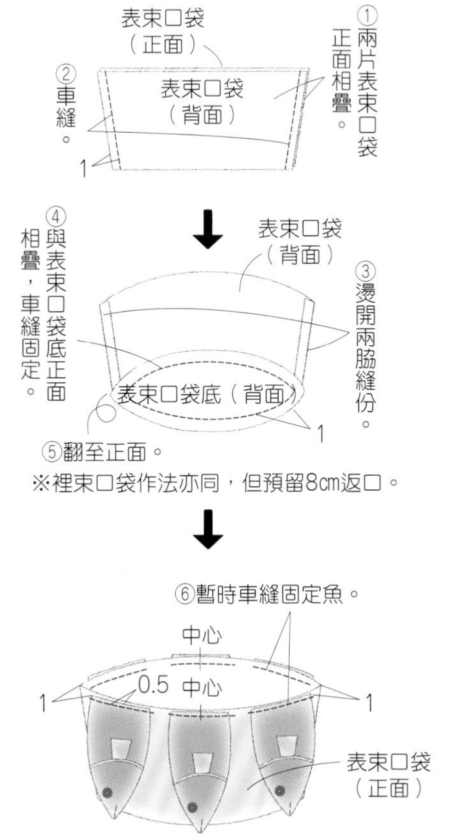

表束口袋（正面）
①兩片表束口袋正面相疊。
②車縫。
表束口袋（背面）
1
表束口袋（背面）
④與表束口袋底正面相疊，車縫固定。
③燙開兩脇縫份。
表束口袋底（背面）
1
⑤翻至正面。
※裡束口袋作法亦同，但預留8cm返口。
⑥暫時車縫固定魚。
中心
0.5
中心
1
1
表束口袋（正面）

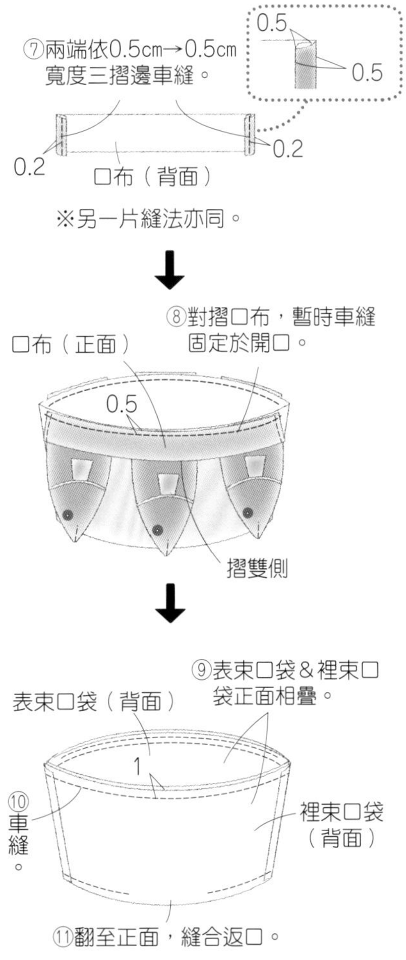

0.5
0.5
⑦兩端依0.5cm→0.5cm寬度三摺邊車縫。
0.2
0.2
口布（背面）
※另一片縫法亦同。
⑧對摺口布，暫時車縫固定於開口。
口布（正面）
0.5
摺雙側
⑨表束口袋＆裡束口袋正面相疊。
表束口袋（背面）
1
⑩車縫。
裡束口袋（背面）
⑪翻至正面，縫合返口。

5.穿繩

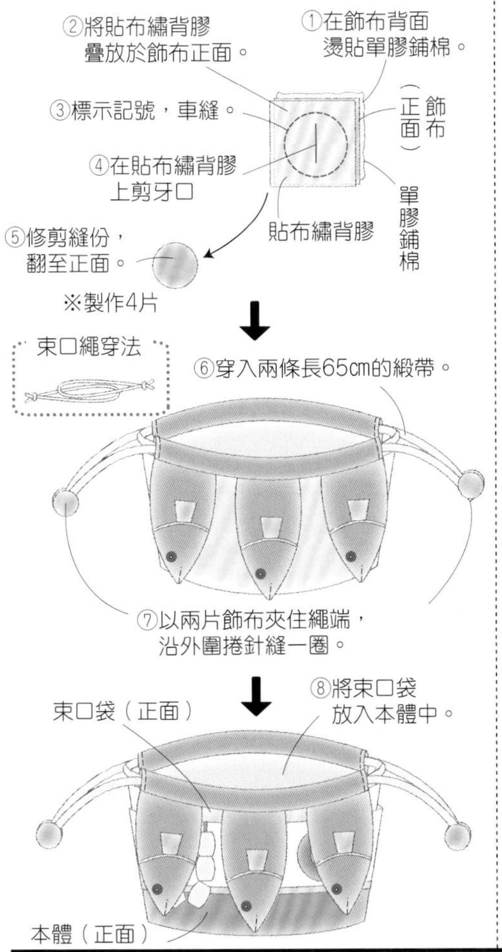

②將貼布繡背膠疊放於飾布正面。
①在飾布背面燙貼單膠鋪棉。
③標示記號，車縫。
飾布（正面）
④在貼布繡背膠上剪牙口
單膠鋪棉
貼布繡背膠
⑤修剪縫份，翻至正面。
※製作4片
束口繩穿法
⑥穿入兩條長65cm的緞帶。
⑦以兩片飾布夾住繩端，沿外圍捲針縫一圈。
⑧將束口袋放入本體中。
束口袋（正面）
本體（正面）

完成尺寸	材料
寬約8×高約12cm	**表布**（天鵝絨）40cm×15cm／**裡布**（棉布）30cm×15cm
	配布（天鵝絨）15cm×10cm
原寸紙型	**單膠鋪棉** 30cm×15cm
B面	**磁釦**（手縫式）1cm 1組

P.52_ No.57 蠶豆波奇包

裁布圖

※▭於背面燙貼單膠鋪棉。

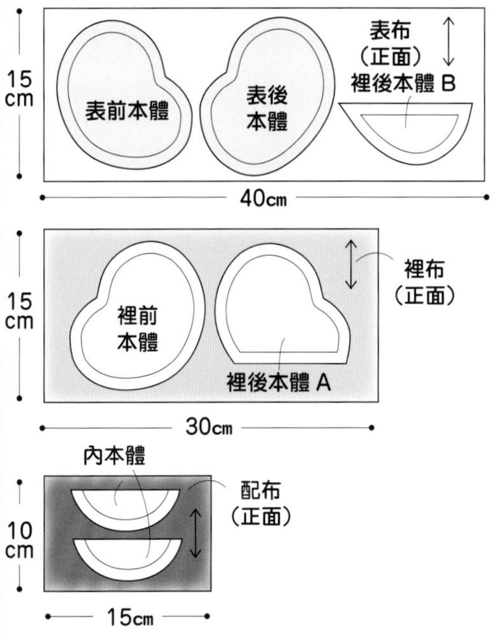

表布（正面）
裡後本體 B
15cm
表前本體
表後本體
40cm
裡布（正面）
15cm
裡前本體
裡後本體 A
30cm
內本體
配布（正面）
10cm
15cm

1.製作裡後本體

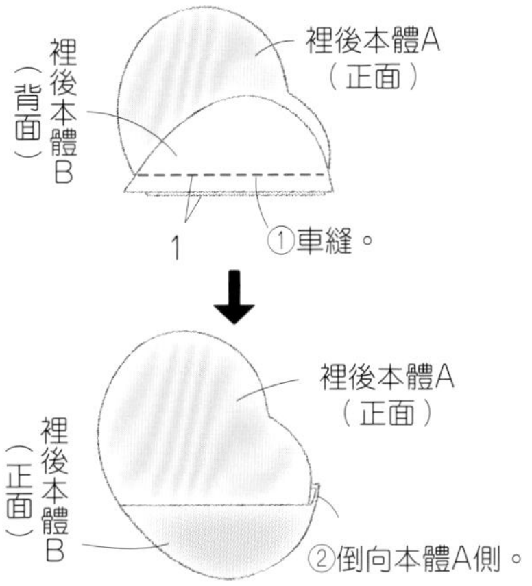

裡後本體A（正面）
裡後本體B（背面）
1
①車縫。
裡後本體A（正面）
裡後本體B（正面）
②倒向本體A側。

2.製作內本體

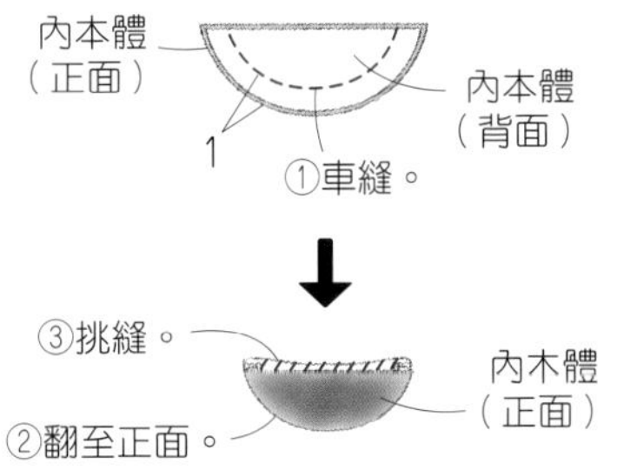

內本體（正面）
內本體（背面）
1
①車縫。
③挑縫。
內木體（正面）
②翻至正面。

3.製作本體

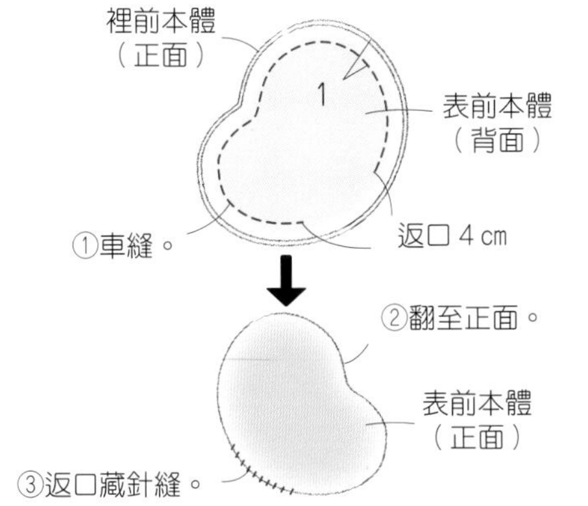

裡前本體（正面）
1
表前本體（背面）
①車縫。
返口 4 cm
②翻至正面。
表前本體（正面）
③返口藏針縫。

※表後本體＆裡後本體縫法亦同。

4.完成！

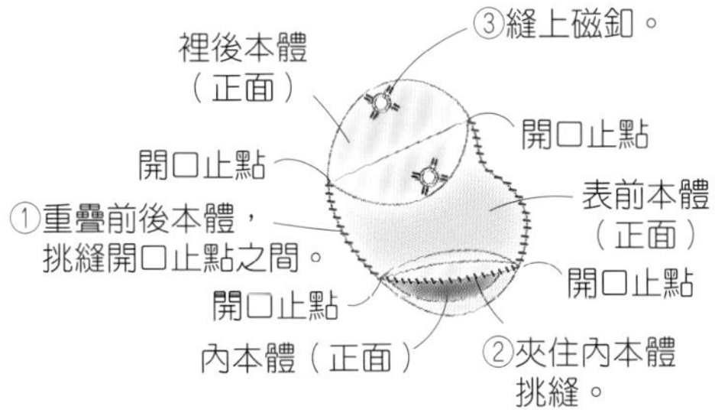

裡後本體（正面）
③縫上磁釦。
開口止點
開口止點
①重疊前後本體，挑縫開口止點之間。
表前本體（正面）
開口止點
開口止點
內本體（正面）
②夾住內本體挑縫。

完成尺寸

寬約23×約8cm
（不含提把）

原寸紙型

B面

材料

表布（棉布）30cm×25cm／**裡布**（棉布）30cm×25cm
配布A（棉布）20cm×15cm／**配布B**（棉布）25cm×20cm
配布C（棉布）70cm×25cm／**接著襯**（薄）20cm×10cm
配布D（防水布）20cm×10cm／**單膠鋪棉** 50cm×60cm
圓形不織布貼片（黑色）直徑0.7cm 1片／**拉鍊** 30cm 1條
磁釦（手縫式）1cm 2個

P.52_ No. 58 香魚收納包

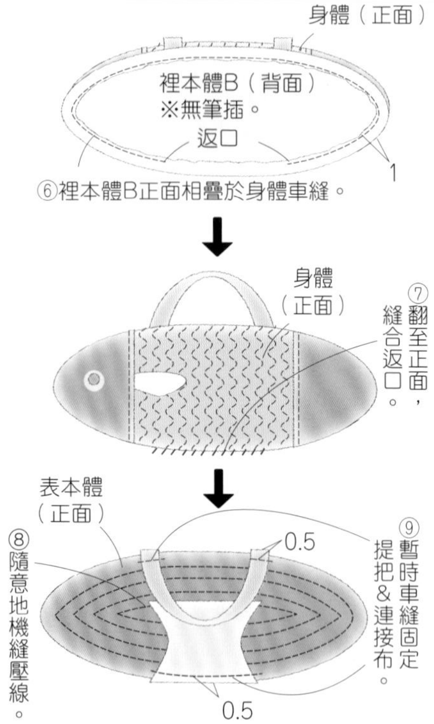

身體（正面）
裡本體B（背面）
※無筆插。
返口
1
⑥裡本體B正面相疊於身體車縫。
身體（正面）
⑦翻至正面，縫合返口。
表本體（正面）
0.5
⑨暫時車縫固定提把&連接布。
⑧隨意地機縫壓線。
0.5

※表本體&裡本體A作法同步驟⑥、⑦。

4.製作內口袋

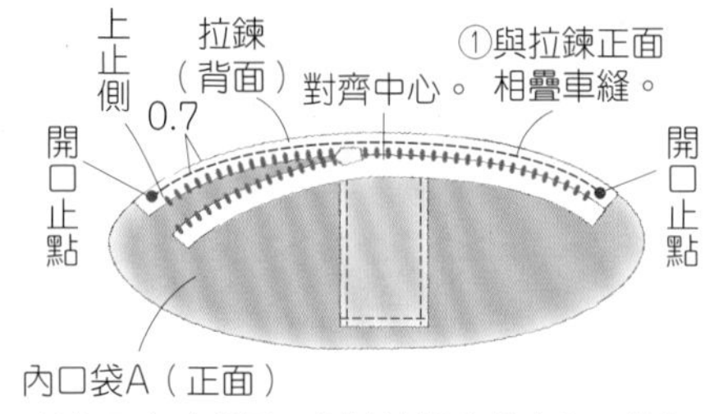

上止側
拉鍊（背面）
對齊中心。
①與拉鍊正面相疊車縫。
0.7
開口止點
開口止點
內口袋A（正面）

※以相同方式將另一側拉鍊縫合於表內口袋B。

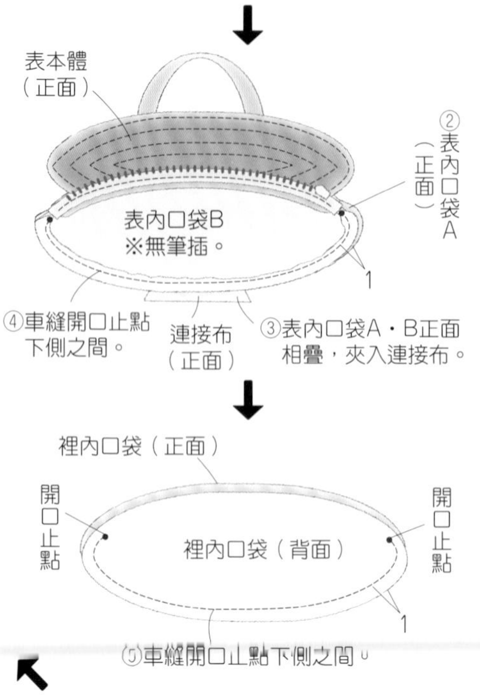

表本體（正面）
②表內口袋A（正面）
表內口袋B
※無筆插。
1
④車縫開口止點下側之間。
連接布（正面）
③表內口袋A・B正面相疊，夾入連接布。
裡內口袋（正面）
開口止點
開口止點
裡內口袋（背面）
1
⑤車縫開口止點下側之間。

2.接縫筆插

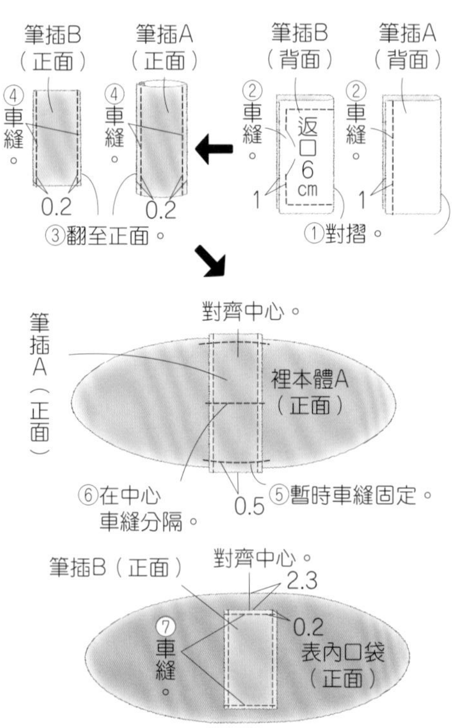

筆插B（正面）
筆插A（正面）
筆插B（背面）
筆插A（背面）
④車縫。
④車縫。
②車縫。
②車縫。
返口6cm
0.2
0.2
1
1
③翻至正面。
①對摺。
筆插A（正面）
對齊中心。
裡本體A（正面）
⑥在中心車縫分隔。
0.5
⑤暫時車縫固定。
筆插B（正面）
對齊中心。
2.3
0.2
⑦車縫。
表內口袋（正面）

3.製作表本體

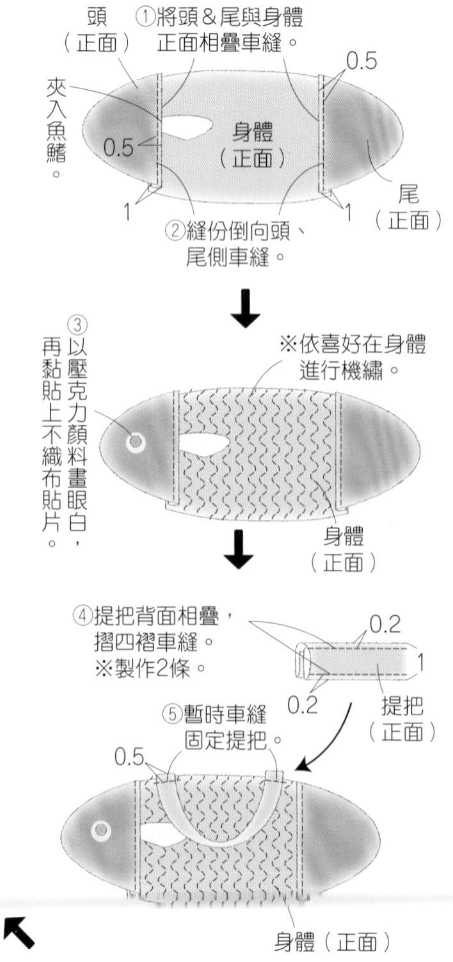

頭（正面）
①將頭&尾與身體正面相疊車縫。
0.5
夾入魚鰭。
0.5
身體（正面）
1
1
②縫份倒向頭、尾側車縫。
尾（正面）
③以壓克力顏料畫上眼白，再黏貼不織布貼片。
※依喜好在身體進行機繡。
身體（正面）
④提把背面相疊，摺四褶車縫。
※製作2條。
0.2
1
0.2
提把（正面）
⑤暫時車縫固定提把。
0.5
身體（正面）

裁布圖

※提把&筆插無紙型，請依標示的尺寸（已含縫份）直接裁剪。
※▭處於背面燙貼接著襯。
※▭處於背面燙貼單膠鋪棉。

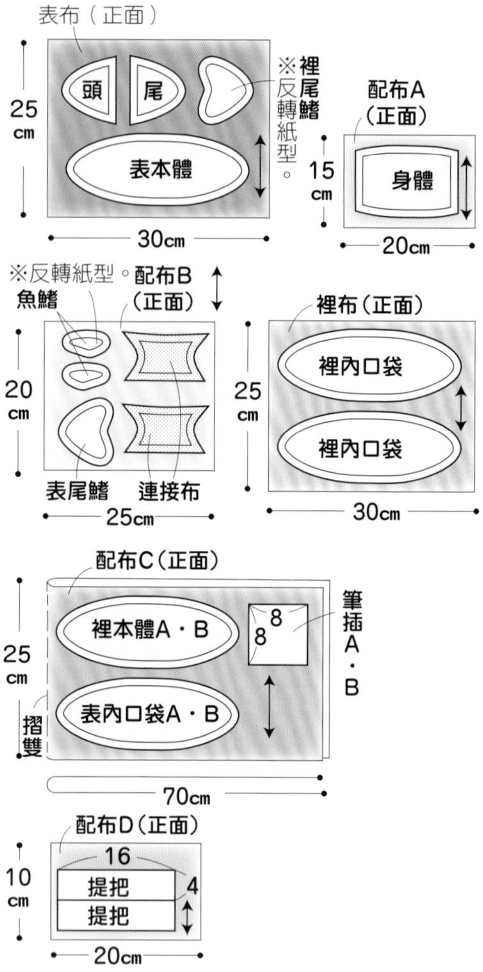

表布（正面）
頭
尾
※裡尾鰭反轉紙型。
表本體
25cm
30cm
配布A（正面）
身體
15cm
20cm
※反轉紙型。
配布B（正面）
魚鰭
表尾鰭
連接布
20cm
25cm
裡布（正面）
裡內口袋
裡內口袋
25cm
30cm
配布C（正面）
裡本體A・B
表內口袋A・B
8
8
筆插A・B
摺雙
25cm
70cm
配布D（正面）
16
提把
提把
4
10cm
20cm

1.製作魚鰭・尾鰭・連接布

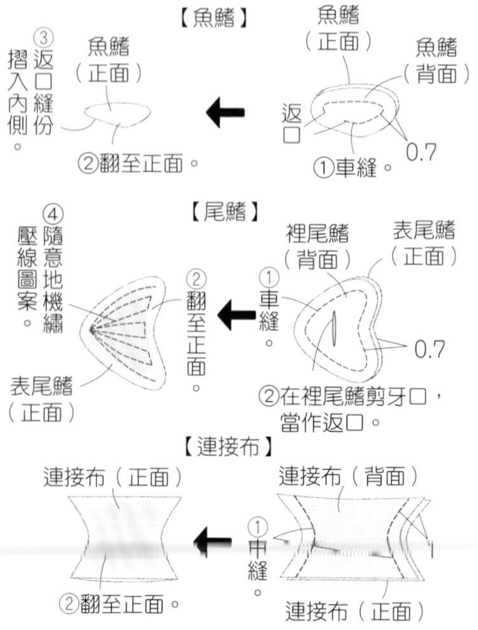

【魚鰭】
魚鰭（正面）
魚鰭（正面）
魚鰭（背面）
③返口縫份摺入內側。
②翻至正面。
返口
①車縫。
0.7
【尾鰭】
④隨意地機縫壓線圖案。
表尾鰭（正面）
②翻至正面。
裡尾鰭（背面）
表尾鰭（正面）
①車縫。
0.7
②在裡尾鰭剪牙口，當作返口。
【連接布】
連接布（正面）
連接布（背面）
①中縫。
②翻至正面。
連接布（正面）

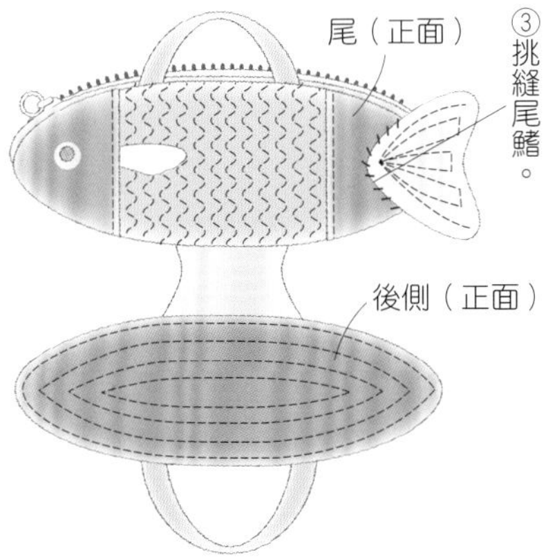
尾（正面）
③挑縫尾鰭。
後側（正面）

5.接縫內口袋

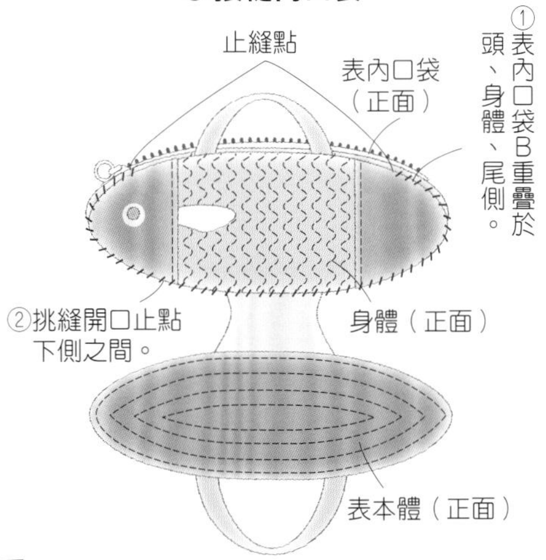
止縫點
表內口袋（正面）
①表內口袋B重疊於頭、身體、尾側。
②挑縫開口止點下側之間。
身體（正面）
表本體（正面）

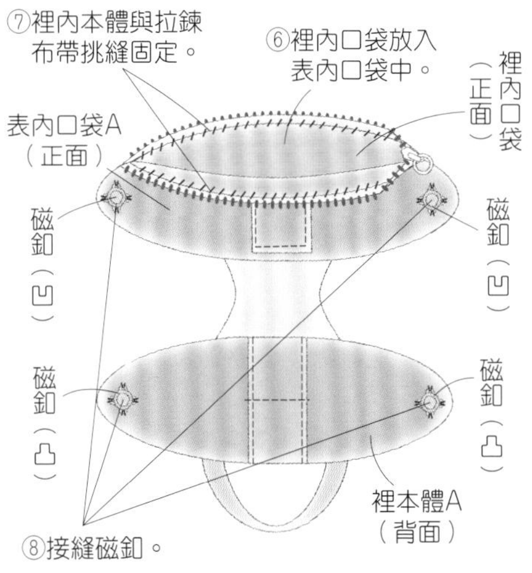
⑦裡內本體與拉鍊布帶挑縫固定。
⑥裡內口袋放入表內口袋中。
裡內口袋（正面）
表內口袋A（正面）
磁釦（凹）
磁釦（凹）
磁釦（凸）
磁釦（凸）
裡本體A（背面）
⑧接縫磁釦。

P.54_ No. 63 荷葉邊束口袋

完成尺寸

直徑10×高10cm

原寸紙型

D面

材料

表布（棉布）40cm×15cm／**裡布**（棉布）55cm×15cm
配布（棉布）75cm×15cm
接著襯（厚）30cm×15cm
羅紋緞帶 寬0.5cm 100cm

裁布圖

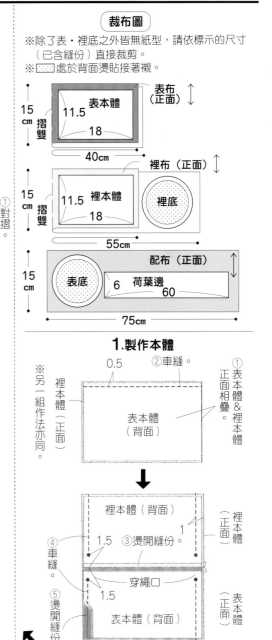

※除了表・裡底之外皆無紙型，請依標示的尺寸（已含縫份）直接裁剪。
※▭處於背面燙貼接著襯。

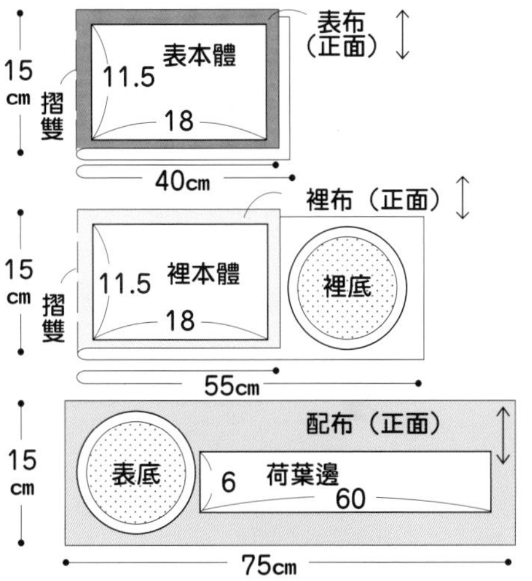
表布（正面）
表本體
11.5
18
15cm
摺雙
40cm
裡布（正面）
裡本體
11.5
18
裡底
15cm
摺雙
55cm
配布（正面）
表底
6
荷葉邊
60
15cm
75cm

1.製作本體

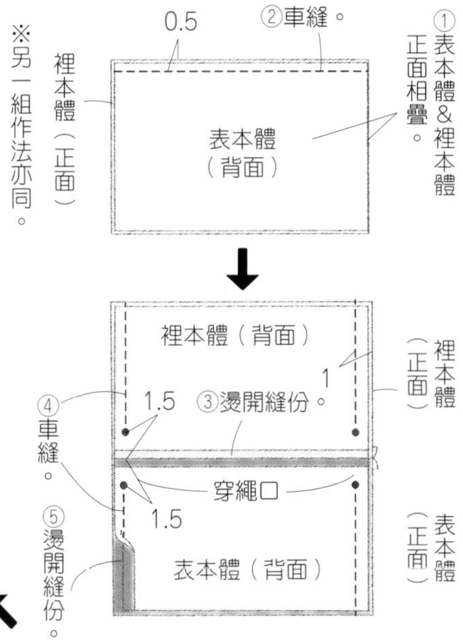
※另一組作法亦同。
裡本體（正面）
0.5
②車縫。
①表本體&裡本體正面相疊。
表本體（背面）
裡本體（背面）
裡本體（正面）
1
1.5
③燙開縫份。
④車縫。
1.5
穿繩口
表本體（背面）
表本體（正面）
⑤燙開縫份。

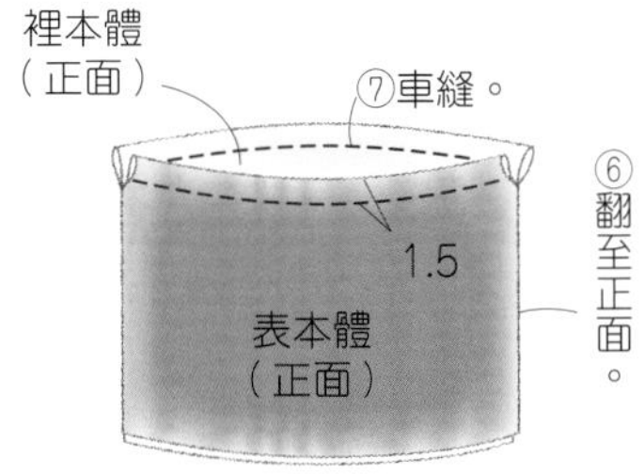
裡本體（正面）
⑦車縫。
⑥翻至正面。
1.5
表本體（正面）

2.接縫荷葉邊

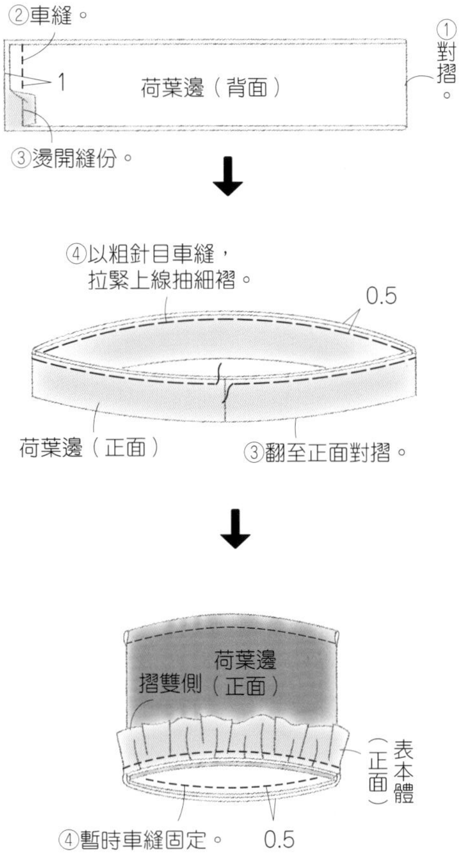
②車縫。
1
荷葉邊（背面）
①對摺。
③燙開縫份。
④以粗針目車縫，拉緊上線抽細褶。
0.5
荷葉邊（正面）
③翻至正面對摺。
荷葉邊
摺雙側（正面）
表本體（正面）
④暫時車縫固定。
0.5

3.接縫底部

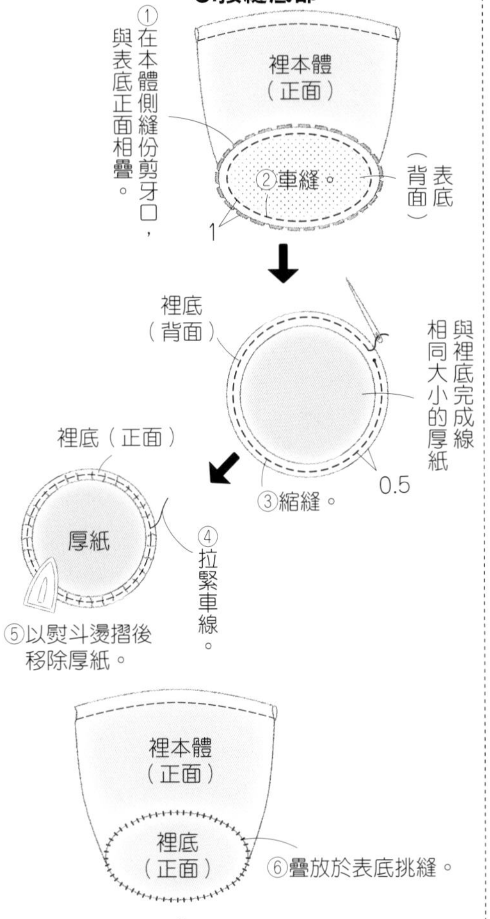
①在本體側縫份剪牙口，與表底正面相疊。
裡本體（正面）
②車縫。
表底（背面）
1
裡底（背面）
與裡底完成線相同大小的厚紙
③縮縫。
0.5
裡底（正面）
厚紙
④拉緊車線。
⑤以熨斗燙摺後移除厚紙。
裡本體（正面）
裡底（正面）
⑥疊放於表底挑縫。

4.穿入緞帶

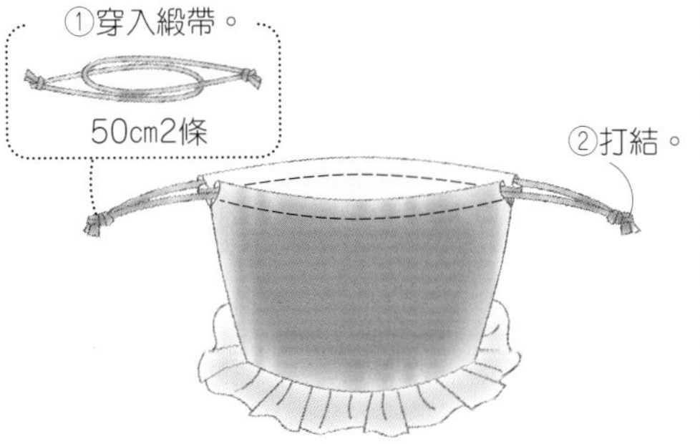
①穿入緞帶。
50cm2條
②打結。

完成尺寸

橫長20.5×縱長13.5×高5cm

原寸紙型

B面

材料

表布（棉布）30cm×30cm／**配布A**（棉布）60cm×30cm
配布B（棉布）20cm×15cm／**配布C**（棉布）5cm×10cm
配布D（棉圓點印花布）5cm×5cm／**裡布**（棉布）60cm×30cm
接著襯（薄）60cm×30cm／**單膠鋪棉** 80cm×30cm
尼龍拉鍊 20cm 2條／**皮繩** 寬0.3cm 20cm
雙面接著襯 15cm×5cm／**貼布繡背膠** 20cm×15cm

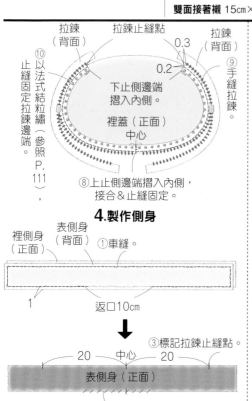

P.52_ No. 59

小豬波奇包

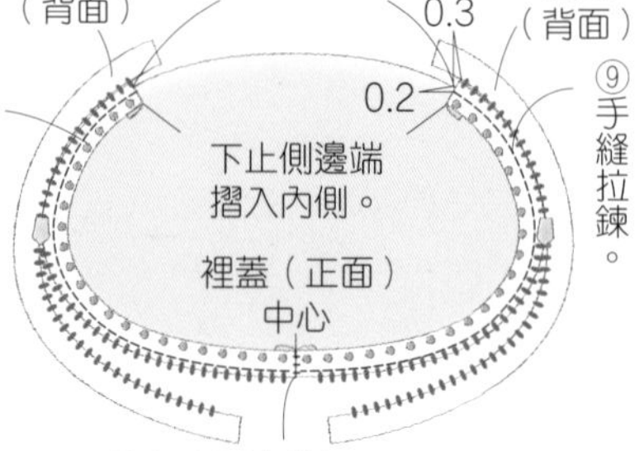

拉鍊（背面）
拉鍊止縫點
0.3
拉鍊（背面）
0.2
⑩以法式結粒繡（參照P.111），止縫固定拉鍊邊端。
⑨手縫拉鍊。
下止側邊端摺入內側。
裡蓋（正面）
中心
⑧上止側邊端摺入內側，接合＆止縫固定。

4.製作側身

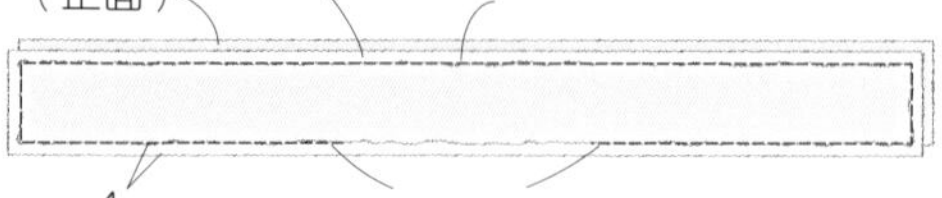

裡側身（正面）
表側身（背面）
①車縫。
1
返口10cm

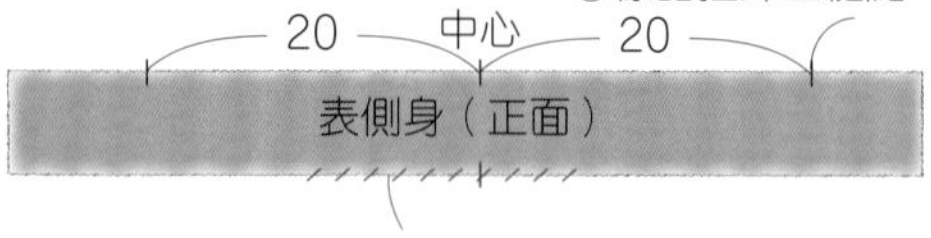

③標記拉鍊止縫點。
20
中心
20
表側身（正面）
②翻至正面，返口藏針縫。

表側身（正面）
④背面相疊對摺，進行捲針縫。

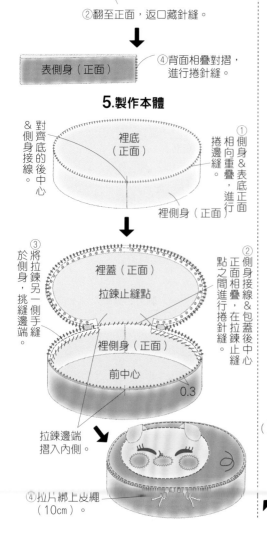

5.製作本體

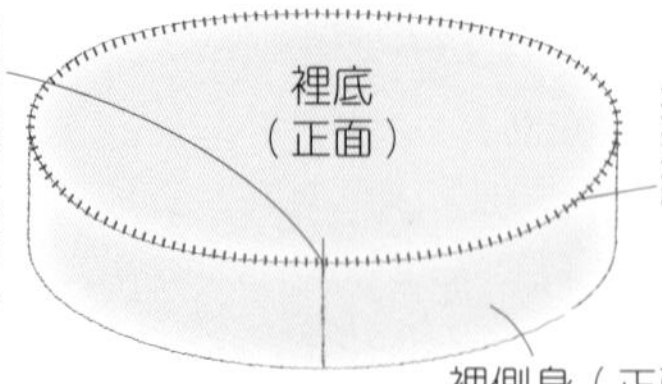

對齊底的後中心＆側身接線。
裡底（正面）
①側身＆表底正面相向重疊，進行捲邊縫。
裡側身（正面）

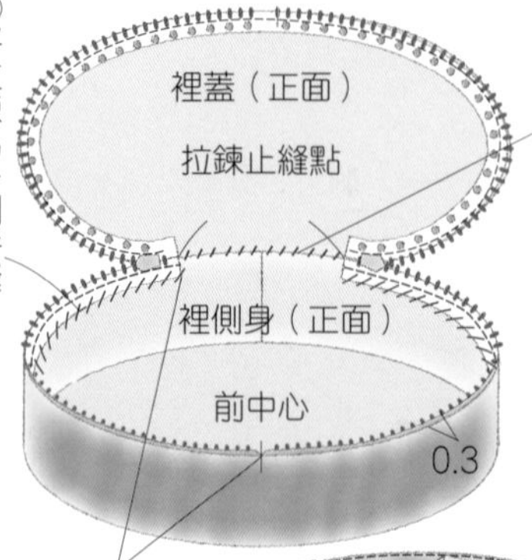

③將拉鍊另一側手縫於側身，挑縫邊端。
裡蓋（正面）
拉鍊止縫點
②側身接線＆包蓋後中心正面相疊，在拉鍊止縫點之間進行捲針縫。
裡側身（正面）
前中心
0.3
拉鍊邊端摺入內側。

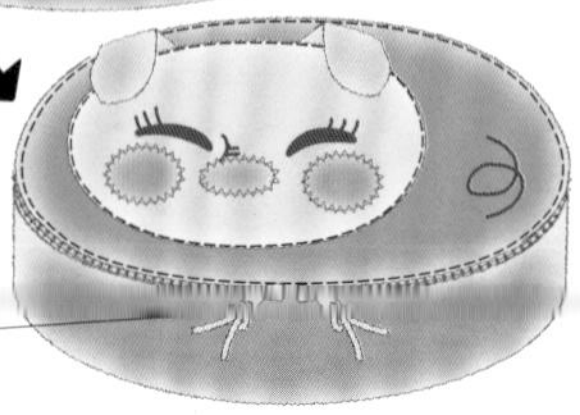

④拉片綁上皮繩（10cm）。

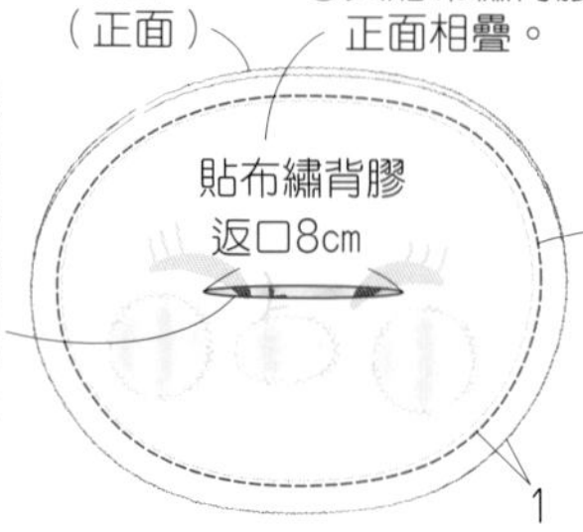

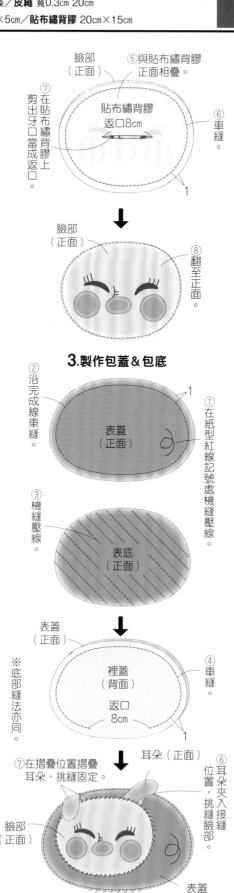

臉部（正面）
⑤與貼布繡背膠正面相疊。
⑦在貼布繡背膠上剪出牙口當成返口。
貼布繡背膠
返口8cm
⑥車縫。
1

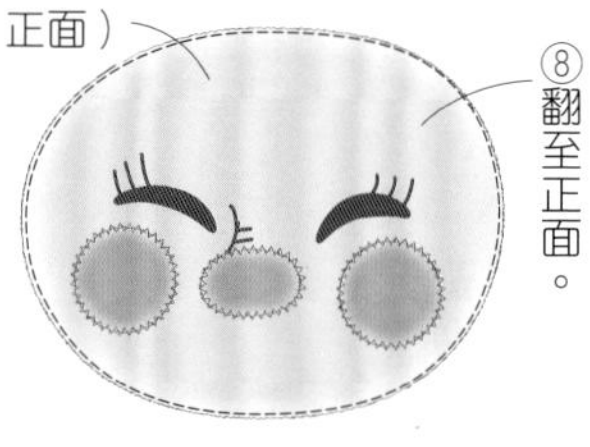

臉部（正面）
⑧翻至正面。

3.製作包蓋＆包底

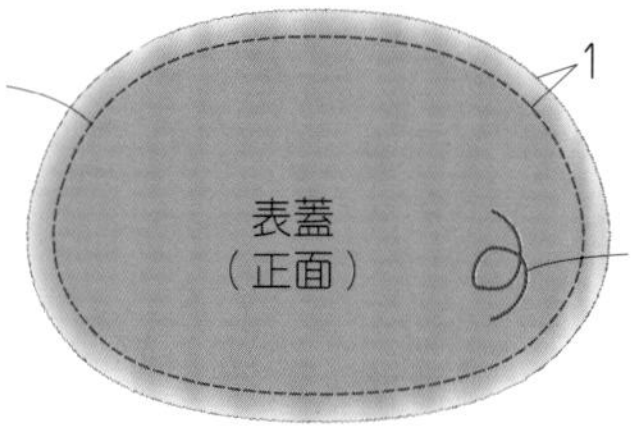

②沿完成線車縫。
1
①在紙型紅線記號處機縫壓線。
表蓋（正面）

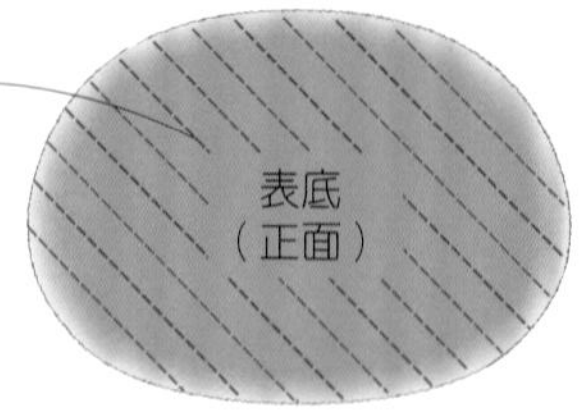

③機縫壓線。
表底（正面）

※底部縫法亦同。

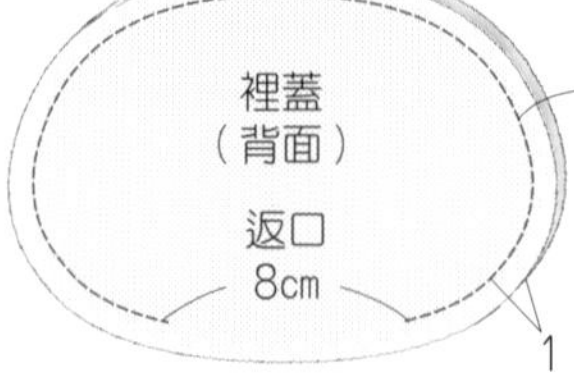

表蓋（正面）
裡蓋（背面）
返口 8cm
④車縫。
1

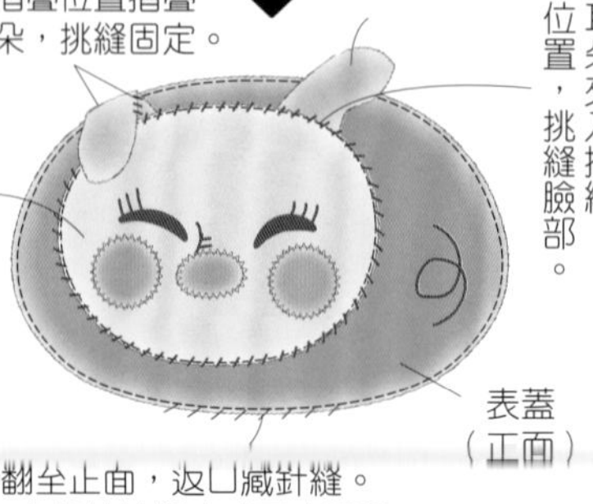

⑦在摺疊位置摺疊耳朵，挑縫固定。
耳朵（正面）
⑥耳朵夾入接縫位置，挑縫臉部。
臉部（正面）
表蓋（正面）
⑤翻至正面，返口藏針縫。
※底部的挑縫方式同步驟⑤。

裁布圖

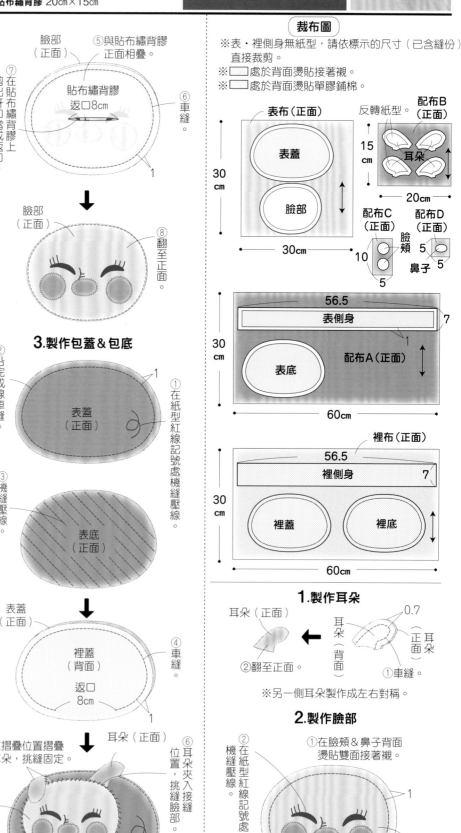

※表・裡側身無紙型，請依標示的尺寸（已含縫份）直接裁剪。
※▭處於背面燙貼接著襯。
※▭處於背面燙貼單膠鋪棉。

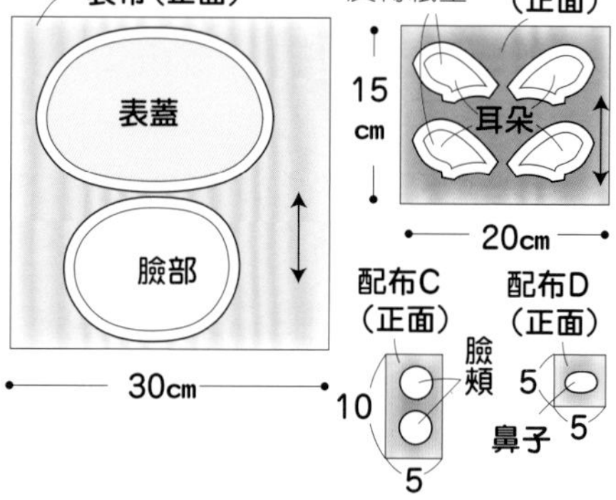

表布（正面）
表蓋
臉部
30cm
30cm
反轉紙型。
配布B（正面）
15cm
耳朵
20cm
配布C（正面）
臉頰
10
5
配布D（正面）
5
5
鼻子

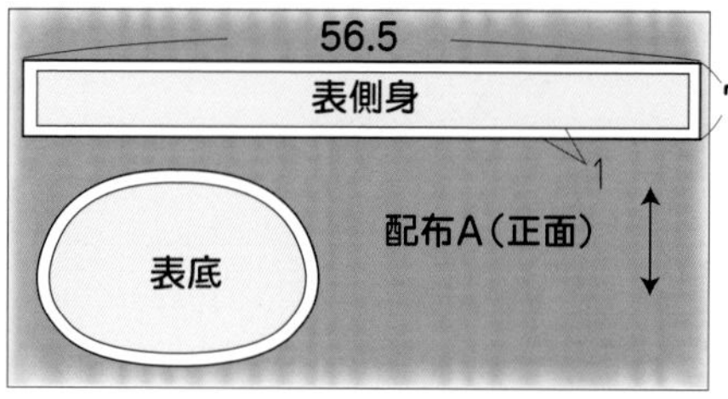

56.5
表側身
7
1
30cm
配布A（正面）
表底
60cm

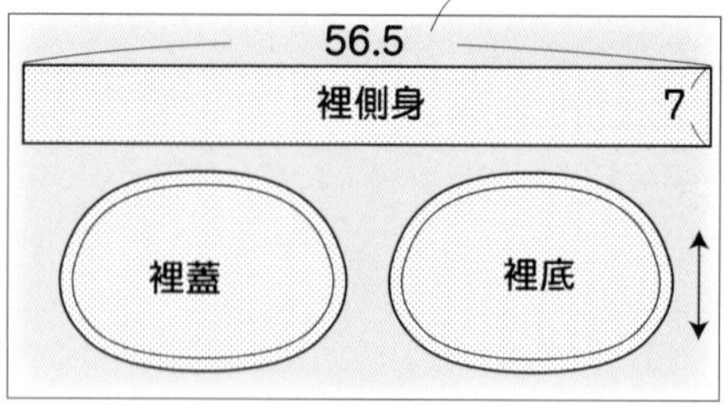

裡布（正面）
56.5
裡側身
7
30cm
裡蓋
裡底
60cm

1.製作耳朵

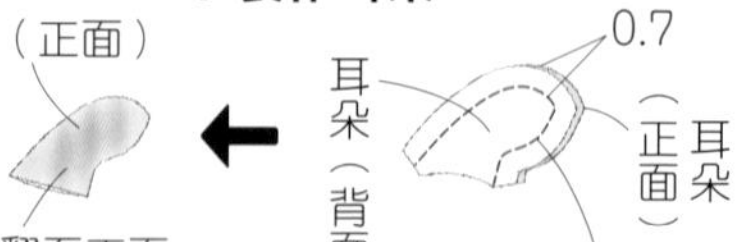

耳朵（正面）
②翻至正面。
耳朵（背面）
0.7
耳朵（正面）
①車縫。

※另一側耳朵製作成左右對稱。

2.製作臉部

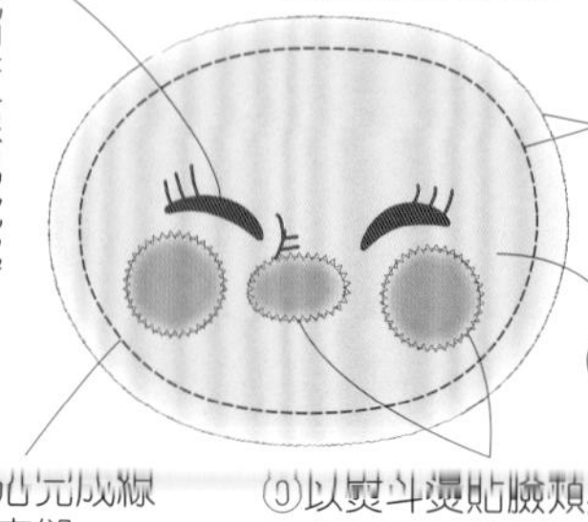

②在紙型紅線記號處機縫壓線。
①在臉頰＆鼻子背面燙貼雙面接著襯。
1
臉部（正面）
④沿完成線車縫。
③以熨斗燙貼臉頰與鼻子，並在四周進行Z字形車縫。

完成尺寸

寬15×高約9.5cm

原寸紙型

B面

材料

表布（棉布）45cm×15cm／**配布A**（棉布）25cm×15cm
配布B・C・D（棉布）各10cm×10cm
裡布（棉布）40cm×15cm／**雙面接著襯** 20cm×15cm
接著襯（中薄）40cm×10cm
尼龍拉鍊 15cm 1條／**問號鉤** 10mm 2個

P.53_ No. 60

西瓜波奇包

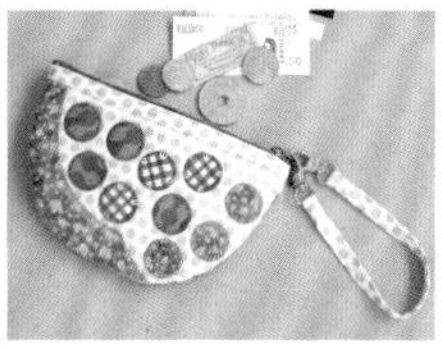

2.製作裡本體

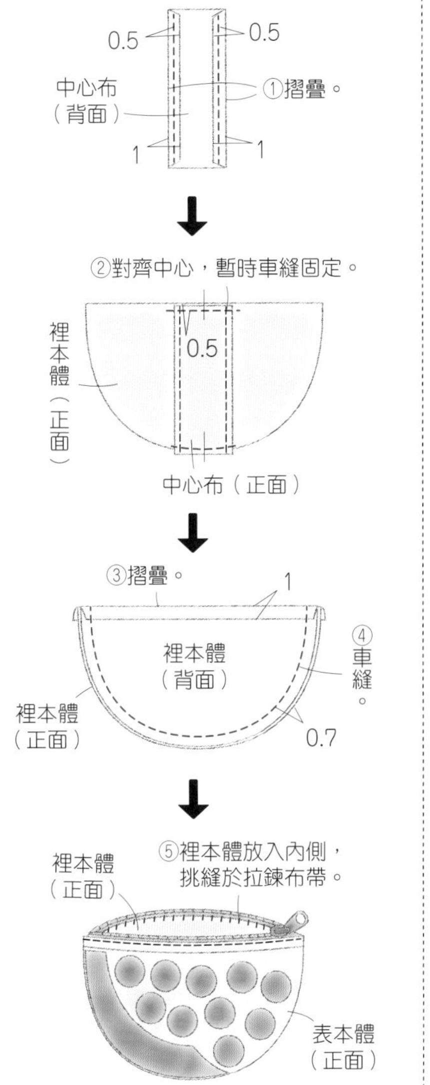

0.5
0.5
中心布
（背面）
①摺疊。
1
1
②對齊中心，暫時車縫固定。
裡本體（正面）
0.5
中心布（正面）
③摺疊。
1
④車縫。
裡本體
（背面）
裡本體
（正面）
0.7
裡本體
（正面）
⑤裡本體放入內側，
挑縫於拉鍊布帶。
表本體
（正面）

3.縫製吊繩

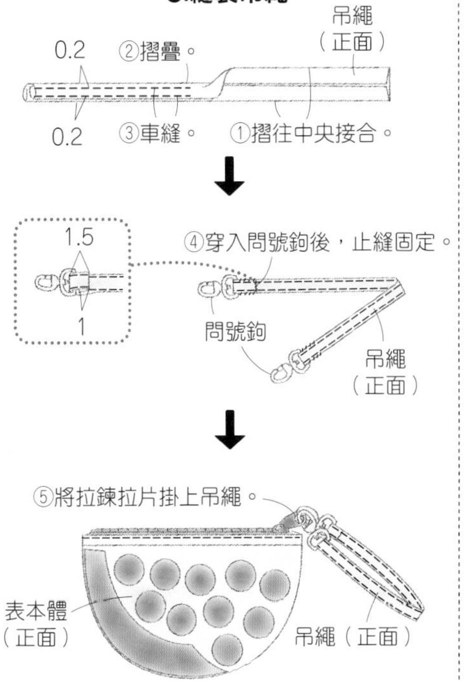

吊繩
（正面）
0.2
②摺疊。
0.2
③車縫。
①摺往中央接合。
1.5
1
④穿入問號鉤後，止縫固定。
問號鉤
吊繩
（正面）
⑤將拉鍊拉片掛上吊繩。
表本體
（正面）
吊繩（正面）

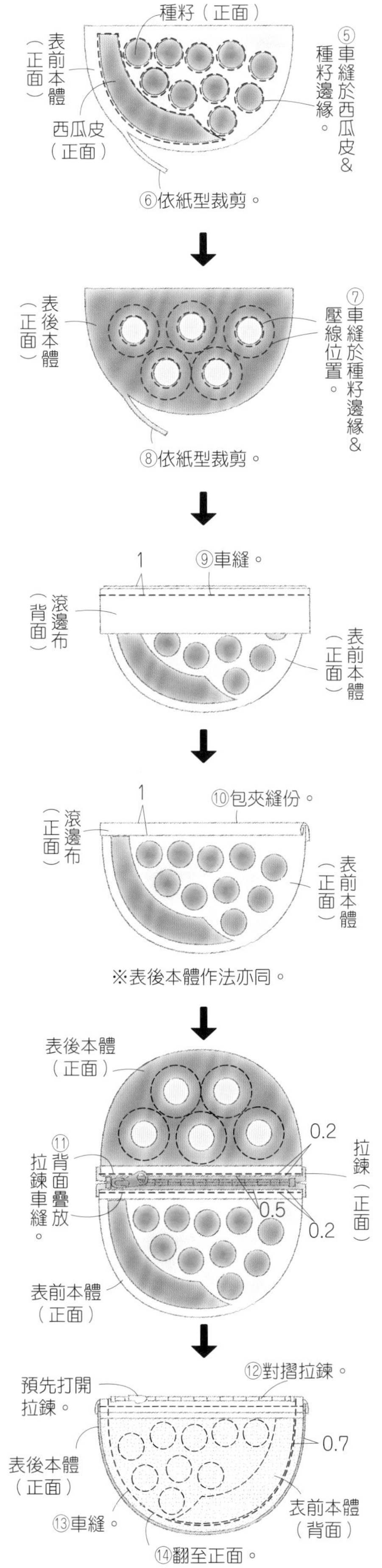

種籽（正面）
表前本體（正面）
⑤車縫於西瓜皮&種籽邊緣。
西瓜皮
（正面）
⑥依紙型裁剪。
表後本體（正面）
⑦車縫於種籽邊緣&壓線位置。
⑧依紙型裁剪。
1
⑨車縫。
滾邊布（背面）
表前本體（正面）
1
⑩包夾縫份。
滾邊布（正面）
表前本體（正面）
※表後本體作法亦同。
表後本體
（正面）
0.2
⑪背面疊放拉鍊車縫。
拉鍊（正面）
0.5
0.2
表前本體
（正面）
⑫對摺拉鍊。
預先打開
拉鍊。
0.7
表後本體
（正面）
表前本體
（背面）
⑬車縫。
⑭翻至正面。

裁布圖

※滾邊布、吊繩、中心布無紙型，請依標示的尺寸（已含縫份）直接裁剪。

※□處於背面燙貼接著襯。

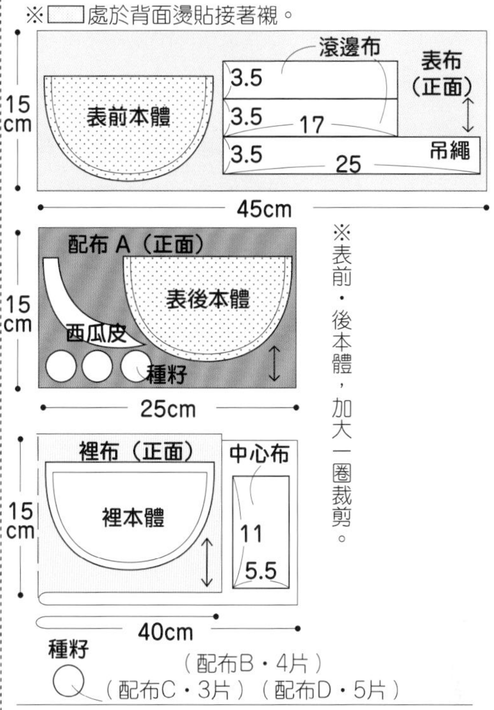

滾邊布
表布
（正面）
15
cm
表前本體
3.5
3.5
17
3.5
25
吊繩
45cm
配布 A（正面）
15
cm
表後本體
西瓜皮
種籽
25cm
※表前・後本體，加大一圈裁剪。
裡布（正面）
中心布
15
cm
裡本體
11
5.5
40cm
種籽
（配布B・4片）
（配布C・3片）（配布D・5片）

1.製作表本體

①在種籽&西瓜皮的背面燙貼雙面接著襯。

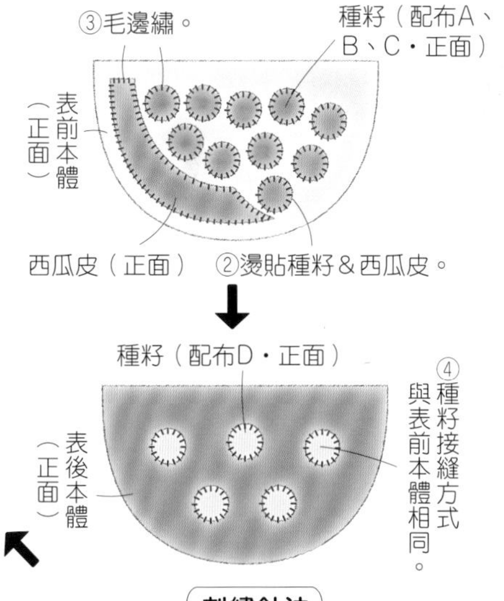

③毛邊繡。
種籽（配布A、B、C・正面）
表前本體
（正面）
西瓜皮（正面）
②燙貼種籽&西瓜皮。
種籽（配布D・正面）
表後本體
（正面）
④種籽接縫方式與表前本體相同。

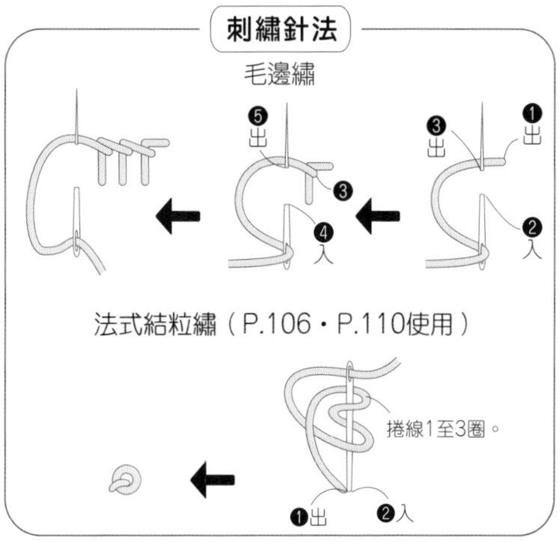

刺繡針法
毛邊繡
5出
3
4入
3出
1出
2入
法式結粒繡（P.106・P.110使用）
捲線1至3圈。
1出
2入

完成尺寸

寬25×高6×側身6cm

原寸紙型

D面

材料

表布（棉布）30cm×20cm／**裡布**（棉布）60cm×20cm
配布A（棉布）25cm×10cm
配布B（不織布 綠色・黃綠色）各5cm×20cm
單膠鋪棉 55cm×20cm／**皮繩** 寬0.3cm 10cm
圓繩 粗0.1cm 100cm／**尼龍拉鍊** 30cm 1條

P.53_ No. 61

蘆筍筆袋

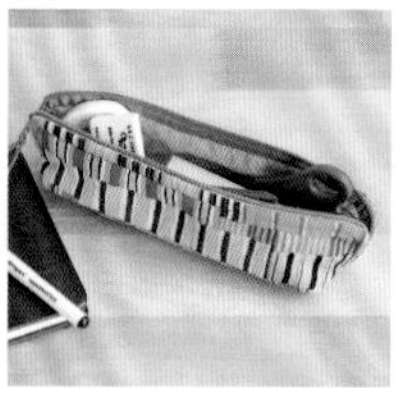

裁布圖

※▭處於背面燙貼單膠鋪棉。

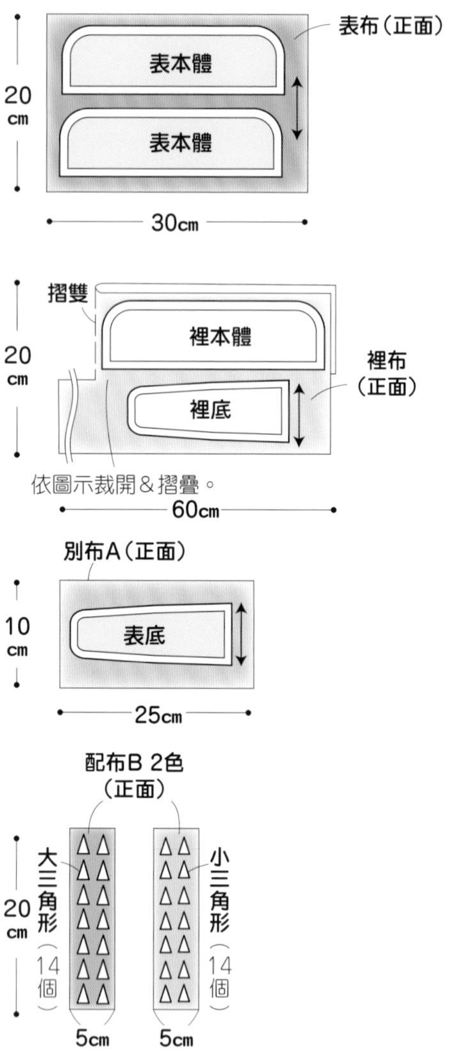

表布（正面）
表本體
表本體
20cm
30cm
摺雙
裡本體
裡底
裡布（正面）
20cm
依圖示裁開＆摺疊。
60cm
別布A（正面）
表底
10cm
25cm
配布B 2色（正面）
大三角形（14個）
小三角形（14個）
20cm
5cm
5cm

1.製作本體

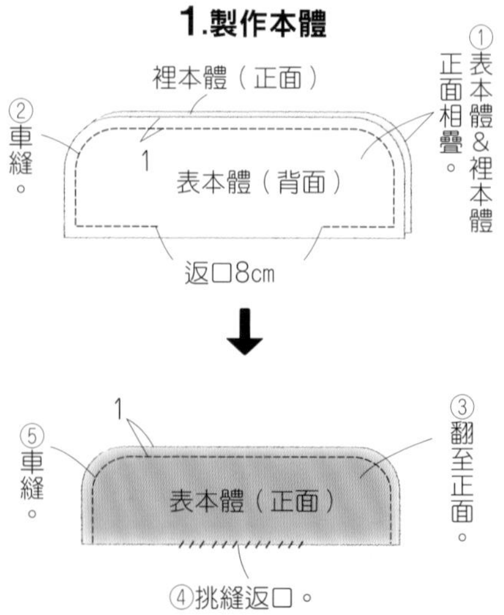

裡本體（正面）
①表本體＆裡本體正面相疊。
②車縫。
1
表本體（背面）
返口8cm
1
⑤車縫。
表本體（正面）
③翻至正面。
④挑縫返口。

※另一片本體作法相同。

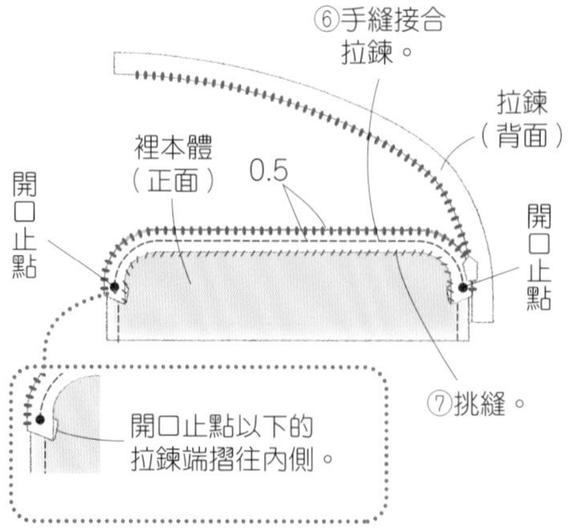

⑥手縫接合拉鍊。
拉鍊（背面）
裡本體（正面）
0.5
開口止點
開口止點
開口止點以下的拉鍊端摺往內側。
⑦挑縫。

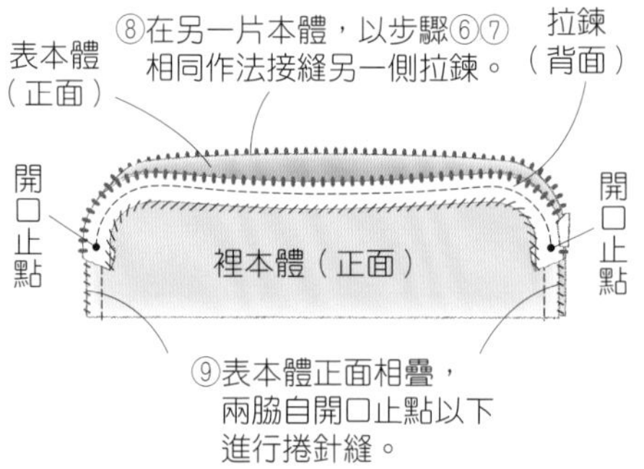

表本體（正面）
⑧在另一片本體，以步驟⑥⑦相同作法接縫另一側拉鍊。
拉鍊（背面）
開口止點
開口止點
裡本體（正面）
⑨表本體正面相疊，兩脇自開口止點以下進行捲針縫。

2.製作底部

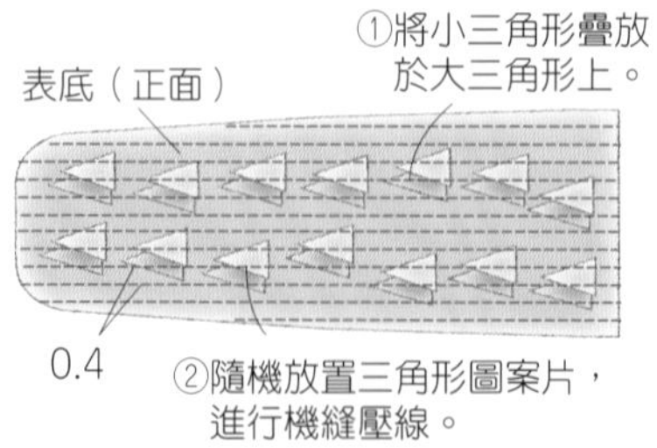

①將小三角形疊放於大三角形上。
表底（正面）
0.4
②隨機放置三角形圖案片，進行機縫壓線。

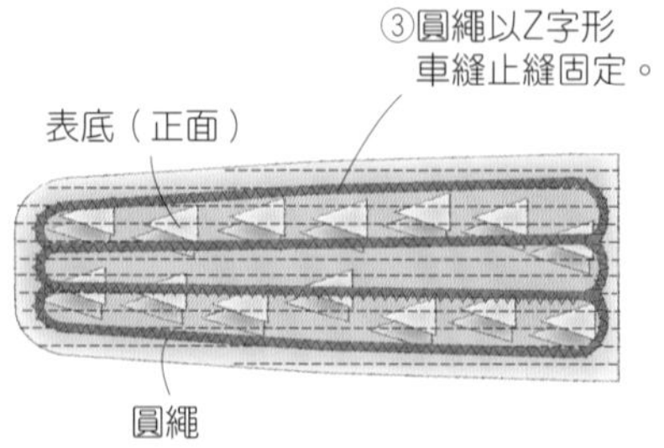

③圓繩以Z字形車縫止縫固定。
表底（正面）
圓繩

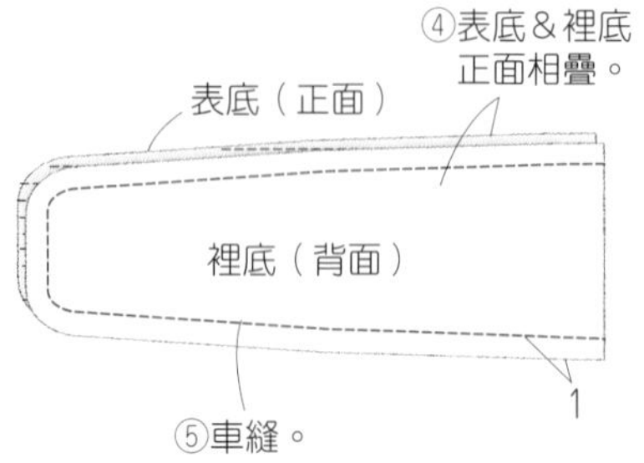

④表底＆裡底正面相疊。
表底（正面）
裡底（背面）
⑤車縫。
1

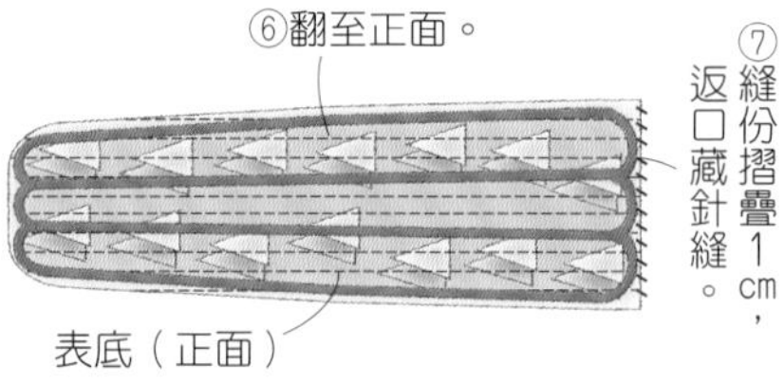

⑥翻至正面。
⑦返口藏針縫。縫份摺疊1cm，
表底（正面）

3.製作本體

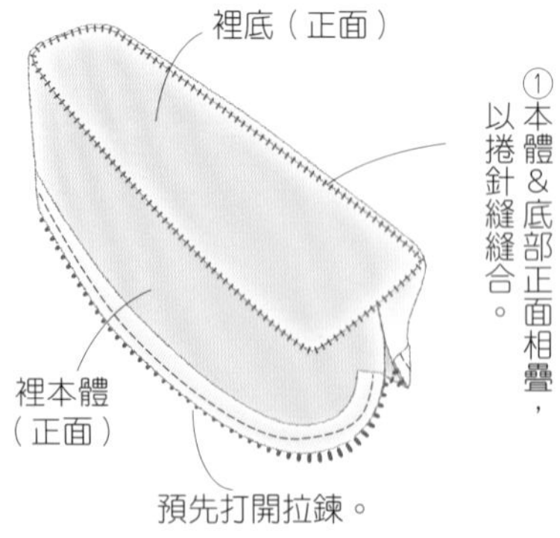

裡底（正面）
①本體＆底部正面相疊，以捲針縫縫合。
裡本體（正面）
預先打開拉鍊。

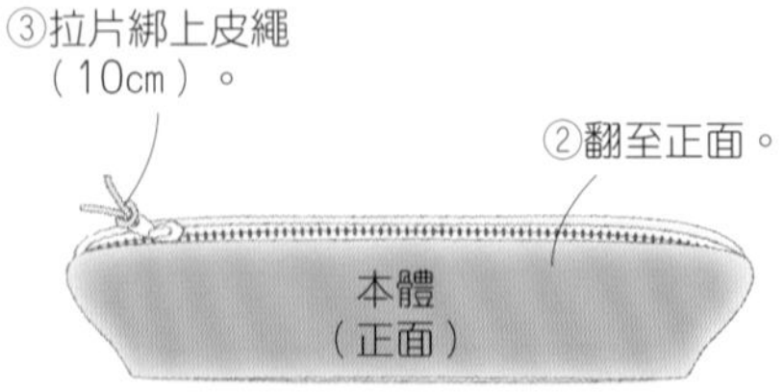

③拉片綁上皮繩（10cm）。
②翻至正面。
本體（正面）

完成尺寸

寬約17×高約17cm

原寸紙型

D面

材料

表布（棉布）110cm×30cm／**裡布**（棉布）20cm×20cm

接著襯（中薄）20cm×20cm

單膠鋪棉 20cm×20cm／**亮面緞帶** 寬1cm 140cm

尼龍拉鍊 20cm 1條

P.53_ No. 62

菠蘿麵包波奇包

裁布圖

※滾邊布無紙型，請依標示的尺寸（已含縫份）直接裁剪。

※▭處於背面燙貼接著襯。

※▭處於背面燙貼單膠鋪棉。

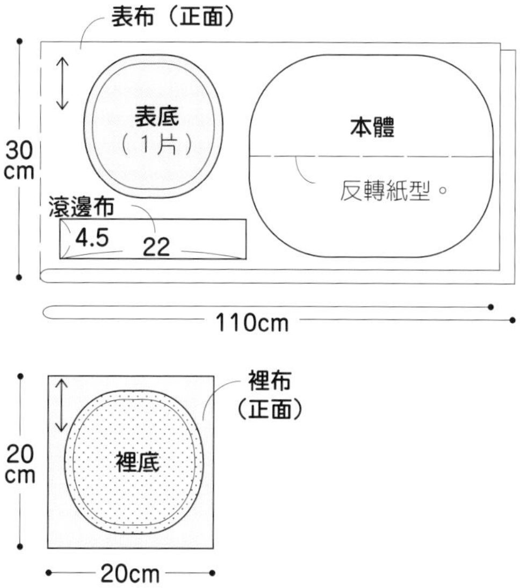

表布（正面）
表底
（1片）
本體
反轉紙型。
30cm
滾邊布
4.5
22
110cm
裡布
（正面）
裡底
20cm
20cm

1.製作本體

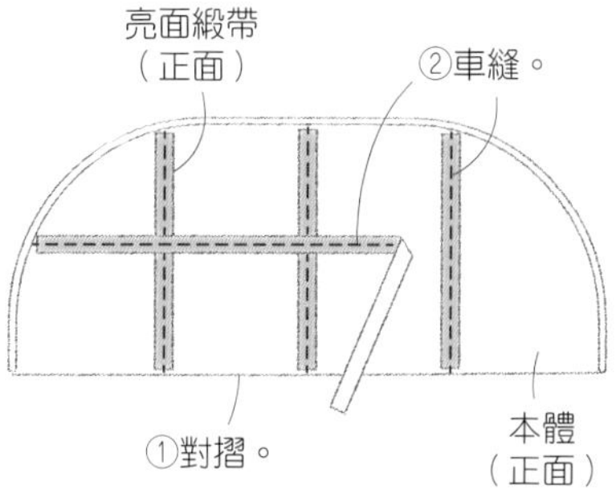

亮面緞帶
（正面）
②車縫。
①對摺。
本體
（正面）

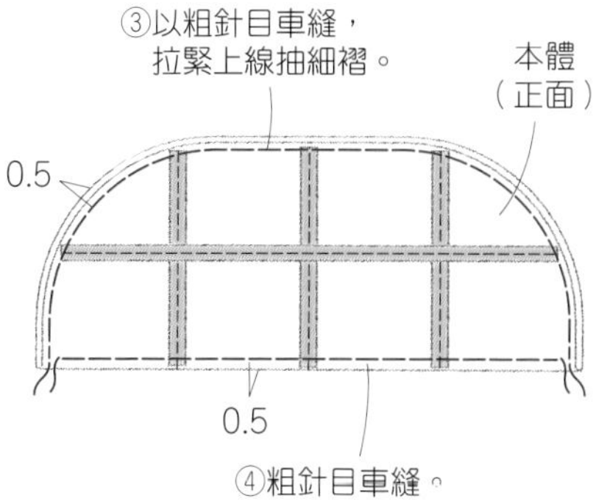

③以粗針目車縫，
拉緊上線抽細褶。
本體
（正面）
0.5
0.5
④粗針目車縫。

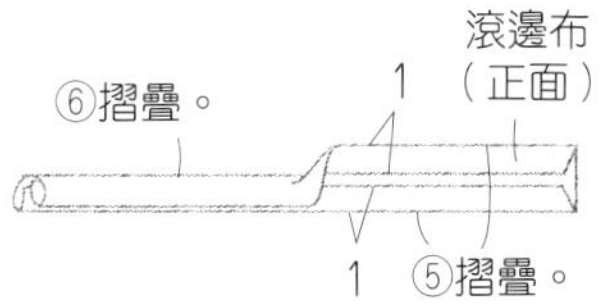

滾邊布
（正面）
⑥摺疊。
1
1
⑤摺疊。

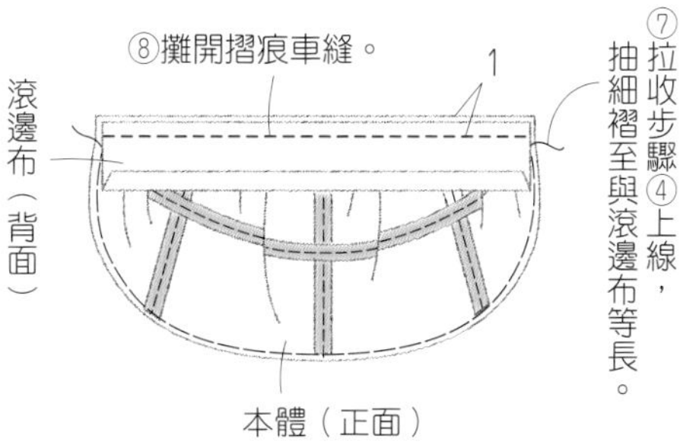

⑧攤開摺痕車縫。
1
滾邊布（背面）
⑦拉收步驟④上線，抽細褶至與滾邊布等長。
本體（正面）

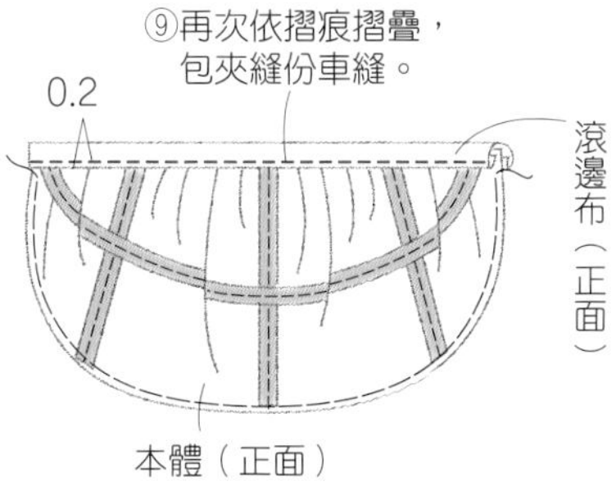

⑨再次依摺痕摺疊，
包夾縫份車縫。
0.2
滾邊布（正面）
本體（正面）

※另一片縫法亦同。

2.接縫底部

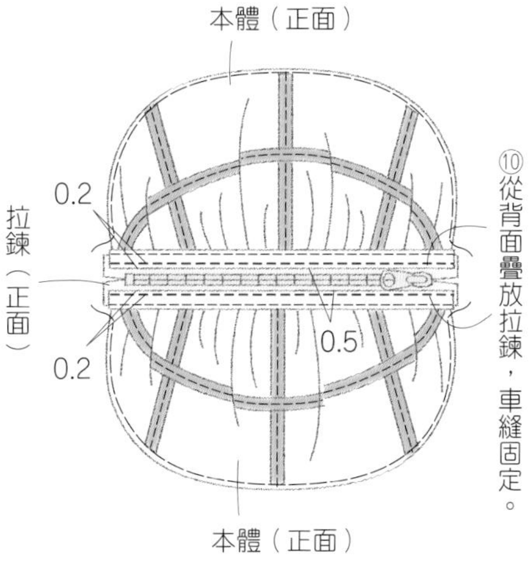

本體（正面）
0.2
0.2
拉鍊（正面）
0.5
⑩從背面疊放拉鍊，車縫固定。
本體（正面）

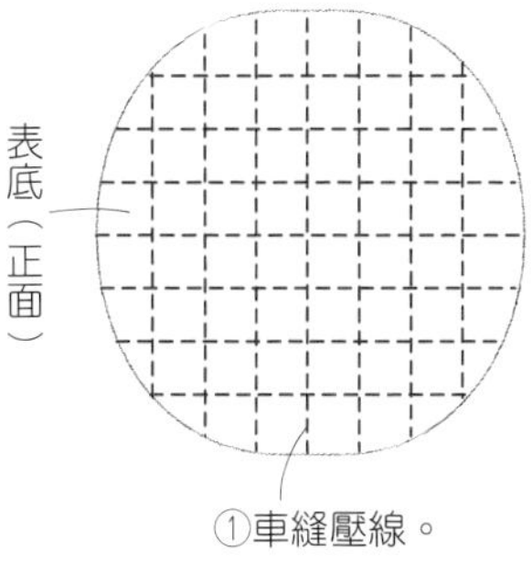

表底（正面）
①車縫壓線。

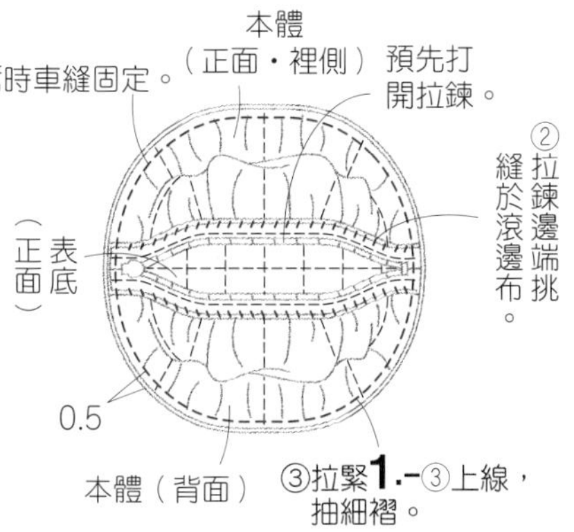

本體
（正面・裡側）
④暫時車縫固定。
預先打
開拉鍊。
②拉鍊邊端挑縫於滾邊布。
表底（正面）
0.5
本體（背面）
③拉緊1.-③上線，
抽細褶。

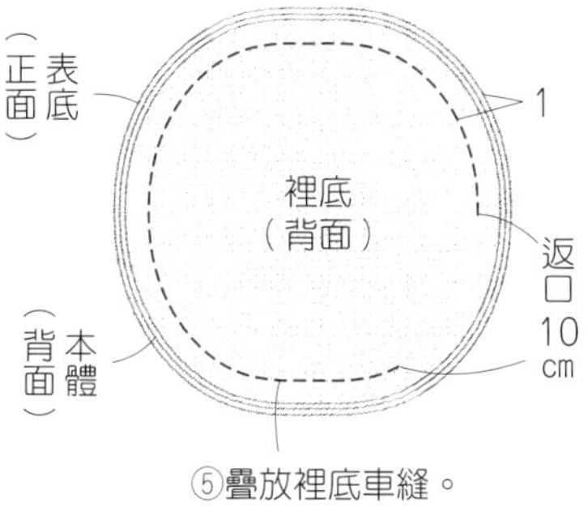

表底（正面）
1
裡底
（背面）
返口10cm
本體（背面）
⑤疊放裡底車縫。

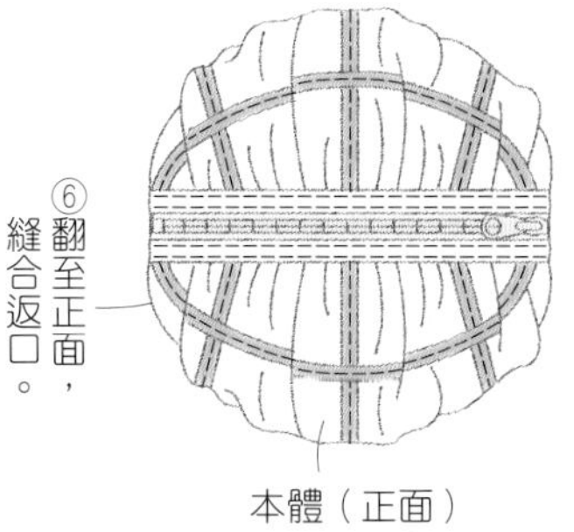

⑥翻至正面，縫合返口。
本體（正面）

SEE YOU NEXT EDITION!

雅書堂 搜尋

www.elegantbooks.com.tw

Cotton friend 手作誌 Summer Edition 2020 vol.49

輕便 × 色彩感
迎接夏日颯爽活力の隨身布包＆布小物

授權	BOUTIQUE-SHA
譯者	彭小玲 · 周欣芃 · 瞿中蓮
社長	詹慶和
執行編輯	陳姿伶
編輯	蔡毓玲 · 劉蕙寧 · 黃璟安 · 陳昕儀
美術編輯	陳麗娜 · 周盈汝 · 韓欣恬
內頁排版	陳麗娜 · 造極彩色印刷
出版者	雅書堂文化事業有限公司
發行者	雅書堂文化事業有限公司
郵政劃撥帳號	18225950
郵政劃撥戶名	雅書堂文化事業有限公司
地址	新北市板橋區板新路 206 號 3 樓
網址	www.elegantbooks.com.tw
電子郵件	elegant.books@msa.hinet.net
電話	(02)8952-4078
傳真	(02)8952-4084

2020 年 6 月初版一刷　定價／ 350 元

經銷／易可數位行銷股份有限公司
地址／新北市新店區寶橋路 235 巷 6 弄 3 號 5 樓
電話／ (02)8911-0825
傳真／ (02)8911-0801

國家圖書館出版品預行編目 (CIP) 資料

輕便 × 色彩感：迎接夏日颯爽活力の隨身布包 & 布小物 / BOUTIQUE-SHA 授權；瞿中蓮，彭小玲，周欣芃譯.
-- 初版 . -- 新北市：雅書堂文化，2020.06
面；　公分 . -- (Cotton friend 手作誌；49)
ISBN 978-986-302-543-6(平裝)

1. 手工藝

426.7　　109007566

STAFF 日文原書製作團隊

編輯長	根本さやか
編輯	渡辺千帆里　川島順子
攝影	回里純子　腰塚良彥　島田佳奈
造型	西森 萌
妝髮	タニ ジュンコ
視覺＆排版	みうらしゅう子　牧 陽子　松本真由美
繪圖	飯沼千晶　澤井清絵　爲季法子　三島恵子　中村有理　星野喜久代
紙型製作	山科文子
校對	澤井清絵